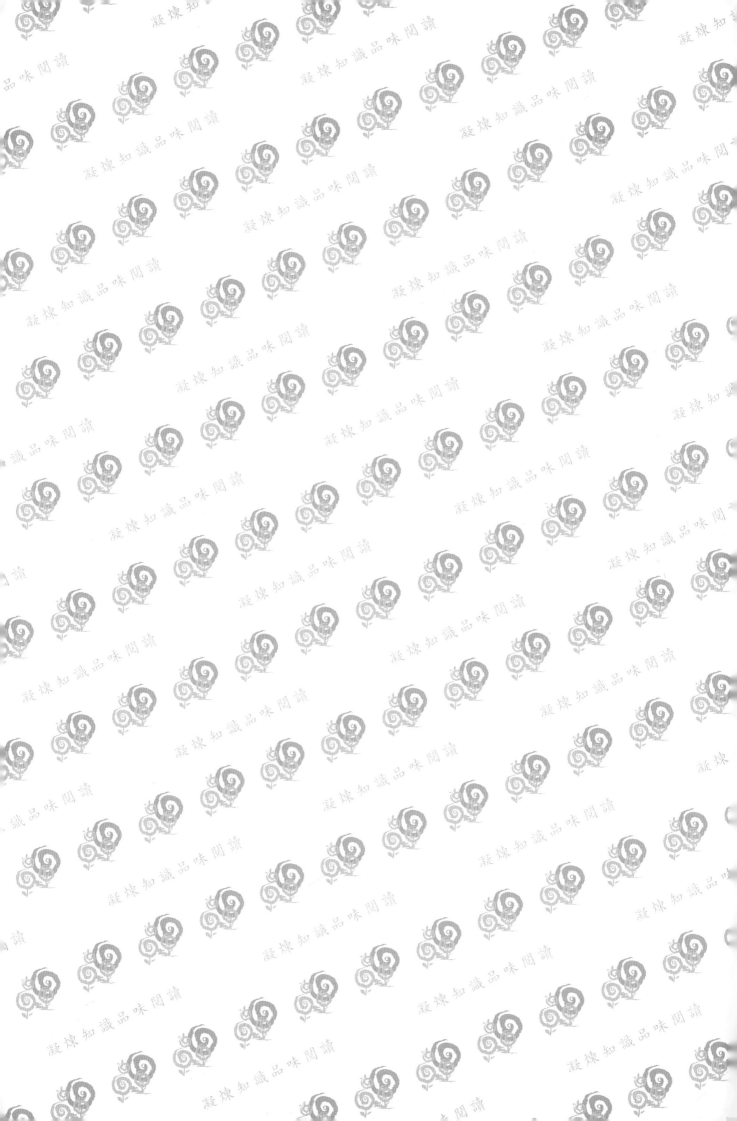

五南出版

廢棄物
採樣與分析

石鳳城◎編著

五南圖書出版公司 印行

自序

　　由於科技進步、工業發達及生活水準提高，造成廢棄物（垃圾）量的集中、增加、種類的複雜及性質急劇變化。為符合「廢棄物清理法」所規定廢棄物之分類、貯存、收集、運輸、處理（中間處理、最終處置、再利用），對廢棄物之量與性質（種類），均應建立正確之資料。而依循適當且正確之廢棄物採樣、分析、檢測之步驟與方法，為獲得正確資料之必要手段。

　　有關廢棄物之採樣、分析、檢測等方法，行政院環境保護署環境檢驗所則陸續公告有「廢棄物檢測方法彙編」、「廢棄物土壤共通檢測方法彙編」。【註：皆可上網查閱；行政院環境保護署（網址：http：//www.epa.gov.tw/）→環保法規→檢測法規→檢測方法查詢→類別查詢→廢棄物檢測方法彙編（或廢棄物土壤共通檢測方法彙編）→廢棄物檢測方法→點選所需之檢測方法 (http://ivy5.epa.gov.tw/epalaw/index.aspx)。】

　　本書內容係依據行政院環境保護署環境檢驗所公告之「廢棄物檢測方法彙編」、「廢棄物土壤共通檢測方法彙編」進行編寫，適合於大專院校之「廢棄物採樣與分析」課程，每週3～4 小時之授課。

　　本書編寫配合「廢棄物處理」之授課，期使學生能藉由實驗之實作，驗證廢棄物清除與處理之相關知識，培養對廢棄物採樣與分析之觀察、推理、判斷、記錄能力，並學習廢棄物採樣與分析之基本器材（藥品）使用、操作技術及撰寫實驗報告之能力。

　　本書編排特色，包括：

1. 實驗題材適合廢棄物採樣與分析；教師可依據科系屬性，增刪或調整實驗項目。
2. 實驗編排循序漸進，內容深入淺出，適合環境（污染防治）相關科系。
3. 舉例特多，並詳細列出演算過程。
4. 實驗結果記錄及計算，表單設計詳實，較易學習吸收而融會貫通。
5. 編排方式適合學生閱讀、實作，另實驗步驟結合實驗結果記錄及表單計算，可供學生直接依序之記錄及計算填寫，亦方便於教師逐予批閱。

　　本書雖盡力求證與勘誤，然誤謬疏漏自是難免，尚祈各方先進惠予指正及建議，以為日後之修正與改進，不勝感激。

編者：石鳳城 104.2

學校實驗室廢棄物（廢液）之清理（行政院環境保護署）

　　「廢棄物清理法」明定學校實驗室所產生之廢棄物屬事業廢棄物，應依「有害事業廢棄物認定標準」、「事業廢棄物貯存清除處理方法及設施標準」相關規定，妥善分類、貯存、清除、處理。〔相關規定可至行政院環境保護署（環保法規 — 廢棄物清理）網站查詢 http://ivy5.epa.gov.tw/epalaw/index.aspx〕

廢棄物(廢液)之減量、分類、收集、貯存與處理

【參考資料：行政院環境保護署公告之水質檢測方法總則 NIEA W102.51C－附錄三：廢棄物減量與處理】

（一）對於廢棄物的處理與處置，實驗室應依據「有害事業廢棄物認定標準」中公告有害事業廢棄物的種類及其濃度規定，妥善分類、收集、貯存、處理這些有害物質，可以減少有害廢棄物的量以及處理的成本。

（二）實驗室必須有效管理廢棄物，以達到減量與污染防治之目的；減量有降低成本與處理量兩方面的好處。對於某些有害廢棄物的產生者而言，更是法規要求要管理的項目。

（三）減量的方法包括來源減量、回收及再利用，廢棄物的處理也是減量的一種形式。來源減量可行的做法是採購較小量的包裝，以避免過期的藥量太多，且不要庫存太多試藥，把握先買的先用原則，沒有拆封的藥品也可以退還給藥商回收，儘可能以無害的化學物質替代有害的化學物質之使用。並可改善實驗室的管理，加強人員減廢的訓練，讓同一實驗室的不同部門，共同使用同一個標準品以及儲備液。有機溶劑通常可以蒸餾回收再利用，而金屬銀以及水銀則能被回收。

（四）有害廢棄物必須依照「廢棄物清理法」之規定進行清除與處理。實驗室須建立一套安全合法的化學及生物廢棄物之處置計畫，計畫應包含儲存、運送、處理及處置有害的廢棄物。

（五）廢棄物處理包括減少體積、污染物固定化及降低有害物物質的毒性等。處理的方法包括熱處理、化學、物理、生物處理以及焚化處理等方式。

　　1. 熱處理：熱處理包括焚化及消毒，是利用高溫改變廢棄物的內容組成之成分。

　　2. 化學處理：包括氧化還原、中和反應、離子交換、化學固化、光解反應、膠凝及沉澱等。

　　3. 物理方法：包括固化、壓實、蒸餾、混凝、沉泥、浮除、曝氣、過濾、離心、逆滲透、紫外光、重力沉澱及樹脂與吸附等。

　　4. 生物處理：包括生物污泥，堆肥及生物活性污泥等方法。

　　5. 最終處置：經廢棄物減量及處理後的廢棄物需要妥善處置。

（六）實驗產生的廢液及第一次洗滌液應視污染物的種類分類收集，再委請合格清運及代處理業者清運、處理，並依規定將處理遞送聯單寄交縣（市）環保局，留存聯單則作成

紀錄存檔備查。廢液貯存時應參考廢液的相容性，混合後易產生高熱、毒氣、爆炸的廢液應分開貯存。

(七)實驗室廢液分類：有關廢液分類與檢驗項目之歸屬對照如表 1 所示，而廢液貯存容器及標示規定如表 2 之區分。

(八)廢液貯存的容器應妥善標示，隨時保持加蓋狀態。廢液貯存應選擇適當的區域，考慮的因素包括：

　　1. 廢液傾倒、搬運方便。

　　2. 不易傾倒翻覆，不會阻礙通道。

　　3. 遠離電源、熱源。

(九)實驗室常見的廢氣包括酸性氣體逸散、有機溶劑揮發或實驗產生的廢氣，應在排煙櫃（通風櫥）中取用酸液、有機溶劑及操作處理可能產生廢氣的實驗。在主管機關的同意下，當實驗室產生廢棄物低於特定排放濃度（例如：放流水排放標準）或產生揮發性廢氣，可以小心地排放入衛生下水道或在排煙櫃中抽氣排放。

(十)實驗室產生的大多數有害廢棄物均必須運離實驗室，進行更進一步的處理後再行最終處置。實驗室對於產生的廢棄物必須妥善包裝及標示，並須慎選合法的廢棄物清運及處理廠商，委託清運過程中，應依法保留委託處理聯單，必要時應至處理現場確認其處理方式。

(十一)對於感染性或生物性的廢棄物需要先經過消毒或殺菌程序後，才能進行廢棄處理。設備或回收性耗材在接觸過感染性廢棄物後，也應經過消毒殺菌等程序才可以重複使用。

(十二)雖然一般的水質檢驗室並不會接觸到放射性廢棄物，對於儀器設備中裝設的放射源偵測器丟棄時，應依據行政院原子能委員會之規定，交由合法之處理廠商代為清運處理。

表 1：環境檢驗室檢驗項目與廢液分類之歸屬對照表

廢液類別		檢驗項目
有機廢液	1.非含氯有機廢液	(1)水質類：如酚類、陰離子界面活性劑、油脂（正己烷抽出物）、甲醛、總有機磷劑（如巴拉松、大利松、達馬松、亞素靈、一品松等）、總氨甲酸鹽（滅必蝨、加保扶、納乃得、安丹、丁基滅必蝨等）、安特靈、靈丹、飛佈達及其衍生物、滴滴涕及其衍生物、阿特靈、地特靈、五氯酚及其鹽類、除草劑（丁基拉草、巴拉刈、2–4地拉草、滅草、加磷塞等）、安殺番、毒殺芬等項目。 (2)空氣類：硝酸鹽、二氧化硫。 (3)毒化物與廢棄物類：檢測過程（包括淨化、萃取、稀釋、移動相）有使用丙酮、正己烷、甲醇、乙醇、乙酸乙酯、異丙醇等。 (4)其他不含鹵素類化合物之有機廢棄樣品【註1】。
	2.含氯有機廢液	(1)水質類：如多氯聯苯、五氯硝苯等項目。 (2)其他含氯化甲烷、二氯甲烷、氯仿、四氯化碳、甲基碘、氯苯、苯甲氯等脂肪族或芳香族鹵素類化合物者。

（續下表）

無機廢液	1.氰系廢液	(1)水質類：氰化物。 (2)其他檢測過程有使用氰甲烷（CH₃CN）者，或任何含氰化合物、氰錯化合物【註3】之游離廢液且pH≧10.5者。
	2.汞系廢液	(1)水質類：氨氮、總汞、有機汞。 (2)空氣類：氯鹽。 (3)其他含無機汞或有機汞之游離廢液者【註4】。
	3.一般重金屬廢液【註2】	(1)水質類：溶解性鐵、溶解性錳、鎘、鉛、銅、鋅、銀、鎳、硒、砷、硼。 (2)空氣類：硫酸鹽。 (3)其他含有金屬元素或金屬化合物之酸鹼廢液者。
	4.六價鉻廢液	水質類：總鉻、六價鉻。 其他含有六價鉻之游離廢液者。
	5.酸系廢液	水質類：BOD、硝酸鹽氮。 其他如硫酸、硝酸、鹽酸、磷酸等pH值小於2者。
	6.鹼系廢液	水質類：硫化物。 其他如苛性鈉、碳酸鹽、氨類等pH值大於12者。
	7.COD廢液	水質類：COD。 廢液中含重鉻酸鉀、硫酸汞、硝酸銀【註4】等成分者。

【註】：1. 有機檢驗項目如無法明確分類者，得歸類為「含氯有機溶劑」。

　　　　2. 無機檢驗項目如無法明確分類，且確定未含 CN⁻ 或 Hg²⁺ 者，得歸類為「一般重金屬廢液」。

　　　　3. 含難分解性氰化錯合體如 Rag(CN)₂、R₂Ni(CN)₂、R₃Cu(CN)₄、R₅Fe(CN)₆ 等電離常數 10^{-21} 以下之氰系廢液，應列入「非含氯有機溶劑」，以焚化方式處理。

　　　　4. 金屬汞、硫酸汞、硝酸銀具有回收汞、銀之效益，應儘量單獨分類收集。

表2：環境檢驗所廢液貯存容器及標示規定

廢液類別		貯存容器之顏色、材質、容積	貯存容器標示
有機廢液	1.非含氯有機廢液	(1)紅色附彈簧蓋之防爆型不銹鋼桶（20公升） (2)漆上「非含氯有機溶劑」白色字體	易燃性物質
	2.含氯有機廢液	(1)紅色附彈簧蓋之防爆型不銹鋼桶（20公升） (2)漆上「含氯有機溶劑」黑色字體	可燃性物質
無機廢液	1.氰系廢液	(1)白色高瓶口之HDPE桶（20公升） (2)漆上「氰系廢液」橙色字體	毒性事業廢棄物
	2.汞系廢液	(1)白色高瓶口之HDPE桶（20公升） (2)漆上「汞系廢液」橙色字體	毒性事業廢棄物
	3.一般重金屬廢液	(1)白色高瓶口之HDPE桶（20公升） (2)漆上「一般重金屬廢液」黑色字體	毒性事業廢棄物
	4.六價鉻廢液	(1)白色高瓶口之HDPE桶（20公升） (2)漆上「六價鉻廢液」黑色字體	毒性事業廢棄物
	5.酸系廢液	(1)白色高瓶口之HDPE桶（20公升） (2)漆上「酸系廢液」藍色字體	腐蝕性事業廢棄物
	6.鹼系廢液	(1)白色高瓶口之HDPE桶（20公升） (1)漆上「鹼系廢液」藍色字體	腐蝕性事業廢棄物
	7.COD廢液	(1)白色高瓶口之HDPE桶（20公升） (2)漆上「COD廢液」藍色字體	腐蝕性事業廢棄物

【註】：1. 過期藥劑請廠商回收，不得併入廢液處理。

　　　　2. 環衛用藥檢體、有害固體樣品等，檢驗後應將其收集，並退還原採樣者（地）自行處理。

　　　　3. 以上塑膠容器材質可為聚乙烯（PE）、聚丙烯（PP）、聚氯乙烯（PVC）、高密度聚乙烯（HDPE）等。為提高貯存之安全性建議採用高密度聚乙烯桶為貯存容器。

實驗廢液處理（教育部）

【參考資料：教育部學校安全衛生資訊網（實驗廢液處理）http://140.111.34.161/index.asp】

（一）實驗室廢棄物（廢液）須依成分、特性分類，再予收集、貯存，其目的爲：

 1. 有利於後續之清理：各種廢液之化性、毒性迥異，清理方法各不相同，需依其成分、特性予以分類。

 2. 避免危險：廢棄物（廢液）如任意混合，極易產生不可預知之危險，例如：氰化物（KCN、NaCN）倒入酸液中，會產生劇毒的氰酸（HCN）氣體；鋅（Zn）放入酸液中會產生易爆（燃）性的氫氣（H_2）；疊氮化鈉（NaN_3）和銅（Cu）接觸會產生爆炸性的疊氮化銅〔$Cu(N_3)_2$〕。

 3. 降低處理成本：分類不清、標示不明之廢棄物（廢液），處理前需檢測分析，確定成分後方能妥適處理。廢棄物（廢液）中若含有性質迥異之物質者，其清理程序更爲複雜，處理成本亦將增加。

 4. 分類收集、分類貯存時，「不相容」者嚴禁相互混合，以免產生危險，所謂不相容係指：

 (1) 兩物相混合會產生大量熱量。

 (2) 兩物相混合會產生激烈反應。

 (3) 兩物相混合會產生燃燒。

 (4) 兩物相混合會產生毒氣。

 (5) 兩物相混合會產生爆炸。

（二）實驗室廢液依「教育部學校實驗室廢液暫行分類標準」（附表1）分類收集、貯存後，需移至暫存區貯存，貯存時亦需考慮相容性之問題，貯存原則如下：

 1. 水反應性類需單獨貯存。

 2. 空氣反應性類需單獨貯存。

 3. 氧化劑類需單獨貯存。

 4. 氧化劑與還原劑需分開貯存。

 5. 酸液與鹼液需分開貯存。

 6. 氰系類與酸液需分開貯存。

 7. 含硫類與酸液需分開貯存。

 8. 碳氫類溶劑與鹵素類溶劑需分開貯存。

表1：教育部學校實驗室廢液暫行分類標準（90.9.19.）

教育部學校實驗室廢液暫行分類標準		
A. 有機廢液類	1.油脂類：由學校實驗室或實習工廠所產生的廢棄油（脂），例如：燈油、輕油、松節油、油漆、重油、雜酚油、錠子油、絕緣油（脂）（不含多氯聯苯）、潤滑油、切削油、冷卻油及動植物油（脂）等。	
	2.含鹵素有機溶劑類:由學校實驗室或實習工廠所產生的廢棄溶劑,該溶劑含有脂肪族鹵素類化合物,如氯仿、二氯甲烷、氯代甲烷、四氯化碳、甲基碘等；或含芳香族鹵素類化合物，如氯苯、苯甲氯等。	
	3.不含鹵素有機溶劑類:由學校實驗室或實習工廠所產生的廢棄溶劑,該溶劑不含脂肪族鹵素類化合物或芳香族鹵素類化合物。	
B. 無機廢液類	1.含重金屬廢液:由學校實驗室或實習工廠所產生的廢液,該廢液含有任一類之重金屬（如鐵、鈷、銅、錳、鎘、鉛、鎵、鉻、鈦、鍺、錫、鋁、鎂、鎳、鋅、銀等）。	
	2.含氰廢液：由學校實驗室或實習工廠所產生的廢液，該廢液含有游離氰廢液（需保存在pH10.5以上）者或含有氰化物或氰錯化合物。	
	3.含汞廢液：由學校實驗室或實習工廠所產生的廢液，該廢液含有汞。	
	4.含氟廢液：由學校實驗室或實習工廠所產生的廢液，該廢液含有氟酸或氟化合物者。	
	5.酸性廢液：由學校實驗室或實習工廠所產生的廢液，該廢液含有酸。	
	6.鹼性廢液：由學校實驗室或實習工廠所產生的廢液，該廢液含有鹼。	
	7.含六價鉻廢液：由學校實驗室或實習工廠所產生的廢液，該廢液含有六價鉻化合物。	
C. 污泥及固體類	1.可燃感染性廢污：由學校實驗室於實驗、研究過程中所產生的可燃性廢棄物，例如：廢檢體、廢標本、器官或組織等,廢透析用具、廢血液或血液製品等。	
	2.不可燃感染性廢污：由學校實驗室於實驗、研究過程中所產生的不可燃性廢棄物，例如：針頭、刀片、及玻璃材料之注射器、培養皿、試管、試玻片等。	
	3.有機污泥：由學校實驗室或實習工廠所產生的有機性污泥，例如：油污、發酵廢污等。	
	4.無機污泥：由學校實驗室或實習工廠所產生的無機性污泥，例如：混凝土實驗室或材料實驗室之沉砂池污泥、雨水下水道管渠或鑽孔污泥等。	

（三）實驗室廢液之收集與貯存容器

　　1. 實驗室廢液之收集依下列原則收集：

（1）實驗室廢藥品：依「教育部學校實驗室廢液暫行分類標準」，以原包裝置於方形塑膠桶中。

（2）實驗室廢液：依「教育部學校實驗室廢液暫行分類標準」，混於貯存桶內。

　　2. 廢液貯存容器：

（1）實驗室廢藥品，不論剩餘量多寡，均以原包裝置於50公升之方形桶槽內（開口無蓋），原包裝需有瓶蓋，不可溢漏。爲了防止運輸時碰撞破裂，桶內需有緩衝材料。

（2）實驗室廢液貯存容器則根據容器材質與廢液之相容性分成下列二部分：

a. 一般溶劑類與含鹵素溶劑類以50加崙鐵桶或30公升之不鏽鋼桶貯存。

b. 其餘之實驗室廢液則以20公升或30公升之PE塑膠桶貯存。

(四) 準備消防及急救器材

　　實驗室廢液貯存或處理時，於貯存場所及處理區域需準備消防設施器材，對於化學類的火災，以乾粉滅火器及二氧化碳滅火器較為適用。急救方面，如被廢液噴濺沾粘，應儘速以清水沖洗，避免接觸皮膚、眼睛。急救箱亦為必要之物。

(五) 廢液處理注意事項

　　實驗室廢液特性為：成分及數量穩定度低，種類繁多或濃度高。其危險性也相對增高。清理時，應注意事項說明如下：

1. 充分瞭解處理的方法：實驗室廢液的處理方法因其特性而異，任一廢液如未能充分瞭解其處理方法，切勿嘗試處理，否則極易發生意外。

2. 注意皮膚吸收致毒的廢液：大部份的實驗室廢液觸及皮膚僅有輕微的不適，少部分腐蝕性廢議會傷害皮膚，有一部份廢液則會經由皮膚吸收而致毒，最著名的例子則為高雄縣大樹鄉造成二人死亡之苯胺廢液。會經由皮膚吸收產生劇毒的廢液，於搬運或處理時需要特別注意，不可接觸皮膚。

3. 注意毒性氣體的產生：實驗室廢液處理時，如操作不當會有毒性氣體產生，最常見者列舉如下：

(1) 氰類與酸混合會產生劇毒的氰酸。

(2) 漂白水與酸混合會產生劇毒性之氯氣或偏次氯酸。

(3) 硫化物與酸混合會產生劇毒性之硫化物。

4. 注意爆炸性物質的產生：實驗室廢液處理時，應完全按照已知的處理方法進行處理，不可任意混摻其他廢液，否則容易產生爆炸的危險。一些較易產生爆炸危害的混合物列舉如下：

(1) 疊氮化鈉與鉛或銅的混合。

(2) 胺類與漂白水的混合。

(3) 硝酸銀與酒精的混合。

(4) 次氯酸鈣與酒精的混合。

(5) 丙酮在鹼性溶液下與氯仿的混合。

(6) 硝酸與醋酸酐的混合。

(7) 氧化銀、氨水、（酒精？）（酸種？）種廢液的混合。【註：氧化銀與氨水反應會產生氮化銀（Ag_3N），為黑色晶（固）體，又稱雷爆銀，極敏感，具可怕的爆炸力，不可觸摸，即使是非常輕微的觸摸，甚至落下的一滴水所產生的衝擊也能引發爆炸。－資料來源：百度百科。】

其他一些極容易產生過氧化物的廢液（如：異丙醚），也應特別注意，因過氧化物極易因熱、摩擦、衝擊而引起爆炸，此類廢液處理前應將其產生的過氧化物先行消除。

5. 其他應注意事項：實驗室廢液因濃度高，易於處理時因大量放熱火反應速率增加而致發生意外。為了避免這種情形，再處理實驗室廢液時應把握下列原則：

(1) 少量廢液進行處理，以防止大量反應。

(2) 處理劑倒入時應緩慢，以防止激烈反應。

(3) 充分攪拌，以防止局部反應。

必要時於水溶性廢液中加水稀釋，以緩和反應速率以及降低溫度上升的速率，如處理設備含有移設裝置則更佳。

（六）實驗室廢液標籤：為便於實驗室廢液之分類、收集、貯存與處理，廢液之貯存容器應貼有標籤，標籤內容如下：

實驗室廢液標籤（請張貼於廢液容器明顯位置）　　　　　　　　　編號：
(1)廢液類別： 　　□有機廢液類之：□油脂類、□含鹵素有機溶劑類、□不含鹵素有機溶劑類。 　　□無機廢液類之：□含重金屬廢液、□含氰廢液、□含汞廢液、□含氟廢液、□酸性廢液、 　　　　　　　　　　□鹼性廢液、□含六價鉻廢液。 (2)分類碼：_____。
(3)廢液危害性之標誌：_____。
(4)廢液主要成分種類：_____。
(5)廢液數量：_____公升_____公斤。
(5)(學校)科系所名稱：_____。
(6)實驗室名稱：_____。
(7)管理人簽名_____電話：_____。
(8)集中日期：_____。
【註】實驗室廢藥品除貼有上述標籤外，原包裝之標籤亦應完整牢固。

目錄

第1章：廢棄物分類及定義

　　「廢棄物」依廢棄物清理相關法規分類為：「一般廢棄物」、「事業廢棄物」與「放射性廢棄物」。

　　「一般廢棄物」、「事業廢棄物」係以「廢棄物產生源」作為區分；其由「家戶」或「其他非事業」所產生者是為「一般廢棄物」；其由「事業」所產生者是為「事業廢棄物」。

　　「事業廢棄物」又區分為「有害事業廢棄物」與「一般事業廢棄物」；具有毒性、危險性，其濃度或數量足以影響人體健康或污染環境者是為「有害事業廢棄物」；由事業所產生有害事業廢棄物以外之廢棄物則是為「一般事業廢棄物」。

　　另有「放射性廢棄物」，有關游離輻射之放射性廢棄物之清理，依原子能相關法令之規定。

　　依廢棄物清理相關法規，廢棄物分類及定義如表 1 所示。

表 1：廢棄物分類定義（依廢棄物清理相關法規）

廢棄物	一般廢棄物：由家戶或其他非事業所產生之垃圾、糞尿、動物屍體等，足以污染環境衛生之固體或液體廢棄物。	垃圾	巨大垃圾：指體積龐大之廢棄傢俱、修剪庭院之樹枝或經主管機關公告之一般廢棄物。	
			資源垃圾：指依本法第5條第6項公告之一般廢棄物回收項目（廚餘除外）及依本法第15條第2項公告應回收之物品或其包裝、容器經食用或使用後產生之一般廢棄物。	
			有害垃圾：指符合有害事業廢棄物認定標準並經中央主管機關公告之一般廢棄物。	
			廚餘：指丟棄之生、熟食物及其殘渣或有機性廢棄物，並經主管機關公告之一般廢棄物。	
			一般垃圾：指巨大垃圾、資源垃圾、有害垃圾、廚餘以外之一般廢棄物。	
		糞尿		
		動物屍體		
		足以污染環境衛生之固體或液體廢棄物		
	事業廢棄物	有害事業廢棄物：由事業所產生具有毒性、危險性，其濃度或數量足以影響人體健康或污染環境之廢棄物。	列表之有害事業廢棄物	製程有害事業廢棄物：指附表一【註】所列製程產生之廢棄物。	
				混合五金廢料：依貯存、清除、處理及輸出入等清理階段危害特性判定，其認定方式如附表二【註】。	
				生物醫療廢棄物：指醫療機構、醫事檢驗所、醫學實驗室、工業及研究機構生物安全等級第二級以上之實驗室、從事基因或生物科技研究之實驗室、生物科技工廠及製藥工廠，於醫療、醫事檢驗、驗屍、檢疫、研究、藥品或生物材料製造過程中產生附表三【註】所列之廢棄物。	基因毒性廢棄物
					廢尖銳器具
					感染性廢棄物
					其他經中央主管機關會商中央目的事業主管機關認定對人體或環境具危害性，並經公告者

（續下表）

				毒性有害事業廢棄物	（一）依毒性化學物質管理法公告之第一類、第二類及第三類毒性化學物質之固體或液體廢棄物。		
					（二）直接接觸前目毒性化學物質之廢棄盛裝容器。		
				溶出毒性事業廢棄物：指事業廢棄物依使用原物料、製程及廢棄物成分特性之相關性選定分析項目，以毒性特性溶出程序直接判定或先經萃取處理再判定之萃出液，其成分濃度超過附表四之標準者。	農藥污染物		
					有機性污染物		
					有毒重金屬		
				戴奧辛有害事業廢棄物：指事業廢棄物中含2,3,7,8-氯化戴奧辛及呋喃同源物等17種化合物之總毒性當量濃度超過1.0 ng I-TEQ／g者。			
				多氯聯苯有害事業廢棄物：指多氯聯苯重量含量在百萬分之50以上之廢電容器（以絕緣油重量計）、廢變壓器（以變壓器油重量計）或其他事業廢棄物。			
			有害特性認定之有害事業廢棄物	腐蝕性事業廢棄物	（一）廢液氫離子濃度指數（pH值）大於等於12.5或小於等於2.0；或在攝氏溫度55度時對鋼（中華民國國家標準鋼材Ｓ二〇Ｃ）之腐蝕速率每年超過6.35毫米者。		
					（二）固體廢棄物於溶液狀態下氫離子濃度指數（pH值）大於等於12.5或小於等於2.0；或在攝氏溫度55度時對鋼（中華民國國家標準鋼材Ｓ二〇Ｃ）之腐蝕速率每年超過6.35毫米者。		
				易燃性事業廢棄物	（一）廢液閃火點小於攝氏溫度60度者。但不包括乙醇體積濃度小於百分之24之酒類廢棄物。		
					（二）固體廢棄物於攝氏溫度25度加減2度、1大氣壓下可因摩擦、吸水或自發性化學反應而起火燃燒引起危害者。		
					（三）可直接釋出氧、激發物質燃燒之廢強氧化劑。		
				反應性事業廢棄物	（一）常溫常壓下易產生爆炸者。		
					（二）與水混合會產生劇烈反應或爆炸之物質或其混合物。		
					（三）含氰化物且其氫離子濃度指數（pH值）於2.0至12.5間，會產生250 mg HCN／kg以上之有毒氣體者。		
					（四）含硫化物且其氫離子濃度指數（pH值）於2.0至12.5間，會產生500 mg H_2S／kg以上之有毒氣體者。		
				石綿及其製品廢棄物	（一）製造含石綿之防火、隔熱、保溫材料及煞車來令片等磨擦材料研磨、修邊、鑽孔等加工過程中產生易飛散性之廢棄物。		
					（二）施工過程中吹噴石綿所產生之廢棄物。		
					（三）更新或移除使用含石綿之防火、隔熱、保溫材料及煞車來令片等過程中，所產生易飛散性之廢棄物。		
					（四）盛裝石綿原料袋。		
					（五）其他含有百分之1以上石綿且具有易飛散性質之廢棄物。		
			其他經中央主管機關公告者。				
		一般事業廢棄物：由事業所產生有害事業廢棄物以外之廢棄物。					
	放射性廢棄物：游離輻射之放射性廢棄物之清理，依原子能相關法令之規定。						

【註】附表一、附表二、附表三請參閱「有害事業廢棄物認定標準」。

　　欲藉由廢棄物分類，判定廢棄物究屬何類？進行適當且正確之廢棄物「採樣」與「檢測分析」則顯重要。圖1所示為廢棄物分類判定流程。

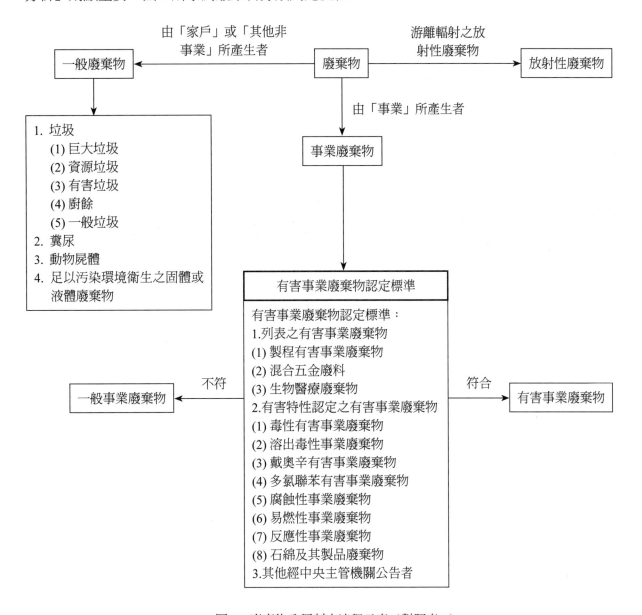

圖1：廢棄物分類判定流程示意（對照表1）

　　由表1及圖1之廢棄物分類可知，判定廢棄物究屬何類？至為重要。蓋因廢棄物清理相關法規中，於「一般廢棄物」及「事業廢棄物」率皆有不同之適用法規（或法條）；諸如：「廢棄物清理法」中第二章為一般廢棄物之清理，第三章為事業廢棄物之清理，第四章為公民營廢棄物清除處理機構及廢棄物檢驗測定；其他另有「一般廢棄物回收清除處理辦法」、「一般廢棄物清除處理費徵收辦法」、「執行機關一般廢棄物應回收項目」、「有害事業廢棄物認定標準」、「事業廢棄物貯存清除處理方法及設施標準」、「事業廢棄物輸入輸出管理辦法」、「公民營廢棄物清除處理機構許可管理辦法」、「有害事業廢棄物檢測及紀錄管理辦法」、「事業廢棄物清理計畫書之格式及應載明事項」、……等。

第2章：廢棄物（採樣）檢測方法

　　依行政院環境保護署（環境檢驗所）網站（http://ivy5.epa.gov.tw/epalaw/index.aspx）公告（104.1.12.），有關「廢棄物」（採樣）檢測方法查詢共有二類，分別為：「廢棄物（使用中之廢棄物類共：69個檢測方法）」及「廢棄物土壤共通（使用中之廢棄物土壤類共：61個檢測方法）」。如下：

一、廢棄物：使用中之廢棄物類共計有69個檢測方法，如下：

編號	方法名稱	公告日期
R101.02C	事業廢棄物檢測方法總則	092/05/20
R103.02C	酸鹼分配淨化法	101/10/09
R104.03C	樣品製備與萃取方法－吹氣捕捉法	102/04/18
R106.02C	分液漏斗液相-液相萃取法	101/09/26
R107.02C	連續式液相－液相萃取法	101/10/08
R111.01C	廢棄物樣品稀釋法	091/03/05
R118.03B	事業廢棄物採樣方法	102/01/23
R118.04B	事業廢棄物採樣方法	103/12/22
R119.00C	廢棄物焚化灰渣採樣方法	093/04/29
R123.01C	廢棄物中檢測揮發性有機物之樣品稀釋法	091/03/05
R124.00C	一般廢棄物（垃圾）採樣方法	093/02/03
R125.02C	一般廢棄物（垃圾）檢測方法總則	095/05/05
R201.14C	事業廢棄物毒性特性溶出程序	098/08/10
R202.01C	廢棄物單位容積重測定方法－外觀密度測定法	100/12/14
R203.02C	事業廢棄物水分測定方法－間接測定法	098/05/11
R205.01C	廢棄物中灰分、可燃分測定方法	092/11/17
R206.22C	事業廢棄物之固化物單軸抗壓強度檢測方法－單軸抗壓強度在100 Kgf/cm^{2}以上之固化物	094/11/30
R207.22C	事業廢棄物之固化物單軸抗壓強度檢測方法－單軸抗壓強度小於100 Kgf/cm^{2}之固化物	094/11/30
R208.04C	廢棄物之氫離子濃度指數（pH值）測定方法－電極法	097/09/18
R209.02C	廢棄物對鋼之腐蝕速率檢測方法	094/11/30
R210.23C	廢棄物閃火點測定方法－潘-馬氏密閉式測定法	098/06/11
R211.21C	液體閃火點測定方法－快速閃火點測定儀	091/03/05
R212.02C	污泥廢棄物中總固體、固定性及揮發性固體含量檢測方法	103/11/05
R213.21C	一般廢棄物（垃圾）水分測定方法－間接測定法	098/05/11
R214.01C	廢棄物熱值檢測方法－燃燒彈熱卡計法	093/11/19
R215.01C	一般廢棄物（垃圾）單位容積重測定方法－外觀密度測定法	098/05/11
R216.02C	焚化灰渣之灼燒減量檢測方法	096/06/22

（續下表）

編號	方法名稱	公告日期
R217.10C	廢棄物資源化建材溶出特性試驗－以擴散試驗測定成塊廢棄物材料中無機溶出成分	099/10/20
R218.10C	廢棄物資源化建材溶出特性試驗－無機成分可溶出量測定	099/10/20
R219.10C	廢棄物溶出行為檢驗方法－向上流動滲濾試驗法	100/04/12
R300.10C	事業廢棄物萃出液中總硒檢測方法－連續式氫硼化鈉還原原子吸收光譜法	092/02/13
R301.13C	事業廢棄物萃出液中總砷檢測方法－批次式氫化砷原子吸收光譜法	097/05/28
R302.21C	廢棄物中總鎘檢測方法－火焰式原子吸收光譜法	100/12/15
R303.21C	廢棄物中總鉻檢測方法－火焰式原子吸收光譜法	100/12/15
R304.21C	廢棄物中總鎳檢測方法－火焰式原子吸收光譜法	100/12/15
R305.21C	廢棄物中總銅檢測方法－火焰式原子吸收光譜法	100/12/15
R306.13C	事業廢棄物萃出液中重金屬檢測方法－酸消化法	095/03/31
R307.21C	廢棄物中總鋅檢測方法－火焰式原子吸收光譜法	100/12/15
R309.12C	事業廢棄物萃出液中六價鉻檢測方法－比色法	091/06/10
R310.11C	事業廢棄物溶出液中六價鉻檢測方法－APDC螯合MIBK萃取原子吸收光譜法	100/12/15
R314.12C	事業廢棄物萃出液中總汞檢測方法－冷蒸氣原子吸收光譜法	094/11/30
R315.02B	乾電池汞、鎘、鉛含量檢測方法	098/10/12
R316.00B	廢棄冷陰極燈管汞含量檢測方法－冷蒸氣原子吸收光譜法	097/05/28
R317.11C	事業廢棄物萃出液中元素檢測方法－微波輔助酸消化法	103/02/26
R318.12C	事業廢棄物萃出液中總砷檢測方法－連續式氫化砷原子吸收光譜法	101/01/06
R319.21C	廢棄物中總鉛檢測方法－火焰式原子吸收光譜法	100/12/15
R355.00C	沈積物、污泥及油脂中金屬元素總量之檢測方法－微波消化原子光譜法	091/03/05
R356.00B	生物醫療廢棄物滅菌效能測試方法－嗜熱桿菌芽孢測試法	100/05/02
R357.00B	生物醫療廢棄物滅菌效能測試方法－化學指示劑檢測法	100/05/02
R401.22C	含石綿物質及廢棄物中之石綿檢測方法	100/12/15
R402.21C	廢棄物與海洋棄置物質中總氰化物萃取方法	100/08/03
R403.21C	廢棄物中碳、氫元素含量檢測方法－燃燒管法	093/11/19
R405.21C	廢棄物中可釋出之氰化氫檢測方法	091/03/05
R406.21C	廢棄物中可釋出之硫化氫檢測方法	091/03/05
R407.21C	總氰化物與可氯化處理之氰化物檢測方法	091/03/05
R408.21C	酸可溶性與酸不可溶性硫化物檢測方法	091/03/05
R410.21C	廢棄物中凱氏氮含量檢測方法	093/12/22
R502.11C	醛酮類化合物檢測方法－高效能液相層析法	091/03/05
R607.21C	有機氯系除草劑檢測方法－甲基酯化／溴化五氟基衍生化／氣相層析法	091/03/05
R608.11B	事業廢棄物萃出液中胺基甲酸鹽農藥檢測方法－液相層析／螢光偵測器法	091/03/05
R610.21C	有機磷農藥檢測方法－毛細管柱氣相層析法	091/03/05
R613.21C	胺基甲酸鹽檢測方法－高效能液相層析法／螢光偵測器檢驗法	091/03/05
R703.11B	事業廢棄物萃出液中揮發性有機物檢測方法－吹氣捕捉／毛細管柱氣相層析質譜儀偵測法	091/03/05
R810.21C	硝基芳香族和環狀酮類檢測方法－毛細管柱氣相層析法	091/03/05
R811.21C	鄰苯二甲酸酯類檢測方法－氣相層析儀／電子捕捉偵測器法	091/03/05
R812.21C	多環芳香族碳氫化合物檢測方法－氣相層析法	091/03/05
R813.21C	多環芳香族碳氫化合物檢測方法－高效能液相層析法	091/03/05
R814.11B	事業廢棄物萃出液中半揮發性有機物檢測方法－氣相層析質譜儀偵測法	091/03/05

二、廢棄物土壤共通：使用中之廢棄物土壤類共計有61個檢測方法，如下：

編號	方法名稱	公告日期
M103.02C	重金屬檢測方法總則	101/06/29
M104.02C	感應耦合電漿原子發射光譜法	102/12/04
M105.01B	感應耦合電漿質譜法	102/12/05
M111.01C	火焰式原子吸收光譜法	101/07/31
M113.00C	石墨爐式原子吸收光譜法	092/03/04
M150.00C	層析檢測方法總則	091/03/05
M151.02C	土壤、底泥及事業廢棄物中半揮發性／非揮發性有機物檢測樣品製備方法總則	102/12/17
M152.01C	土壤及事業廢棄物中揮發性有機物檢測樣品製備方法總則	092/08/13
M155.01C	土壤、底泥及事業廢棄物中揮發性有機物檢測之樣品製備與萃取方法－密閉式吹氣捕捉法	102/12/17
M157.00C	土壤及固體基質樣品製備與萃取方法－平衡狀態頂空處理法	091/03/05
M165.00C	索氏萃取法	091/01/16
M167.01C	超音波萃取法	101/12/25
M180.00C	含石油化合物萃液之礬土管柱淨化與分離法	102/04/18
M181.00C	礬土管柱淨化法	091/03/05
M182.01C	矽酸鎂淨化法	101/12/26
M183.01C	矽膠淨化法	101/12/26
M184.01C	膠滲透淨化法	101/12/25
M186.01C	去硫淨化法	101/12/26
M187.00C	硫酸/高錳酸鉀淨化法	091/03/05
M188.00C	固相萃取方法	093/06/21
M189.00C	加壓流體萃取方法	093/06/15
M190.00C	共沸蒸餾法	093/09/17
M191.00C	眞空蒸餾方法	093/07/29
M192.00C	超臨界流體萃取法	093/09/17
M193.00C	自動索氏萃取法	097/03/31
M201.11C	地下儲槽密閉測試檢測方法－氮氣加壓測漏法	101/07/06
M202.11C	地下儲槽系統管線密閉測試檢測方法－氮氣加壓測漏法	101/07/05
M203.11C	地下儲槽系統土壤氣體監測井中油氣檢測方法	101/05/11
M204.00C	地下儲槽密閉測試檢測方法－自動液位測漏法	101/07/13
M205.10C	合成降水溶出程序	103/04/29
M317.03B	土壤、底泥及廢棄物中總汞檢測方法－冷蒸氣原子吸收光譜法	101/06/21
M318.01C	固體與液體樣品中總汞檢測方法－熱分解汞齊原子吸收光譜法	101/07/30
M319.10C	海洋棄置物質中元素檢測方法－微波輔助酸消化法	100/03/22
M353.01C	廢棄物及底泥中金屬檢測方法－酸消化法	101/06/21
M401.00B	土壤及廢棄物中氟化物檢測方法－氟選擇性電極法	097/05/28
M402.00C	硫、氯元素含量檢測方法－燃燒管法	102/06/06
M403.00C	碳、氫、硫、氧、氮元素含量檢測方法－元素分析儀法	102/06/07
M501.00C	土壤及廢棄物中油分（脂）檢測方法－索氏萃取重量法	094/12/14

（續下表）

編號	方法名稱	公告日期
M611.02C	土壤及事業廢棄物中非鹵有機物檢測方法－氣相層析儀／火焰離子化偵測法（GC／FID）	092/09/24
M612.00C	揮發性鹵化物檢測方法－毛細管柱氣相層析法／串聯式光離子化偵測器及電解導電感應偵測器檢測法	091/03/05
M613.00C	胺基甲酸鹽檢測方法－高效能液相層析法／螢光偵測器檢測法	103/11/05
M614.02C	土壤、底泥及事業廢棄物中酚類檢測方法－氣相層析儀法	102/04/23
M618.04C	土壤、底泥及事業廢棄物中有機氯農藥檢測方法－氣相層析儀法	102/05/01
M619.03C	土壤、底泥及事業廢棄物中多氯聯苯檢測方法－氣相層析儀法	102/07/17
M623.01C	氯化碳氫化合物檢測方法－氣相層析儀／電子捕捉偵測器法	102/04/23
M624.00C	土壤及水中五氯酚篩檢方法－免疫分析法	095/07/13
M625.00C	多氯聯苯篩檢方法－免疫分析法	095/07/13
M626.01B	丁基加保扶檢測方法－高效液相層析儀／紫外光偵測器法	101/12/20
M701.00C	揮發性總有機物檢測方法－重量法	102/09/09
M711.01C	土壤及事業廢棄物中揮發性有機物檢測方法－氣相層析質譜儀法	091/11/19
M711.02C	土壤、底泥及廢棄物中揮發性有機物檢測方法－氣相層析質譜儀法	103/11/21
M712.00C	事業廢棄物與土壤中揮發性有機化合物篩選測試方法－氣頂空間法	096/12/25
M731.01C	半揮發性有機物檢測方法－毛細管柱氣相層析質譜儀法	101/07/05
M735.70B	原物料及產品中揮發性有機物檢測方法－平衡狀態頂空進樣氣相層析質譜儀法	098/12/18
M801.13B	戴奧辛及呋喃檢測方法－同位素標幟稀釋氣相層析／高解析質譜法	102/12/31
M802.00B	多溴二苯醚檢測方法－氣相層析／高解析質譜法	096/05/08
M803.00B	戴奧辛類多氯聯苯檢測方法－氣相層析／高解析質譜法	100/04/15
M901.00B	總石油碳氫化合物之碳數分類檢測方法－氣相層析／火焰離子偵測法	100/05/02
M902.00B	火炸藥物質檢測方法－氣相層析儀／電子捕捉偵測器法	102/12/09
M903.00B	火炸藥物質檢測方法－高效液相層析儀／紫外光偵測器法	102/12/09
M905.00B	有機氯農藥檢測方法－同位素標幟稀釋氣相層析／高解析質譜法	103/11/05

第3章：一般廢棄物（垃圾）採樣方法

一、方法概要

　　本方法係針對一般之生垃圾在處理、處置前，爲了解該地區垃圾組成及其成分分析之結果，以作爲調查、處理或管理之用途，規範採樣適用範圍、設備及材料、採樣之地點、樣品數、方法、保存、及運送等、以及採樣時之安全措施、品質管制等，作爲該廢棄物採樣原則性指引。

　　本方法中「生垃圾」是指未經焚化等熱處理之一般廢棄物。

二、適用範圍

（一）本方法適用於執行「廢棄物清理法」所規定有關垃圾處理、處理場設置、回收及其他各種不同目的之一般廢棄物採樣工作。

（二）本方法適用於垃圾掩埋場、處理廠及轉運站中，未經減積、處理前之生垃圾採樣。

（三）除垃圾基本組成調查以外，其他目的（如堆肥、焚化貯坑等）之採樣，應視其目的及場址特性，預先擬定採樣計畫，據以執行。

（四）採集之樣品，適宜作爲物理組成分分析及化學特性檢測之用。

三、干擾

（一）垃圾採樣易受天候影響，在雨天將改變其垃圾含水量，影響樣品的代表性，故採樣應於晴天或陰天進行。

（二）垃圾來源須具有代表性，垃圾基本組成調查採樣應排除市場、學校、工業區等來源不具地方代表性之廢棄物，另於重大災害及節慶期間之垃圾質量亦不具代表性，應予排除。

（三）可能混雜事業廢棄物之採樣點如焚化爐貯坑及其他已知具干擾之採樣點，亦避免直接取樣。

（四）垃圾因含水分，所選用之貯存容器應具不透水及不吸收水分特性，樣品並應於採樣後立即分類。

四、設備及材料

(一) 採樣器材

採樣器材必須依照廢棄物儲存之現況，包括垃圾種類、體積、數量與待檢測目的及可用之重型攪拌工具而選擇。

1. 採樣鏟：不銹鋼材質或塑膠材質製，規格可從大至小，大型者如水泥拌合用，小型者如園藝用，亦可以適當大小之匙、瓢等代替。
2. 單位容積重測定容器：0.1 立方公尺之金屬盒（0.5 m×0.5 m×0.4 m 高）（最好為不鏽鋼或耐重力摔壓之合金材質）。
3. 破袋工具：耙子、鐮刀或剪刀等各種足以進行破袋之工具。
4. 攪拌工具：大型推土機、挖土機或抓斗，或足以翻動樣品母體之機械；人工攪拌工具如鏟子、耙子或長柄推把等。
5. 分類工具：防水布（6 m×6 m 以上）、磁鐵、孔徑 5 mm 標準篩、鋼夾。
6. 其他輔助工具：標竿、黃色警戒繩、標籤、膠帶、計算機、皮尺、可稱重 20 kg 以下天平（精確至 0.01 kg）、可稱重 40 kg 以上磅秤（精確至 0.1 kg）及輔助照明設備、供電設備等。

(二) 樣品容器

樣品容器選擇時，須依廢棄物之性質、擬採體積與待檢測項目考慮。分類後之樣品貯存容器，可選用能盛裝 500 g 至 5 kg 不等之不吸水、耐酸鹼及可直接置於烘箱內乾燥樣品，溫度可耐 150 ℃以上者之塑膠袋或盛裝容器。

(三) 安全防護裝備

1. 垃圾中含有尖銳的物品，例如釘子、刮鬍刀片、注射針頭及碎玻璃等，作業人員必須被告知此類的危險性，不要徒手用力攪拌混合。人員接觸垃圾並執行分類時，必須有適當的防護，於垃圾採樣時之個人防護裝備（Personal protection equipment，簡稱 PPE）包括：
   (1) 呼吸防護器：活性碳防塵口罩或面罩。
   (2) 防護衣著：長袖上衣及長褲。
   (3) 防護配件：內外式化學防護手套、厚皮手套、具安全防護之厚長（半）統安全鞋、安全帽、護目鏡。
2. 場址安全防護設備：現場隔離及作業區別（如廢棄物放置處、採樣區、後勤支援區、人員休息處等）之警示或隔離標誌。
3. 其他設備：通訊器材、交通工具、廢棄物搬動設施及其他等。

五、採樣

　　垃圾採樣工作，分別依採樣計畫書撰擬、採樣地點設置、採樣頻率及採樣樣品數、採樣方法、濕基物理組成分類、樣品保存及運送、安全防護及工地場地復原等項說明如下：

(一) 採樣計畫書撰擬：在進行採樣前，需先撰擬採樣計畫書。採樣計畫書要項至少包括：

1. 背景說明。
2. 採樣組織與分工。
3. 現場設備與相關措施。
4. 樣品管制、運送及保存作業。
5. 安全衛生及污染防制措施。

(二) 採樣地點設置

　　垃圾採樣地點依採樣目的之不同而有所區別，進行地區垃圾基本組成分析者，其採樣前應先於掩埋場、處理廠或轉運站內，設置一處安全性佳，乾淨平坦且面積大於 10 m×10 m 的場地，底部為水泥地或鋪設鋼板，並以標竿及警戒繩將採樣作業場地區隔開來。

　　採樣地點之垃圾來源為規劃採樣區域內，具該區域代表性之隨機一個車次清運車輛載運之垃圾為採樣對象。其車輛載重約為 2 至 5 公噸間。避免選自載重量不足或高載重壓縮式轉運車輛。

　　前項具代表性之車輛，係指非專收學校、市場或特定機構垃圾，並且清運路線包含調查地區主要都會型態（如商業區、住宅區、住商混合區等）之垃圾清運車輛。抽樣車輛於選擇前應先取得該區域所有清運路線，排除不具代表性路線車輛後，隨機抽取。

　　按所需之目的及地區之性質，妥善劃分採樣區域。於每一區域中，選定具有代表性之垃圾車作為樣品來源。特定地點如果菜市場等則視需要劃定為單獨之採樣區。同一車次之垃圾以取得一件樣品為限。

　　特殊組成調查如焚化爐內垃圾成分分析、資源回收場物質組成及市場垃圾調查等，可視其目的由貯坑或堆置區進行採樣。

(三) 採樣頻率及採樣數

　　垃圾採樣分析，為一長期性、經常性工作，由長期連續採樣分析之紀錄，所顯示之數據，較具確實性及代表性。為使每年公布之垃圾組成特性數據具有學理上之統計意義，每年垃圾

採樣分析之樣品數應依所訂之精密度及信賴度要求計算之。

1. 採樣頻率

　　爲避免季節因素對採樣結果造成影響，所有採樣數應平均分布於四個季節中進行，或安排於每月或隔月進行採樣。

2. 採樣樣品數【註1】

【註1】：採樣單位欲調整最適合之採樣樣品數時，可以試誤法（Trial and Error Method）求得應採樣樣品數，其步驟如下：

(1) 先以任意的採樣數n_0（約6至10次）計算其單位容積重之算數平均值$\bar{x}$及變異數s^2之估計值。

(2) 以要求的信賴度查表1得知t^*值，並以設定之精密度求得e值。

(3) 根據前述（1）（2）所得數據$\bar{x}$、s^2、t^*及e值，代入採樣數計算公式，推算應採樣數n_1。

(4) 若$n_0 > n_1$，則採樣數已足夠，不需增加採樣數。

(5) 若$n_0 < n_1$，再根據採樣數n_1，多採取$n_1 - n_0$個樣品。

(6) 於訂定之信賴區間下查表1得知t^*，代入眞值之信賴區間（CI＝$\bar{x} \pm t^* s / \sqrt{n}$）公式求得信賴區間。分析每個點樣品單位容積重測值，如落於信賴區間外，判定爲離群值，予以剔除。

(7) 由n_1扣除離群值次數所得的採樣數$n_1{}'$查表計算新的$\bar{x}$及s^2，並代入採樣數計算公式，計算新的應採樣數n_2。

(8) 以n_2與$n_1{}'$比較，若$n_1{}' > n_2$，則採樣數已足夠，不需增加採樣數。若否，則重覆本節步驟(5)至(8)，直至實際採樣數大於計算出來之應採樣數爲止。

例如：採樣選擇80%之信賴度，精密度定爲95%，亦即相對誤差爲5%，e＝0.05，其他特殊需求之採樣信賴度、精密度可視需要另訂之。

各次採樣之垃圾車次應儘量分散於採樣區之各行政區中，其分散應包含地理位置的分散及清運路線之分散。

表 1：在 95% 精密度下 80% 信賴度之採樣 t^* 分配表

採樣樣品數（n）[a]	80%	採樣樣品數（n）	80%
2	3.078	17	1.337
3	1.886	18	1.333
4	1.638	19	1.330
5	1.533	20	1.328
6	1.476	21	1.325
7	1.440	22	1.323
8	1.415	25	1.318
9	1.397	26	1.316
10	1.383	27	1.315
11	1.372	28	1.314
12	1.363	29	1.313
13	1.356	30	1.311
14	1.350	41	1.303
15	1.345	61	1.296
16	1.341	121	1.289

（續下表）

採樣樣品數（n）[a]	80%	採樣樣品數（n）	80%
∞	1.282		

註a：本表之n值係指自由度（df＝n-1）中之n。

註b：表中之值分別指在95%精密度下之90%或80%信賴度值。

　　採樣時之計算樣品數係以一 0.1 立方公尺之單位容積重垃圾計算之。採樣結果應於要求的信賴度及精密度下計算所需採樣之樣品數，計算結果不足時，應增加採樣之樣品數。

　　採樣樣品數 n 之計算必須滿足所需的測量精密度，並且考慮信賴區間，採樣數計算公式如下：

$$n = \left(\frac{t^* \times s}{e \times \bar{x}} \right)^2$$

t^* ＝採樣數 n_0 及所要求信賴區間對應的統計學參數，如表 1 所示。（註：n_0 爲第一次實際採樣時之粗估樣品數）

$\bar{x}$ ＝ n 次採樣所得單位容積重算數平均值

s ＝ n 次採樣所得單位容積重的標準偏差

e ＝需求的採樣精密度

(四) 採樣方法

　　樣品採集視採樣機具設備狀況，可以下述之網格法或四分法取得初步樣品，再配合四分法進行縮分，取得最終樣品。初步樣品量以 200 至 300 公斤爲宜；最終樣品量則以三個 0.1 立方公尺單位容積重之量爲宜。樣品在現場測定單位容積重後，立即進行濕基物理組成分類與稱重。

1. 取得初步樣品

(1) 以網格法（grid）取得初步樣品

　　A. 在預先劃定之採樣區內，建立一 6m×6m 之正方形面積，將一車垃圾（約 3 至 4 公噸重）傾卸於此正方型面積內。於正方形四個角上以標竿及警戒繩連接其四邊，必要時，留一邊讓重型攪拌機具進入。並將這些垃圾以挖斗在不觸及最底部情形下在該劃定區域內撥平，完成 6 m×6 m 之正方，40 至 60 公分厚之垃圾面。

　　B. 將每邊以黃色警示帶連接後，以皮尺量測四邊，以每 2 m 爲一單位，以紅色塑膠繩繫於警示帶上，則可將此 6 m×6 m 之區域分隔成九個 2 m×2 m 之子區域。

　　C. 於每個子區域之中央點，以此點前後左右各 0.25 m 延伸，以及從表面算起垂直向下 0.4 至 0.6 m 深度，讓此區域之所有垃圾儘可能裝進 0.1 立方公尺之金屬盒內，裝填時並不需要破袋。若此點有大型垃圾（廢電冰箱、廢電視機等無代表性之垃圾），則捨棄。

D. 將九個子區域之垃圾次樣品倒置在旁舖置好之鋼板上，再以鎌刀破解成袋垃圾，釘鈀攪動拌合。

(2) 以四分法取得初步樣品體

　　A. 將一車垃圾傾卸於預先設置的採樣區內，底部為水泥地或舖置鋼板，將整車垃圾進行破袋攪拌。堆成圓形或方形後，平均分為四等分。

　　B. 隨機將其中對角的兩份捨棄，餘留部分重複進行前述舖平並分為四等分，捨棄一半直至所剩垃圾量約 200 至 300 公斤之樣品量為止。一般 3 至 4 公噸左右垃圾量約進行 3 至 4 次即可達成。

2. 以四分法縮分取得最終樣品

以四分法將初步之垃圾樣品量縮分成約 0.3 立方公尺之最終樣品量，其步驟如下：

(1) 縮分至 0.3 立方公尺之樣品量

　　A. 將初步取得的 200 至 300 公斤之樣品量，除小袋裝廚餘外，所有垃圾袋均應以人工方式進行破袋。垃圾經攪動拌合後，均分成 4 等分，保留對角兩份，並將其餘兩份予以捨棄。

　　B. 選擇之對角兩份再經攪動拌合，重新均分成 4 等分，再取對角兩份，繼續進行前述動作，直至縮分成約 0.3 立方公尺容積之垃圾量。

　　C. 在四分法縮分過程中，如有較大物品可先破碎再予混合，現場不易破碎之物品也可事先取出（如毛毯、車胎等物品），依四分法之縮分次數採取等比例量加回樣品中，或用計算比例採樣調整之。

(2) 測定樣品之單位容積重

　　A. 將調整後之 0.3 立方公尺樣品，攪拌混合後，裝填至 0.1 立方公尺之金屬盒內，待金屬盒裝填至八分滿時，由兩人合力提起至離地約 30 cm 處使其自然落下，以使垃圾結實，再補滿金屬盒內之垃圾樣品，重覆前述動作，共三次。

　　B. 以適當之天平或磅秤稱量其重量，以此重量扣除金屬盒重後，所得數據再乘以 10 即為所的垃圾之單位容積重，有關單位容積重之詳細步驟，另請參照「一般廢棄物（垃圾）單位容積重測定方法－外觀密度測定法」。

　　C. 將剩餘垃圾重複上述步驟 A. 及 B.，重新取得新的單位容積重，當兩次單位容積重差異在 10% 以內時，則樣品可接受，以兩次平均值為其單位容積重；若差異大於 10% 時，則必須將兩次樣品倒回至 0.3 立方公尺垃圾堆中，攪拌混合，進行第三次取樣。第三次樣品之單位容積重與前兩次樣品單位容積重平均值差異在 5% 以內時，接受此一樣品，以三次平均值為其單位容積重。若否，則必須依上述樣品採集步驟 A.、B.、C.，重新混合採樣。

　　D. 登錄合乎規定之單位容積重。

3. 濕基物理組成分類樣品

樣品之物理組成包括濕基及乾基物理組成，為避免樣品干擾產生，濕基物理組成分類應於採樣現場進行，以減少因水分流失或吸收造成的誤差。

垃圾採樣主要為了解垃圾基本特性者，垃圾物理組成分為 1. 紙類；2. 纖維布類；3. 木竹稻草類；4. 廚餘類；5. 塑膠類；6. 皮革橡膠類；7. 鐵金屬類；8. 非鐵金屬類；9. 玻璃類；10. 其他不燃物（陶瓷、砂土）；11. 其他（含 5 mm 以下之雜物、碎屑）等 11 類。

各類物理組成之細部分類如表 2 所示，分類作業步驟如下：

(1) 將測定單位容積重後之樣品，倒在一 6 m×6 m 塑膠布上。

(2) 分類貯存容器置於分類樣品附近，將每一種類垃圾依分類規範放入適當之盛裝容器中。

(3) 垃圾中的複合物品，易判定可分割拆解者，應將其分割拆解後依其材質分類置入適當之貯存容器中；不易判定分割者，依據下列原則處理：

    A. 複合材質物品，將其放入與其主要材質相符之貯存容器中。

    B. 無法破碎者，按表 2 分類規範認定，或目測其各項組成比例，單獨存放並記錄。

    C. 非屬分類規範且無法判定分類者，將其放入標示「其他」或「其他不燃物」之容器中。

(4) 持續分類至大於 5 mm 的物品被分類完後，剩餘細小垃圾歸類至其他項中。

(5) 分別以適當天平稱其重量，並將數據記錄之。

表 2：垃圾物理組成細項分類

組　　成	分　類　細　項
紙類	報紙、硬紙板、瓦楞紙雜誌、書籍、包裝紙、紙袋、廣告傳單、信函、辦公室用紙、電腦報表紙及其他如衛生紙、紙尿布、鋁箔包、紙杯、盤、空盒、相片、濾紙等。
纖維布類	衣物，如帽子衣褲等、地毯、毛手套、裁縫布料、棉花、紗布及其他纖維、人造纖維布類製品
木竹稻草類	免洗筷、街道或公園落葉、居家環境落葉、修剪草坪灌木之雜草或枯枝、婚喪喜慶之花飾植物、市場捆綁蔬果之乾稻草束、木製玩具、其他如掃柄、圍離、及木製家俱等。
廚餘類	廚房及餐廳烹調所剩餘之動植物性渣屑、用餐後所剩餘之菜渣，菜汁，湯汁、動物死屍、市場剩餘丟棄之動植物等
塑膠類	PVC、HDPE、LDPE、PET、PS、發泡PS、PP及其他塑膠材質之容器、生活用品、玩具、包裝材料等
皮革橡膠類	皮鞋、皮帶、球鞋、氣球、籃球及其他如橡膠墊片等
鐵金屬類	鐵、鋼、馬口鐵及其他含鐵金屬成分磁鐵可吸之金屬。
非鐵金屬類	鋁容器、鋁門窗及其他有色金屬如眼鏡架、銅線、合金等
玻璃類	透明、棕色及綠色玻璃容器或平板玻璃，其他玻璃珠、玻璃藝品等。
其他不燃物（陶瓷、砂土）	陶土花瓶、碗盤、建築廢料如水泥塊、石膏、瀝青等及其他無法由外觀判斷分類，以5 mm篩網篩分，留於篩網上之物質。
其他（含5 mm以下之雜物）	無法分類有機物質及經由篩分篩選出來5 mm以下之物質。

(五) 樣品保存及運送：

1. 單位容積重樣品經濕基物理組成分類後是為分類樣品，經稱重後，其水分的蒸發問題雖不再是樣品保存的重點考慮，但仍應儘量將容器密封，並確認包裝是否完善，以避免不同樣品間之干擾。以塑膠袋為容器者，應注意裝運時避免壓堆產生容器破損。
2. 樣品運送前，應指定人員負責樣品點收，並儘可能於當日運回實驗室，最遲不得超過 24 小時。
3. 採樣紀錄表應隨樣品送回實驗室。
4. 交與實驗室收樣人員點收並確認樣品。
5. 樣品中屬於有機物部分，特別是廚餘，應於送回實驗室後，立刻進行乾燥處理，未能立刻乾燥者，得於 4±2°C冷藏下保存 24 小時。經乾燥之樣品，得保存 60 天。

(六) 安全注意事項

1. 採樣及分類人員在實地作業前應再確認安全防護及作業步驟。
2. 垃圾中含有尖銳物品，例如釘子、刮鬍刀片、注射針頭及碎玻璃等，作業人員必須被告知其危險性，不要徒手用力攪拌混合。人員接觸垃圾並執行分類時，必須確實著適當的個人防護裝備防護。
3. 垃圾自清運機具傾卸時及重機具整理時，易碎或塊狀廢棄物如玻璃容器碎片、塑膠或金屬容器蓋子等，在重物壓擠下可能拋射出來。此問題在垃圾表面有高壓縮力時特別嚴重。工作人員必須了解此一危險並且如需於垃圾車傾卸點附近或重機具作業點附近作業時，應確實穿戴眼部及頭部防護裝備。
4. 裝填液體容器或具其他潛在危險之廢棄物如碎玻璃、針頭等，必須小心處理，並指定人員負責搬運。

(七) 工作場地復原

於採樣及濕基物理組成分類後，應立即清理採樣及分類區域所有廢棄物，恢復乾淨原狀。

六、結果處理

垃圾採樣及濕基物理組成分析後，將結果值登錄於表 3（垃圾採樣及濕基物理組成分析登記表）中。樣品送回實驗室後，應立即進行乾基組成分析，以減少因有機物分解造成垃圾性質的改變，影響後續分析結果，並依需要，進行三成分分析、元素分析、熱值分析及其他必要之分析（參見「一般廢棄物（垃圾）檢測方法總則」）。垃圾組成關係如圖 1 所示。

表3：垃圾採樣及濕基物理組成分析登記表

日期：		採樣單位：
地點：		天　　氣：
垃圾來源：		樣品編號：

單位容積重：＿＿＿＿＿＿＿＿＿＿（kg/m³）

第一次樣品重	第二次樣品重	第三次樣品重	平均樣品重	單位容積重

濕基物理組成分類：

組成			重量(kg)			重量百分比（%）
			總重	（容器）空重	組成重	
物理組成（濕基）	可燃物	紙類				
		纖維布類				
		木竹、稻草、落葉類				
		廚餘類				
		塑膠類				
		皮革、橡膠類				
		其他（含5 mm以下之雜物）				
		合計				
	不燃物	鐵金屬類				
		非鐵金屬類				
		玻璃類				
		其他不燃物（陶瓷、砂土塊）				
		合計				
總計						100%

重要記錄：	
目的：	
採樣方法：	
紀錄人員：	
品管人員：	
採樣人員：	
當日送回實驗室：□是	□否
採樣人員：	時間：
收樣人員：	時間：

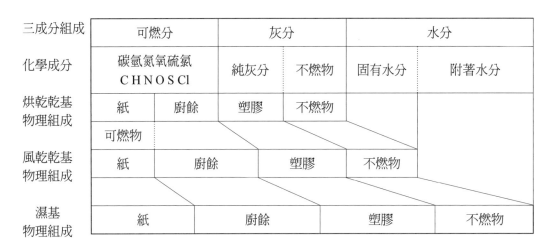

圖 1：垃圾組成關係

七、品質管制

（一）為確保採樣過程之完整性，需有現場採樣紀錄。現場採樣紀錄內容如下：

1. 採樣目的。

2. 採樣地點及相關資料。

3. 採樣日期、時間與氣象狀況。

4. 採樣點、數量、使用之採樣方式、採樣器材與樣品容器。

5. 樣品名稱與編號。

6. 現場單位容積重及濕基物理組成。

7. 採樣人員簽名。

（二）現場重複樣品：為確保採樣樣品之品質，應採取適當之品管樣品，每同一採樣區（每批）必須有適量之品管樣品。垃圾採樣之品管樣品為現場重複樣品（Field Duplicates）。現場重複樣品係指採自同一垃圾車兩次之垃圾樣品，將其視為兩個樣品置入不同容器。由重複樣品的單位容積重及其他相關組成分析，判定採樣之正確性。重複樣品與樣品之單位容積重相對差異值不得大於 10%。

現場重複樣品不應計入執行之採樣樣品數中。

（三）樣品管制鏈：樣品在運送至待測之實驗室時，所使用之運送紀錄單內須載明如下資料：

1. 採樣計畫（目的）名稱。

2. 採樣日期、時間。

3. 每一樣品編號、容量。

4. 採樣單位、採樣者姓名。

5. 待測實驗室名稱或人員。

6. 樣品運送方式。
7. 收受樣品者簽名。

八、參考資料：中華民國93年2月3日環署檢字第 0930008114 號公告： NIEA R124.00C

第4章：一般廢棄物（垃圾）檢測方法總則

一、方法概要

　　本方法總則係依據一般廢棄物（垃圾）樣品特性及待檢測項目性質、提供廢棄物檢測之樣品保存、樣品處理、測定或儀器分析等之綜合指引，作為執行一般廢棄物樣品之指定項目檢測之參考。

　　本方法中生垃圾是指未經焚化燃燒之垃圾；熟垃圾是指經焚化燃燒後之灰渣（飛灰、底渣）及其衍生物。圖1所示為垃圾採樣分析流程。表1為2013年各市縣全年度垃圾性質統計報表、表2為（綜合）垃圾之各物理組成分析之一例。

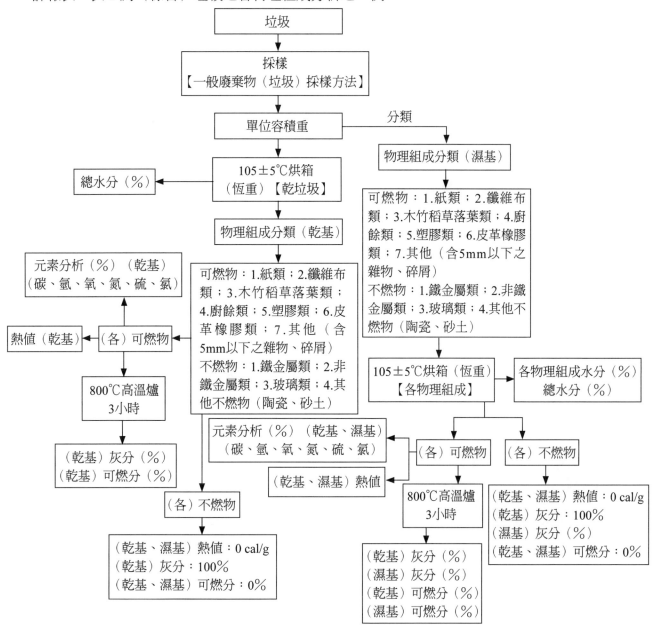

圖1：垃圾採樣分析流程

表1：2013年各市縣全年度垃圾性質統計報表

統計區	乾基發熱量	濕基高位發熱量	濕基低位發熱量	可燃物	紙類	纖維布類	木竹稻草落葉類	廚餘類	塑膠類	皮革、橡膠類	其他(含5mm以下之雜物)	不可燃物	鐵金屬類	非鐵金屬類	玻璃類	其他不燃物	水分	灰分	可燃分	碳	氫	氧	氮	硫	氯
臺北市	5,442.97	3,298.02	2,828.78	95.3	45.79	3.92	3.91	16.23	24.31	1.12	0.03	4.7	0.65	0.1	0.85	3.1	40.36	9.69	49.96	28.7	4.21	16.57	0.31	0.06	0.12
新北市	5,681.95	2,555.55	2,041.09	97.64	39.8	3.6	0.9	35.33	17.16	0.1	0.76	2.36	0.29	0.17	0.84	1.07	54.92	4.13	40.96	22.76	3.43	14.31	0.28	0.14	0.06
臺中市	5,745.56	2,555.71	2,048.30	97.49	39.95	2.46	1.13	37.01	16.01	0.2	0.74	2.51	0.13	0.1	0.63	1.64	55.48	4.54	39.98	21.58	3.23	14.59	0.31	0.14	0.13
臺南市	5,743.73	2,494.87	1,974.28	98.35	38.75	1.74	0.92	40.87	15.12	0.35	0.6	1.65	0.22	0.32	0.25	0.85	56.45	3.35	40.2	21.93	3.37	14.29	0.29	0.12	0.2
高雄市	4,953.53	2,722.33	2,286.62	97.12	40.8	2.4	2.82	32.16	18.15	0.74	0.06	2.88	0.49	0.2	1.19	1.01	44.78	5.71	49.51	25.71	3.1	19.77	0.76	0.02	0.17
桃園縣	5,730.10	2,259.88	1,739.08	98.55	43.51	1.3	0.99	35.68	16.21	0.52	0.34	1.46	0.16	0.51	0.23	0.55	60.57	2.42	37.02	19.95	2.92	13.73	0.27	0.1	0.06
基隆市	5,354.22	2,083.49	1,570.02	99.12	37.16	3.41	0.53	44.45	12.93	0.06	0.59	0.88	0.08	0.15	0.16	0.49	60.9	2.89	36.22	19.01	2.74	14.06	0.25	0.09	0.07
新竹市	5,263.54	2,383.95	1,884.82	98.25	46.26	2.07	1.35	33.63	14.34	0.25	0.34	1.75	0.11	0.13	0.29	1.24	54.64	4.18	41.19	21.44	3.17	15.89	0.44	0.15	0.11
嘉義市	5,238.23	2,109.91	1,591.62	97.92	40.57	2.68	1	39.17	13.42	0.32	0.78	2.08	0.29	0.14	0.7	0.96	59.63	3.93	36.44	19.45	2.97	13.56	0.27	0.14	0.05
宜蘭縣	5,692.36	2,622.53	2,125.18	97.47	38.35	2.42	0.89	37.41	17.32	0.16	0.94	2.53	0.12	0.08	1.38	0.95	54.12	4.71	41.18	21.3	3.2	16.23	0.3	0.11	0.05
新竹縣	5,172.04	2,609.35	2,117.14	97.75	45.51	1.45	1.2	32.46	16.47	0.13	0.53	2.26	0.16	0.39	0.7	1.01	49.48	5.05	45.48	23.62	3.62	17.71	0.31	0.15	0.08
苗栗縣	5,411.91	2,572.50	2,069.63	98.49	45.13	2.42	0.86	35.13	14.22	0.21	0.53	1.51	0.13	0.13	0.91	0.35	52.49	3.91	43.6	23.57	3.48	16.1	0.27	0.12	0.07
彰化縣	5,794.15	2,455.77	1,944.72	98.72	46.4	2.2	1.22	31.78	16.76	0.17	0.2	1.28	0.21	0.2	0.73	0.15	57.01	3.36	39.64	20.67	3.13	15.33	0.33	0.13	0.05
南投縣	4,981.41	2,203.86	1,705.66	98.59	42.44	2.2	1.61	34.86	15.96	0.76	0.75	1.41	0.09	0.18	0.63	0.52	56.1	4.76	39.15	21.21	2.99	14.43	0.31	0.12	0.09
雲林縣	5,497.63	2,456.55	1,947.41	98.63	47.05	2.12	1.32	31.32	15.89	0.35	0.59	1.37	0.2	0.1	0.88	0.2	55.2	3.48	41.32	23.31	3.3	14.26	0.31	0.12	0.07
嘉義縣	5,173.48	2,062.85	1,545.41	98.65	34.95	3.73	1.48	44.37	13.42	0.26	0.46	1.35	0.07	0.3	0.44	0.53	60.16	3.36	36.48	19.36	2.9	13.71	0.34	0.12	0.07
屏東縣	5,517.44	2,318.07	1,793.72	98.56	32.02	1.14	1.1	44.14	18.37	1.37	0.43	1.44	0.31	0.17	0.69	0.28	58.03	3.47	38.5	21.52	3.26	13.24	0.29	0.11	0.08

說明：乾基發熱量、濕基高位發熱量、濕基低位發熱量單位為 kcal/kg；垃圾性質：一般垃圾（%）；總計。

（續下表）

總計

統計區	垃圾性質：一般垃圾 (kcal/kg)			垃圾性質：一般垃圾(%)																					
	乾基發熱量	濕基高位發熱量	濕基低位發熱量	可燃物	紙類	纖維布類	木竹稻草落葉類	廚餘類	塑膠類	皮革、橡膠類	其他(含5mm以下之雜物)	不可燃物	鐵金屬類	非鐵金屬類	玻璃類	其他不燃物	水分	灰分	可燃分	碳	氫	氧	氮	硫	氯
臺東縣	5,882.63	2,641.32	2,138.79	97.38	40.16	3.06	1.54	34.51	17.4	0.25	0.47	2.62	0.38	0.27	1.7	0.29	54.66	4.72	40.62	22.06	3.23	14.91	0.25	0.13	0.05
花蓮縣	5,968.95	2,863.50	2,377.69	98.42	38.31	1.05	1.6	39.29	17.65	0.18	0.34	1.58	0.12	0.34	0.84	0.29	52.17	5.18	42.65	21.57	3.2	17.36	0.31	0.16	0.06
澎湖縣	4,768.80	2,259.71	1,759.97	98.3	45.27	2.06	0.95	32.47	17.03	0.12	0.41	1.7	0.39	0.23	0.66	0.42	52.67	4.28	43.06	23.2	3.4	15.92	0.32	0.17	0.05
金門縣	6,080.76	3,154.66	2,646.04	98.73	48.69	2.06	1.39	26.89	19.01	0.21	0.48	1.27	0.62	0.16	0.36	0.13	48.1	4.48	47.43	25.93	4.08	16.78	0.38	0.17	0.1
連江縣	5,180.53	2,728.53	2,258.26	93.58	40.3	2.14	1.06	30.93	18.13	0.2	0.82	6.42	0.81	0.33	0.66	4.64	47.17	8.9	43.93	23.58	3.47	16.37	0.31	0.14	0.06

資料來源：環保署環境督察總隊、各直轄市政府環保局

本系統資料僅供參考，不作為相關法規准駁及法律訴訟之依據。

表 2：台北市信義區 81 年 6 月 30 日綜合垃圾之各物理組成分析例【註：計算例請參閱本章附錄】

採樣地區：信義區【市區】　採樣日期：81.6.30　天氣：晴　（第一次）　綜合垃圾單位重：247.14 kg/m³　※空白表示垃圾無該項組成

垃圾單項	物理組成 濕基 [%]	物理組成 乾基 [%]	含水量 [%]	乾基灰分 [%]	濕基灰分 [%]	可燃分 [%]	乾基發熱量 kcal/kg	高位發熱量 濕基 kcal/kg	低位發熱量 濕基 kcal/kg	碳 [%]（濕基）	氫 [%]	氯 [%]	氧 [%]	硫 [%]	氮 [%]（基）	碳氮比 [C/N]
1. 紙類	24.17	25.86	46.36	11.76	6.31	47.33	3961	2125	1676	21.23	3.16	0.89	21.92	0.00	0.13	23.93
2. 纖維布類	2.27	2.44	46.28	2.73	1.47	52.25	5810	3121	2614	31.67	4.24	6.62	9.61	0.03	0.08	4.78
3. 木竹、稻草、落葉類	0.74	0.79	46.61	7.50	4.00	49.39	4137	2209	1754	23.48	3.25	0.39	22.10	0.03	0.14	60.40
4. 廚餘類	40.94	23.34	71.43	20.06	5.73	22.84	3582	1023	508	11.16	1.61	0.38	9.60	0.01	0.07	29.15
5. 塑膠類	19.07	24.30	36.13	3.26	2.08	61.79	9451	6037	5617	51.98	3.75	1.57	2.58	0.11	1.80	33.13
6. 皮革類	3.24	5.45	15.67	14.85	12.52	71.81	4512	3805	3434	35.59	5.13	2.83	27.75	0.23	0.27	12.56
7. 其他																
8. 金屬類	5.01	9.25	7.49	100.00	92.51	0.00										
9. 玻璃類	0.24	0.47	2.63	100.00	97.37	0.00										
10. 陶瓷類	3.91	7.34	5.92	100.00	94.08	0.00										
11. 石頭及 5mm 以上土砂	0.41	0.76	6.15	100.00	93.85	0.00										
綜 合 垃 圾	100.00	100.00	49.88	27.27	13.67	36.45	4577	2294	1864	21.66	2.42	0.92	11.00	0.03	0.42	23.66

（可燃物：項目 1～7；不可燃物：項目 8～11）

【註】資料來源：參考文獻 5。

二、適用範圍

　　本總則為一般廢棄物（垃圾）之物性、組成、元素、重金屬及特性認定之檢測概述。一般廢棄物（垃圾）之採樣、保存及分類方法，詳見「一般廢棄物（垃圾）採樣方法」；一般廢棄物（垃圾）檢測分析項目及方法請參見表3。

表3：一般廢棄物（垃圾）檢測分析項目及方法總表

適用對象	檢測項目		檢測方法	公告方法編號
一般廢棄物（垃圾）	採樣		一般廢棄物（垃圾）採樣方法	NIEA R124
	檢測總則		一般廢棄物（垃圾）檢測方法總則	NIEA R125
	單位容積重		一般廢棄物（垃圾）單位容積重測定方法-外觀密度測定法	NIEA R215
	總水分		一般廢棄物（垃圾）水分測定法	NIEA R213
	熱值		廢棄物熱值檢測方法–燃燒彈熱卡計法	NIEA R214
可燃性垃圾	三成分	水分	一般廢棄物（垃圾）水分測定法	NIEA R213
		灰分、可燃分	廢棄物中灰分、可燃分測定方法	NIEA R205
	元素分析	管狀燃燒法	廢棄物中碳、氫元素含量檢測方法－燃燒管法	NIEA R403
			廢棄物中硫、氯元素含量檢測方法－燃燒管法	NIEA R404
			廢棄物中凱氏氮含量檢測方法	NIEA R410
		元素分析儀法	廢棄物中碳、氫、硫、氧、氮元素含量檢測方法－元素分析儀法	NIEA R409
焚化飛灰、底渣、衍生物	採樣		事業廢棄物採樣方法	NIEA R118
	水分		廢棄物含水分測定方法-間接測定法	NIEA R203
	pH值		廢棄物之氫離子濃度指數（pH值）測定方法	NIEA R208
	毒性溶出		事業廢棄物毒性特性溶出程序	NIEA R201
焚化飛灰、底渣	灼燒減量		焚化灰渣之灼燒減量檢測方法	NIEA R216

三、干擾

　　一般廢棄物（垃圾）因城鄉差異與人民生活習慣改變，其樣品基質隨區域、時令而不相同，採樣計畫訂定、樣品前處理、檢測範圍與項目而有異質性。使用時應依據干擾的不同而須選擇適當之方法執行。詳細之干擾資料參考各檢測方法。

　　溶劑、試劑、玻璃器皿及其他樣品處理過程中所用之器皿，皆可能對樣品分析造成誤差及或干擾。所有這些物質必須在設定的分析條件下，進行方法空白分析，證明其無干擾。必要時需在全玻璃系統內進行試劑及溶劑之純化。

四、設備及材料

（一）樣品容器：可耐 150℃之塑膠袋或塑膠容器。

（二）樣品前處理設備：

1. 烘箱：循環送風式烘箱，附排氣設備且可設定 105±5℃者。

2. 高強度剪刀、粉碎機（可將樣品切割及粉碎至 1 mm 以下）。

（三）分析儀器。

（四）實驗室安全防護設備。

1. 抽氣設備：於樣品前處理區或產生污染區，及分析儀器排氣口處裝設之。檢測揮發性有機物或超低濃度重金屬之實驗室，一般應具備適當的隔離及獨立空調之正壓室。檢測極毒性化合物如戴奧辛，則應具備負壓室。

2. 緊急洗眼器、沖洗淋浴設備及消防設施。

五、試劑

（一）所有檢測時使用的試劑必須是試藥級，除非另有說明，否則所有的試藥，必須是分析試藥級的規格。若須使用其他等級試藥，則在使用前必須確認該試劑的純度足夠高，使檢測結果的準確度不致降低。

（二）試劑水：適用於重金屬及一般檢測分析。通常由自來水先經過初濾及去離子樹脂處理，再經全套玻璃蒸餾器處理或逆滲透膜處理。

（三）儲備標準品：儲備溶液可由標準品自行配製或購置經確認之標準品。參見各特定檢測方法中之敘述。

六、採樣與保存

　　採樣方法與保存請參考「一般廢棄物（垃圾）採樣方法」。樣品於採樣現場進行單位容積分析、分類、包裝、秤重後，將樣品帶回時實驗室進行樣品前處理。

七、步驟

（一）生垃圾之前處理及檢測項目（檢測項目、方法及分析結果登記表可參考表 3、表 4）

表4：垃圾分析結果登記表【註1】

樣品編號：　　　　　　　　　　分析日期：　　　　　　　　　　記錄：

項目			第1次	第2次	第3次		平均
物理組成（濕基）	可燃物	紙類（%）					
		纖維布類（%）					
		木竹、稻草、落葉類（%）					
		廚餘類（%）					
		塑膠類（%）					
		皮革、橡膠類（%）					
		其他（含5 mm以下之雜物）（%）					
		合計（%）					
	不燃物	鐵金屬類（%）					
		非鐵金屬類（%）					
		玻璃類（%）					
		其他不燃物（陶瓷、砂土）（%）					
		合計（%）					
三成分分析		水分（%）					
		灰分（%）					
		可燃分（%）					
元素分析（濕基）		碳（%）					
		氫（%）					
		氧（%）					
		氮（%）					
		硫（%）					
		氯（%）					
發熱量		乾基發熱量（kcal/kg）					
		濕基高位發熱量（kcal/kg）					
		濕基低位發熱量（kcal/kg）					

【註1】採樣分析常用之計算式

垃圾組成換算公式

要善用各種數據進行垃圾物理組成、熱值或由實驗所得之乾基元素組成百分比換算成有用的濕基組成百分比等，應先了解在討論垃圾成分時所常用的名詞及其之間的關連，圖2即為各種組成之關係圖，熟悉該關係，即可掌握各種換算。

(一) 以乾基物理組成換算濕基物理組成

1. 進行以乾基物理組成計算濕基物理組成，應先有以下資料
   (1) 各組成之乾基重W_{D1}、W_{D2}、W_{D3}…W_{DN}
   (2) 各組成之乾基組成百分比P_{D1}、P_{D2}、P_{D3}…P_{DN}
   (3) 乾基總重W_{DT}（非必要，可假設為100）
   (4) 各組成之水分P_{H1}、P_{H2}、P_{H3}…P_{HN}

   $$P_{H1} = (W_{w1} - W_{D1}) / W_{w1}$$

2. 計算步驟如下：
   (1) 計算個別組成的乾基重：
   $$P_{D1} \times W_{DT} = W_{D1}$$

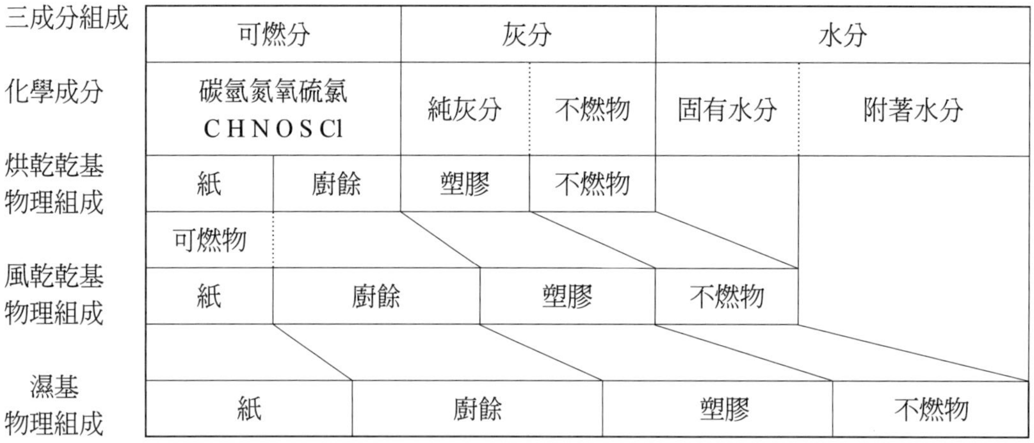

三成分組成	可燃分		灰分		水分	
化學成分	碳氫氮氧硫氯 CHNOSCl		純灰分	不燃物	固有水分	附著水分
烘乾乾基 物理組成	紙	廚餘	塑膠	不燃物		
風乾乾基 物理組成	可燃物					
	紙	廚餘	塑膠	不燃物		
濕基 物理組成	紙		廚餘	塑膠	不燃物	

圖2：垃圾組成關係

(2) 計算個別組成中之水重：

$$W_{H1} = W_{D1} \times P_{H1} / (1 - P_{H1})$$

(3) 計算個別組成濕基重：

$$W_{W1} = W_{D1} + W_{H1}$$

(4) 計算濕基組成總重：

$$W_{WT} = W_{W1} + W_{W2} + W_{W3} + \cdots + W_{WN}$$

(5) 個別濕基物理組成百分比：

$$P_{W1} = W_{w1} / W_{wT}$$
$$P_{W2} = W_{w2} / W_{wT}$$

(二) 以濕基物理組成換算乾基物理組成

1. 應先有以下資料
   (1) 各組成之濕基組成百分比P_{W1}、P_{W2}、P_{W3}…P_{WN}
   (2) 濕基總重W_{WT}（非必要，可假設為100）
   (3) 各組成之水分P_{H1}、P_{H2}、P_{H3}…P_{HN}
2. 計算步驟如下：
   (1) 計算個別組成的濕基重：

$$P_{W1} \times W_{WT} = W_{W1}$$

   (2) 計算個別組成中之水重：

$$W_{H1} = W_{W1} \times P_{H1}$$

   (3) 計算個別組成乾基重：

$$W_{D1} = W_{W1} - W_{H1}$$

   (4) 計算乾基組成總重：

$$W_{DT} = W_{D1} + W_{D2} + W_{D3} + \cdots + W_{DN}$$

(5) 個別乾基物理組成百分比：

$$P_{D1} = W_{D1}/W_{DT}$$
$$P_{D2} = W_{D2}/W_{DT}$$

(三) 乾基元素分析換算成濕基元素分析比例

由乾燥樣本進行的元素分析結果，換算成濕基元素分析比能做較爲廣範的應用，其換算可由圖2之關係了解。

1. 總水分之計算（水重）
   (1) 水重＝濕基組成×水分＝$P_{W1}×P_{H1}$
   (2) 將個別組成之水重相加即可得到總水分：

   $$總水分＝\Sigma（P_{W1}×P_{H1}/100）$$

   (3) 水分重＝濕基總重－乾基總重＝$W_{WT} - W_{DT}$
   (4) 水分＝總水重／濕基總重
2. 已知乾基灰分，計算濕基灰分

   $$濕基灰重＝乾基灰重×（100－總水分）/100$$

3. 濕基可燃分＝100－水分－濕基灰分
4. 個別元素之濕基百分比（碳、氫、氮、硫、氯）：
   （碳、氫、氮、硫、氯乾基之實驗結果）×濕基可燃分/乾基可燃分

   $$氧＝濕基可燃分－\Sigma（碳＋氫＋氮＋硫＋氯）之濕基百分比$$

(四) 熱值間換算

1. 乾基熱值h_D由實際實驗室測得
2. 濕基高位熱值h_h

   $$h_h＝乾基熱值×（100－水分）/100$$

3. 濕基低位熱值h_l

   $$h_l＝濕基高位熱值－6×（9\,H＋W）$$

H：氫含量
W：總水分

---

1. 樣品前處理：

(1) 依「一般廢棄物（垃圾）採樣方法」採集得之樣品混合均勻，四分法取其一半分類之樣品分袋包裝、稱重。

(2) 樣品再予以風乾 12 小時，稱重求得垃圾之固有水分。

(3) 帶回實驗室烘乾，依「一般廢棄物（垃圾）水分測定方法」（NIEA R213），稱重測得各類樣品水分及總水分。

(4) 混合樣品，取七類可燃物樣品依乾基組成比例混合約 1 至 2 kg【註 2】。

【註 2】將一般廢棄物（垃圾）樣品之物理組成分爲 1. 紙類 2. 纖維布類 3. 木竹稻草類 4. 廚餘類 5. 塑膠類 6. 皮革橡膠類 7. 鐵金屬類 8. 非鐵金屬類 9. 玻璃類 10. 其他不

燃物（陶瓷、砂土塊）11. 其他（含 5 mm 以下之雜物）等類；其中可燃物為：第 1
至第 6 及第 11 類等七類。

(5) 破碎、破碎混合之樣品進行粉碎至 1 mm 以下。

(6) 縮分，以四分法縮分 1 至 2 kg 粉碎樣品至 0.5 至 1 kg。

2. 分析項目：單位容積、總水分、熱值。

(1) 單位容積重：參考「一般廢棄物（垃圾）單位容積重測定方法－外觀密度測定法」，
避免樣品運送過程及保存產生之干擾，應於採樣現場檢測此項目。

(2) 垃圾組成成分水分：參考「一般廢棄物（垃圾）水分測定方法」，於採樣現場完成「單
位容積重」測定之樣品，立即進行分類【註 2】、分裝、秤重、記錄後，再將樣品送
回實驗室烘乾測得樣品組成成分水分。

(3) 熱值：參考「廢棄物熱值檢測方法－燃燒彈熱卡計法」，本方法所測得之熱值為乾基
高位熱值，再以計算方式求得濕基高位熱值及濕基低位熱值。

(4) 灰分、可燃分：參考「廢棄物中灰分、可燃分測定方法」，上一步驟之水分測定後即
刻進行本項檢測。

以上直接測得之乾基「三成分」數據結果乃由垃圾樣品經分成 11 大類中之 7 類「可
燃物」所得【註 2】，藉由各類垃圾樣品佔原生垃圾比例組成，可計算出原生垃圾之
濕基三成分。

(5) 元素分析：本檢測項目採「廢棄物中元素含量檢測方法－燃燒管法」或「廢棄物中碳、
氫、硫、氧、氮元素含量檢測方法－元素分析儀法」擇一方法進行分析。

A. 「廢棄物中元素含量檢測方法－燃燒管法」：包含「廢棄物中碳、氫元素含量檢測
方法－燃燒管法」、「廢棄物中硫、氯元素含量檢測方法－燃燒管法」及配套方法
含「廢棄物中凱氏氮含量檢測方法」。（氧元素含量可依【註 3】方式求得）

【註 3】「一般廢棄物（垃圾）元素分析氧檢測方法－計算法」為以下式計算求得：

$$O\% = （乾基可燃分－H－C－S－Cl－N）（\%）$$

B. 「廢棄物中碳、氫、硫、氧、氮元素含量檢測方法－元素分析儀法」。

(二) 熟垃圾之檢測項目（檢測項目、方法及分析結果登記表可參考表3、表4）

1. 樣品前處理：將樣品混合均勻。

2. 分析項目：水分、pH、毒性溶出、灼燒減量。

(1) 水分：參考「廢棄物含水分測定方法－間接測定法」。

(2) pH：參考「廢棄物之氫離子濃度指數（pH 值）測定法」。

(3) 毒性溶出：參考「事業廢棄物毒性特性溶出程序」。

(4) 灼燒減量：參考「焚化灰渣之灼燒減量檢測方法」檢測焚化燃燒後之灰渣（飛灰、

底渣）之灼燒減量。

八、結果處理

單位：一般廢棄物（垃圾）檢測除另有規定外，都使用國際單位系統（SI）表示，一般廢棄物（垃圾）通常以 mg/kg（乾基）表示之，高濃度時可以 % 表示。溶出毒性溶出試驗（TCLP）則以 mg/L 表示。

九、品質管制

參考環保署環境檢驗所公告「環境檢驗室品質管制指引通則（NIEA PA101）」及「環境檢驗室品管分析執行指引（NIEA PA104）」。

十、參考資料：中華民國95年5月5日環署檢字第0950036183號公告：NIEA R125.02C

例：綜合垃圾之化學三成分、發熱量、元素分析、碳氫比之計算

某地區垃圾樣品經實驗分析，結果如表所示(未加框者)

項目	濕基物理組成(%)	水分(%)	濕基灰分(%)	濕基可燃分(%)	乾基物理組成(%)	乾基灰分(%)	乾基可燃分(%)	乾基發熱量 (kcal/kg)	濕基高位發熱量 (kcal/kg)	濕基低位發熱量 (kcal/kg)	碳(%)	氫(%)	氮(%)	氧(%)	硫(%)	氯(%)	碳氮比(C/N)
紙類	24.17	46.36	6.31	47.33	25.86	11.76	88.24	3961	2125	1676	21.23	3.16	0.89	21.92	0.00	0.13	23.85
纖維布類	2.27	46.28	1.47	52.25	2.44	2.73	97.27	5810	3121	2614	31.67	4.24	6.62	9.61	0.03	0.08	4.78
木竹、稻草、落葉類	0.74	46.61	4.00	49.39	0.79	7.50	92.50	4137	2209	1754	23.48	3.25	0.39	22.10	0.03	0.14	60.40
廚餘類	40.94	71.43	5.73	22.84	23.34	20.06	79.94	3582	1023	508	11.16	1.61	0.38	9.60	0.01	0.07	29.15
塑膠類	19.07	36.13	2.08	61.79	24.30	3.26	96.74	9451	6037	5617	51.98	3.75	1.57	2.58	0.11	1.80	33.13
皮革、橡膠類	3.24	15.67	12.52	71.81	5.45	14.85	85.15	4512	3805	3434	35.59	5.13	2.83	27.75	0.23	0.27	12.56
其他(含5mm以下之雜物、碎屑)																	
鐵金屬類	5.01	7.49	92.51	0	9.25	100	0	0	0	0							
非鐵金屬類	0.24	2.63	97.37	0	0.47	100	0	0	0	0							
玻璃類	3.91	5.92	94.08	0	7.34	100	0	0	0	0							
其他不燃物(陶瓷、砂土)	0.41	6.15	93.85	0	0.76	100	0	0	0	0							
綜合垃圾	100.0	49.88	13.67	36.45	100.0	27.27	72.73	4577	2294	1864	21.66	2.42	0.92	11.00	0.03	0.42	23.54

(可燃物：紙類～其他(含5mm以下之雜物、碎屑)；不燃物：鐵金屬類～其他不燃物(陶瓷、砂土))

(1) 試計算各可燃物之濕基可燃分各爲？

解：紙類之濕基可燃分＝100%－水分%－濕基灰分%＝100%－46.36%－6.31%＝47.33%【餘類推，如表中粗體加框者】

(2) 試計算各可燃物之乾基可燃分各爲？

解：紙類之乾基可燃分＝100%－乾基灰分%＝100%－11.76%＝88.24%【餘類推，如表中粗體加框者】

(3) 試計算各可燃物之濕基高位發熱量各爲？(kcal/kg)

解：紙類之濕基高位發熱量＝乾基發熱量×(100－水分)/100＝3961×(100－46.36)／100＝2125(kcal/kg)【餘類推，如表中粗體加框者】

(4) 試計算各可燃物之濕基低位發熱量各爲？(kcal/kg)

解：紙類之濕基低位發熱量＝濕基高位發熱量－6×(9×氫含量＋水分)＝2125－6×(9×3.16＋46.36)＝1676(kcal/kg)【餘類推，如表中粗體加框者】

(5) 試計算綜合垃圾之化學三成分各爲？

解：設(濕)綜合垃圾爲100kg，則(濕)紙類重＝100×24.17%＝24.17(kg)【餘類推】

綜合垃圾水分＝24.17×46.36%＋2.27×46.28%＋0.74×46.61%＋40.94×71.43%＋19.07×36.13%＋3.24×15.67%＋5.01×7.49%＋0.24×2.63%＋3.91×5.92%＋0.41×6.15%＝49.88%

綜合垃圾灰分＝24.17×6.31%＋2.27×1.47%＋0.74×4.00%＋40.94×5.73%＋19.07×2.08%＋3.24×12.52%＋5.01×92.51%＋0.24×97.37%＋3.91×94.08%＋0.41×93.85＝13.67%

綜合垃圾可燃分＝100%－49.88%－13.67%＝36.45%

(6) 試計算綜合垃圾之乾基灰分、乾基可燃分各爲？

解：設(乾)綜合垃圾爲100kg，則(乾)紙類重＝100×25.86%＝25.86(kg)【餘類推】

綜合垃圾之乾基灰分＝25.83×11.76%＋2.44×2.73%＋0.79×7.50%＋23.34×20.06%＋24.30×3.26%＋5.45×14.85%＋9.25×100%＋0.47×100%＋7.34×100%＋0.76×100%＝27.27%

綜合垃圾之乾基可燃分＝100%－乾基灰分%＝100%－27.27%＝72.73%

(7) 試計算(濕)綜合垃圾中之碳(C)、氫(H)、氮(N)、氧(O)、硫(S)、氯(Cl)各爲？(%)

解：設(濕)綜合垃圾爲100kg，則(濕)紙類重＝100×24.17%＝24.17(kg)【餘類推】

(濕)綜合垃圾中之碳(C)＝(24.17×21.23%＋2.27×31.67%＋0.74×23.48%＋40.94×11.16%＋19.07×51.98%＋3.24×35.59%)/100＝21.66%

(濕)綜合垃圾中之氫(H)＝(24.17×3.16%＋2.27×4.24%＋0.74×3.25%＋40.94×1.61%＋19.07×3.75%＋3.24×5.13%)/100＝2.42%

(濕)綜合垃圾中之氮(N)＝(24.17×0.89%＋2.27×6.62%＋0.74×0.39%＋40.94×0.38%＋19.07×1.57%＋3.24×2.83%)/100＝0.92%

(濕)綜合垃圾中之氧(O)＝(24.17×21.92%＋2.27×9.61%＋0.74×22.10%＋40.94×9.60%＋19.07×2.58%＋3.24×27.75%)/100＝11.00%

(濕)綜合垃圾中之硫(S)＝(24.17×0.00%＋2.27×0.03%＋0.74×0.03%＋40.94×0.01%＋19.07×0.11%＋3.24×0.23%)/100＝0.03%

(濕)綜合垃圾中之氯(Cl)＝(24.17×0.13%＋2.27×0.08%＋0.74×0.14%＋40.94×0.07%＋19.07×1.80%＋3.24×0.27%)/100＝0.42%

(8) 試計算綜合垃圾之乾基發熱量、濕基高位發熱量、濕基低位發熱量各爲？(kcal/kg)

解：設(乾)綜合垃圾爲100kg，則(乾)紙類重＝100×25.86%＝25.86(kg)【餘類推】

綜合垃圾之乾基發熱量＝(25.86×3961＋2.44×5810＋0.79×4137＋23.34×3582＋24.30×9451＋5.45×4512＋9.25×0＋0.47×0＋7.34×0＋0.76×0)/100＝4577(kcal/kg)

綜合垃圾之濕基高位發熱量＝乾基發熱量×(100－水分)/100＝4577×(100－49.88)/100＝2294(kcal/kg)

綜合垃圾之濕基低位發熱量＝濕基高位發熱量－6×(9×氫含量＋水分)＝2294－6×(9×2.42＋49.88)＝1864(kcal/kg)

(9) 試計算各可燃物之(濕基)碳氮比各爲？

解：紙類之(濕基)碳氮比(C/N)＝碳(%)/氮(%)＝21.23%/0.89%＝23.85【餘類推，如表中粗體加框者】

(10) 試計算綜合垃圾中之(濕基)碳氮比爲？

解：綜合垃圾中之(濕基)碳氮比(C/N)＝碳(%)/氮(%)＝21.66%/0.92%＝23.54

第 5 章：事業廢棄物採樣方法

一、方法概要

本方法係依據採樣目的、廢棄物儲存型態、數量及周圍環境等，擬具適合採樣計畫書敘明採樣背景、目的、數據目標、採樣組織、採樣器材、使用方法、樣品管制及安全衛生與污染防制等事項，再據以執行事業廢棄物採樣之原則性指引。

二、適用範圍

本方法適用於採集事業單位產生與不明來源場址之固態或液態廢棄物，提供為廢棄物檢測分析之樣品。對於上述廢棄物之採樣，則應由受過訓練人員依據所擬具之採樣計畫書據以執行。

三、干擾

採樣時應注意現場環境之干擾及採集工具之交互污染。

四、設備

廢棄物之採樣依照廢棄物儲存型態、數量、場所、狀況及採樣體積、檢測項目各有不同。採樣人員必須瞭解所採樣品之特性及背景資料，以決定所需要的採樣工具、樣品容器與安全裝備。對於所用之工具、儀器與設備之操作、使用、維護、校正等亦應熟悉。

(一) 採樣器材

採樣器材必須依照廢棄物儲存之種類、體積、數量與待檢測項目而選擇，通常依據樣品性質劃分。（採樣器材種類及使用方法請參閱【註 1】）

【註1】採樣器材設備及使用方式：

一、採樣器材設備：

　　(一) 液態樣品

　　　　1. 採樣瓶（Bottle sampler）：由金屬支撐架固定採樣瓶（如圖1）。亦可將玻璃瓶以清潔繩索綁妥再增掛一重錘（如圖2）。

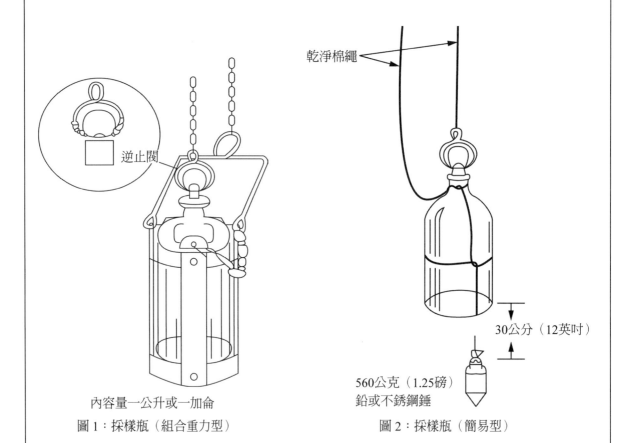

內容量一公升或一加侖

圖1：採樣瓶（組合重力型）

乾淨棉繩

30公分（12英吋）

560公克（1.25磅）鉛或不銹鋼錘

圖2：採樣瓶（簡易型）

逆止閥

　　　　2. 採樣杓（Dipper sampler）：由合成樹脂、鋁或不銹鋼材質製之可伸縮調整長柄，結合一玻璃或塑膠杯（如圖3）。

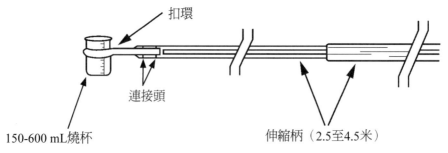

扣環

連接頭

150-600 mL燒杯

伸縮柄（2.5至4.5米）

圖3：採樣杓

3. 綜合式廢液採樣管（Coliwasa）：由直徑約1-2英吋、長度約150 cm之塑膠（限採氫氟酸）玻璃管或鐵氟龍製，管下端附矽膠、鐵氟龍或橡膠材質之底塞，底塞由不銹鋼條或塑膠連接以便操控（如圖4）。亦可使用可棄式適當口徑（約1 cm可以大拇指封閉者），長約120 cm之玻璃管。

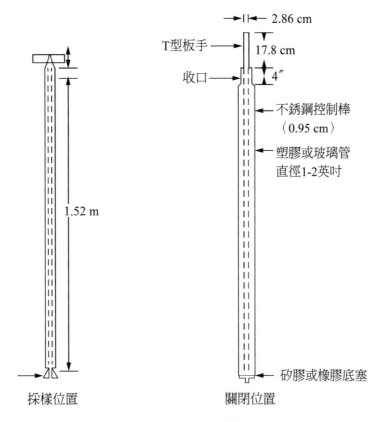

圖4：綜合式廢液採樣管

4. 採樣泵（Pump）：使用蠕動式、離心式或其他型式泵。依樣品情況不同選擇合適者。除可棄式採樣器材外，使用後應先以毛或鋼刷（鋼刷只能使用於不銹鋼材質採樣器材）刷洗附著物，再以清潔劑、自來水洗滌數次，最後以蒸餾水淋洗晾乾。

（二）固態樣品

1. 採樣刀（Trier sampler）：具有握柄或直管式不銹鋼材質製（如圖5、6）。

2. 套管式採樣刀（Thief sampler）：樣式與採樣刀類似，由內外雙層不銹鋼材質組成，上面有缺口供廢棄物進入並儲存之（如圖7）。

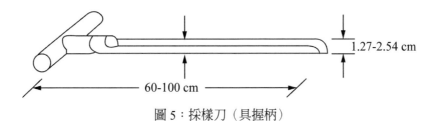

圖5：採樣刀（具握柄）

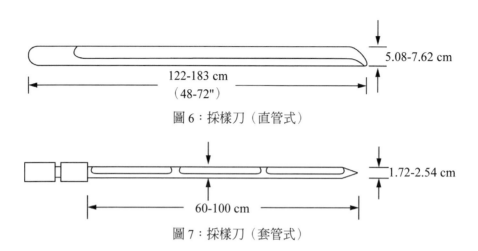

5.08-7.62 cm

122-183 cm
（48-72"）

圖 6：採樣刀（直管式）

1.72-2.54 cm

60-100 cm

圖 7：採樣刀（套管式）

3. 採樣鏟（Shovel）：不銹鋼材質製，規格從大至小，大型者如水泥拌合用，小型者如園藝用（如圖8），亦可使用適當大小之可棄式不銹鋼匙代替。

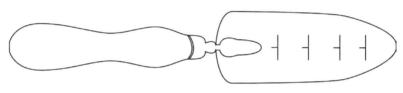

圖 8：採樣鏟

4. 鑽土採樣組（Auger）：不銹鋼製螺旋狀中空採樣管，由配合不同土壤性質種類之各型螺旋狀刀（如圖9）組成，可以手鑽入或配合電源供應以電（氣）動式鑽入取樣。除可棄式採樣器材外，使用後應先以毛或鋼刷（鋼刷只能使用於不銹鋼材質採樣器材）刷洗附著物，再以清潔劑、自來水洗滌數次，最後以蒸餾水淋洗晾乾。

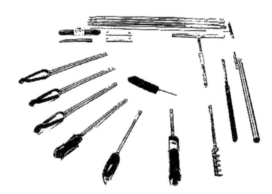

圖9：鑽土採樣組

(三) 其他型態樣品：依照實際狀況選擇適合使用者。
(四) 輔助工具：無火花開桶器（非鐵製品或遙控自動開桶器）、防爆輔助照明設備、供電設備等。
二、採樣器材使用方式：
(一) 採樣瓶：先檢查瓶子與金屬固定架或固定繩索是否捆綁牢固，將採樣瓶蓋蓋上，操作繩索使採樣瓶緩慢沉入液體中。採集混合深度樣品時，自液體表面處打開瓶蓋使液體進入瓶內並將瓶沉至底層，可由產生之氣泡瞭解，再將瓶子提起。採取定深樣品時，先將瓶子沉至適當深度再打

開瓶蓋。

(二) 綜合式廢液採樣管：使用前先測試各部功能（如圖例4設備者，將採樣管 "T" 型板手置於 "T" 處成開啓狀態，將板手旋轉至 "I" 處可成封閉狀態），將採樣管成開啓狀再緩慢垂直放入液體中，使管內液面上升至與管外液面等高止，將（使）下端入口封住（可棄式玻璃管則以拇指在上端封口），緩慢提出採樣管至液面上，將樣品注入樣品容器內。

(三) 採樣杓：採樣前檢查杯子與長柄結合是否牢固，調整適當柄長，將杯子口朝下，緩慢放入廢液中至所需採樣深度，將杯口朝上，俟杯中裝滿樣品且無氣泡產生時，提出液面，將樣品移入樣品容器內。

(四) 採樣刀：採樣時以水平或成45度角將採樣刀插入廢棄物中，旋轉採樣刀一圈，再將採樣刀抽出，以小杓刮入樣品容器內。套管式採樣刀採樣前先關閉柵縫缺口，採樣刀插入廢棄物後，開啓柵縫缺口使廢棄物掉入刀內，停留一分鐘再關閉柵縫缺口，抽出採樣刀將樣品移入樣品容器內，套管式採樣刀適用於乾燥粉末狀採樣。

(五) 鑽土採樣組：採樣前，依照現場狀況挑選適用之螺旋狀刀，配合連接桿及握把組合完成，依旋轉加壓方式將螺旋狀刀擠入廢棄物中，移去旋出之廢棄物至欲採深度，再使廢棄物旋入刀內，以反方向旋轉取出螺旋狀刀，將樣品移入樣品容器內（本方式取得爲擾動之樣品，不適宜執行揮發性化合物檢測）。如將螺旋狀刀改以薄管式或其他樣品管再以直接加壓方式，取得不擾動之樣品可供執行揮發性化合物檢測用。

(六) 其他採樣器依該設備使用說明書及配合樣品實際狀況操作之。

三、一般儲存狀況之採樣：

(一) 全開口式桶
1. 塑膠類桶：常儲存液體或固體廢棄物，可使用採樣瓶、採樣杓、綜合式廢液採樣管、採樣泵、採樣鏟或採樣刀，採取定深或混合樣品。
2. 紙製桶：常儲存固體廢棄物，可使用採樣鏟或採樣刀，採取適當量，必要時混合或縮分。

(二) 窄口式桶：常儲存液體廢棄物，使用綜合式廢液採樣管或採樣泵，採取定深或混合樣品。

(三) 儲存袋：常儲存固體廢棄物，使用採樣鏟或採樣刀採取適當量，必要時混合或縮分。

(四) 堆積狀固體或液體廢棄物，可依面積規模大小分爲若干小區、或按高（深）度分層，再按固體或液體狀採樣器採樣，樣品體積過大者視實際需要先行縮分。

(五) 其他廢棄物儲放狀況，依現場實際情況及備有之採樣設備而定。

(二) 樣品容器

樣品容器亦須考慮廢棄物之性質、擬採體積與待檢測項目而選擇，通常依據分析項目性質劃分。

1. 檢測重金屬類

(1) 直口玻璃瓶（Widemouth glass container）：250 或 500 mL，瓶蓋附鐵氟龍墊片。

(2) 塑膠瓶，容量 500 mL 或 1 L。

2. 檢測有機物

(1) 廢液、固廢或高濃度樣品：使用 125 或 250 mL 褐色直口玻璃瓶或使用透明玻璃瓶裝樣後以牛皮紙或鋁箔遮蔽瓶身，瓶蓋附鐵氟龍墊片。

(2) 水溶液樣品（檢測揮發性有機物）：使用 40 mL 褐色直口玻璃瓶或使用透明玻璃瓶裝

　　樣後以牛皮紙或鋁箔遮蔽瓶身，及中空瓶蓋內附鐵氟龍墊片。

(3) 水溶液樣品（檢測農藥或半揮發性有機物）：使用 1 L 褐色玻璃瓶或使用透明玻璃瓶裝樣後以牛皮紙或鋁箔遮蔽瓶身，瓶蓋內附鐵氟龍墊片。

3. 其他污染物：參照各檢測方法規定。

(三) 安全防護裝備

　　安全防護裝備之使用須依據採樣現場環境狀況而定，通常個人防護裝備，以足以適當之保護而影響採樣作業較少之等級、環境監測設備亦依照現場狀況妥為選用。（安全防護裝備種類請參閱【註 2】）

【註2】安全防護裝備種類及選擇

一、個人防護裝備（Personal protection equipment）

　　(一) 呼吸防護器：防護口罩、全面式或半面式防護面具連結空氣濾淨裝置（粒子過濾及毒性氣體吸收）或含面罩自供空氣式人工呼吸器（Self-contained breathing apparatus，簡稱 SCBAs）（如圖 10、11）。可依據廢棄物場址狀況、現場氣象條件及現場有毒氣體監測結果綜合研判選擇。或於採樣前先進行場址初勘，再依據初勘結果提出安全防護等級建議。

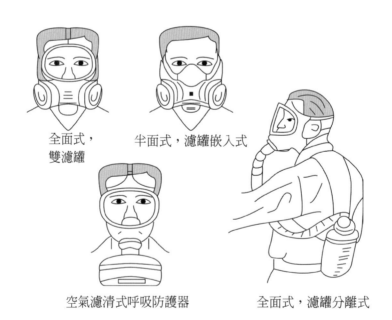

全面式，雙濾罐　　　　半面式，濾罐嵌入式

空氣濾清式呼吸防護器　　　　全面式，濾罐分離式

圖 10：空氣呼吸器（空氣濾清式）

(二) 防護衣著：頭套連身式化學防護衣或正壓全密封式化學防護衣。防護衣著選擇同上（如圖12）。

全面式
自給式空氣呼吸器

全密封式防護衣

全面式，輸氧式空氣呼吸器

圍裙、手套、安全帽、面罩、防護靴

圖 11：空氣呼吸器（全面式）　　　　圖 12：防護衣樣式

(三) 防護配件：內外式化學防護手套、具化學防護之長（半）統安全鞋（可再外包可棄式化學防護鞋套）、安全帽。

二、環境監測設備

(一) 輻射強度：可攜帶式之蓋格（GM）、比例式（Proportional）或閃爍式（Scintillation）偵測器。
(二) 可爆炸氣體濃度：可攜帶式偵測器，以甲烷或石油氣計量。
(三) 揮發性有機物濃度：可攜帶式偵測器，以FID、PID或其他方式測定顯示者。
(四) 毒性氣體濃度：可攜帶式偵測器，以檢知管、電化學或其他方式監測。如氰化氫、硫化氫、氯氣等。
(五) 簡易測試設備：如廢棄物之腐蝕性、可燃性、反應性、多氯聯苯等。
(六) 其他：視採樣現場須要添置設備，如氧氣濃度測定等。

三、場址安全防護設備

(一) 現場隔離及作業區別（如廢棄物放置處、採樣區、除污區、簡易測試處、後勤支援區、人員休息處等）之警示或隔離標誌。
(二) 除污（Decontamination）設備：清洗工具、清潔劑、用水供給、廢水廢棄物收集設施等。
(三) 污染抑制設備：酸、鹼、溶劑等洩漏之吸附劑，滅火器等。
(四) 急救設備：氧氣供應設備、急救箱等。

四、其他設備：通訊器材、交通工具、廢棄物翻轉移動、搬運設施及其他等。

五、一般廣泛使用的保護分級及選用時機如下：

保護分級	選用時機	裝備
A級	對人體呼吸、皮膚與眼睛需作最高程度的防護。選用於：已測得高濃度蒸氣、氣體或懸浮微粒，或現場有極大可能會遭遇高毒性物質時。	1. 含面罩自供空氣式人工呼吸器（SCBAs）。 2. 正壓全密封式化學防護衣、內式化學防護手套。 3. 適當之工作服。 4. 具化學防護之長（半）統安全鞋、可棄式鞋套。 5. 適當之安全帽。

（續下表）

保護分級	選用時機	裝備
B級	對人體呼吸作最高程度的防護，但對皮膚只作次高級防護。選用於：現場空氣含高濃度蒸氣、氣體或懸浮微粒，但對皮膚不致有害或現場氧氣濃度低於19.5%。	1. 含面罩自供空氣式人工呼吸器。 2. 頭套連身式化學防護衣。 3. 內、外式化學防護手套。 4. 適當之工作服。 5. 具化學防護之長（半）統安全鞋、可棄式鞋套。 6. 適當之安全帽。
C級	達到使用空氣濾淨呼吸器時使用。	1. 全面式或半面式面罩之空氣濾淨呼吸器。 2. 頭套連身式化學防護衣。 3. 內、外式化學防護手套。 4. 適當之工作服。 5. 具化學防護之長（半）統安全鞋、可棄式鞋套。 6. 適當之安全帽。
D級	只視為一般工作裝備，不具呼吸與皮膚之保護。	1. 適當之工作服。 2. 手套。 3. 安全鞋。 4. 安全眼鏡或護目鏡。 5. 適當之安全帽。

五、試劑

(一) 試劑水：通常由自來水先經過初濾及去離子樹脂處理，再經全套玻璃蒸餾器處理或逆滲透膜處理，以避免蒸餾器或滲透膜污染。一般試劑水之規格詳如表 1。

表 1：一般試劑水規格（資料來源 ASTM D1193 Type II）

導電度：$\leqq 1.0$ μS/cm at 25℃	鈉（Na）：$\leqq 5$ μg/L
比電阻：$\geqq 1.0$ MΩ.cm at 25℃	氯離子：$\leqq 5$ μg/L
pH值：未規範	總矽鹽：$\leqq 3$ μg/L
TOC：$\leqq 50$ μg/L	

(二) 現場篩選測試試劑：

1. pH 試紙：能顯示 0 至 14 之廣用型者。
2. 碘澱粉試紙。
3. 氰化物測試：使用市售測試組合或檢知管。
4. 硫化物測試：使用醋酸鉛試紙。
5. 多氯聯苯測試：使用免疫化學或其他測試組合。
6. 鹵化物測試：銅線、本生燈或噴燄槍。
7. 其他：如重金屬、過氧化物檢測試紙、特殊農藥或有機化合物之免疫化學測試組合等。

六、採樣

廢棄物之採樣應依照下列採樣程序辦理。

(一) 擬定採樣計畫書內容要項包括：

1. 背景說明：說明場址使用沿革、環境狀況、過去資料、採樣目的等。
2. 數據品質目標。
3. 採樣組織與分工：說明負責人、採樣人員、安全衛生人員等之人員學經歷及職責，與採樣時之品質管制作業。
4. 採樣規劃與相關設備、措施：含計畫採樣方式、樣品數、採樣位置，及使用之儀器、設備、樣品容器、現場篩選測試。
5. 樣品管制、運送及保存作業。
6. 安全衛生及污染防制措施：安全衛生及污染防制措施：廢棄物棄置場址有許多潛在的危險。為預防危害必須先令適當人員偵測可燃性蒸氣及爆炸性空氣，使用不產生火花及防爆設備，執行時必須遵循安全操作程序。廢棄物棄置場址之採樣執行氣候因素、作業時段等應併入安全事項中考量。含作業環境風險描述、防護裝備使用、場址界定之管制與人員、設備除污措施及採樣產生之棄置物清除。

(二) 採樣規劃：

採樣樣品數及採樣位置應依據採樣目的，以及所規劃之調查採樣方式而定。在執行廢棄物採樣時，不僅廢棄物本身必須採樣，其周圍環境樣本包括表土、裏土、地下水和地面水等已被污染或可能被污染的環境樣品也須視情況一併採樣。污染之採樣範圍需依據現場污染探勘結果及地理環境狀況由有專業經驗者界定。

1. 採樣樣品數：

(1) 一般事業單位產生盛裝於容器內或直接棄置之廢棄物，應先概估廢棄物總量，並參考表2廢棄物總量大小與最少採樣樣品數關係表，選定最初之採樣樣品數進行採樣分析，然後使用統計方式【註3】評估計算適當之採樣樣品數。後續同一產源之廢棄物，可依註3之統計方法計算採樣樣品數。

表2：廢棄物總量大小與最少採樣樣品數關係表

廢棄物總量	最少採樣樣品數（n）
＜1	6
1－5	10
5－30	14

（續下表）

廢棄物總量	最少採樣樣品數（n）
30 － 100	20
100 － 500	30
500 － 1,000	36
1,000 － 5,000	50
＞5,000	60

註：廢棄物總量單位：液體 公秉（kL）、固體 公噸（t）

（資料摘自參考資料九）

【註3】採樣檢測如選用隨機採樣且假設污染濃度分佈屬常態分佈時，則將樣品初步（或多次）分析結果計算其平均值、標準偏差，及預估的數據品質目標，利用下述程序〔試誤法（try and error method）〕計算：

一、分析每一個樣品，得各測定值 X_1、X_2、X_3、……。
二、計算樣品之平均值（sample mean）$\overline{X}$、變異數（variance of sample）S^2。
三、由樣品數n，查司徒頓Student "$t_{.20}$" 值表（表3）。

表3：司徒頓 Student "$t_{.20}$" 值表

自由度（n－1）	"t.20" 值	自由度（n－1）	"t.20" 值
1	3.078	18	1.330
2	1.886	19	1.328
3	1.638	20	1.325
4	1.533	21	1.323
5	1.476	22	1.321
6	1.440	23	1.319
7	1.415	24	1.318
8	1.397	25	1.316
9	1.393	26	1.315
10	1.372	27	1.314
11	1.363	28	1.313
12	1.356	29	1.311
13	1.350	30	1.310
14	1.345	40	1.303
15	1.341	60	1.296
16	1.337	120	1.289
17	1.333	∞	1.282

自由度等於採樣數（n）減1
$t_{.20}$代表在兩端之可信賴區域以外機率為0.2，即其一端之區外各為0.1

四、計算信賴區間（Confidence interval，簡稱CI）。
五、由信賴區間（CI）與管制值（RT）或常規值比較，是否超過管制值或常規值。
六、如信賴區間上下限小於管制值或常規值，可定義為未超過管制值或常規值，就不用再繼續採樣，否則定義為超出管制值或常規值。亦可利用程序(1)之數值重新計算採樣數n_1（可預先多採數個樣品以作為n_2-n_1之備份樣本），採樣分析、計算，作進一步的評估。

七、計算公式如下：

n=測定樣品數

$$樣品平均值 \overline{X} = \left[\sum_{i=1}^{n} X_i\right] \bigg/ n$$

$$樣品變異數 S^2 = \frac{\sum_{n=1}^{n} X_i^2 - \left(\sum_{n=1}^{n} X_i\right)^2 \bigg/ n}{n-1}$$

樣品標準偏差 $S = \sqrt{S^2}$

標準誤差 $S_{\overline{X}} = S \big/ \sqrt{n}$

管制值RT或常規值=依廢棄物管制法規不同項目而異

採樣約略數 $n = (t_{.20}^2 \times S^2) \big/ (RT - \overline{X})^2$

信賴區間 $CI = \overline{X} \pm (t_{.20} \times S_{\overline{X}})$

自由度 $df = n - 1$

(2) 以容器盛裝之廢棄物應先將採樣範圍內之容器加以編號後，依簡單隨機採樣（Simply random sampling）方式由表 4 亂數表挑選擬採位置。直接棄置之廢棄物得依據廢棄物特性、可能之污染情況，規劃適當調查採樣方式辦理。

表4：亂數表（Table of Random Numbers）

10 09 73 25 33	76 52 01 35 86	34 67 35 48 76	80 95 90 91 17	39 29 27 49 45
37 54 20 48 05	64 89 47 42 96	24 80 52 40 37	20 63 61 04 02	00 82 29 16 65
08 42 26 89 53	19 64 50 93 03	23 20 90 25 60	15 95 33 47 97	35 08 03 36 06
99 01 90 25 29	09 37 67 07 15	38 31 13 11 65	88 67 67 43 97	04 43 62 76 59
12 80 79 99 70	80 15 73 61 47	64 03 23 66 53	98 95 11 68 77	12 17 17 68 33
66 06 57 47 17	34 07 27 68 50	36 69 73 61 70	65 81 33 98 85	11 19 92 91 70
31 06 01 08 05	45 57 18 24 06	35 30 34 26 14	86 79 90 74 39	23 40 30 97 32
85 26 97 76 02	02 05 16 56 92	68 66 57 48 18	73 05 38 52 47	18 61 38 85 79
63 57 33 21 35	05 32 54 70 48	90 55 35 75 48	28 46 82 87 09	83 49 12 56 24
73 79 64 57 53	03 52 96 47 78	35 80 83 42 82	60 93 52 03 44	35 27 38 84 35
98 52 01 77 67	14 90 56 86 07	22 10 94 05 58	60 97 09 34 33	50 50 07 39 98
11 80 50 54 31	39 80 82 77 32	50 72 56 82 48	29 40 52 42 01	52 77 56 78 51
83 45 29 96 34	06 28 89 80 83	13 74 67 00 78	18 47 54 06 10	68 71 17 78 17
88 68 54 02 00	86 50 75 84 01	36 76 66 79 51	90 36 47 64 93	29 60 91 10 62
99 59 46 73 48	87 51 76 49 69	91 82 60 89 28	93 78 56 13 68	23 47 83 41 13
65 48 11 76 74	17 46 85 09 50	58 04 77 69 74	73 03 95 71 86	40 21 81 65 44
80 12 43 56 35	17 72 70 80 15	45 31 82 23 74	21 11 57 82 53	14 38 55 37 63
74 35 09 98 17	77 40 27 72 14	43 23 60 02 10	45 52 16 42 37	96 28 60 26 55
69 91 62 68 03	66 25 22 91 48	36 93 68 72 03	76 62 11 39 90	94 40 05 64 18
09 89 32 05 05	14 22 56 85 14	46 42 75 67 88	96 29 77 88 22	54 38 21 45 98
91 49 91 45 23	68 47 92 76 86	46 16 28 35 54	94 75 08 99 23	37 08 92 00 48
80 33 69 45 98	26 94 03 68 58	70 29 73 41 35	53 14 03 33 40	42 05 08 23 41
44 10 48 19 49	85 15 74 79 54	32 97 92 65 75	57 60 04 08 81	22 22 20 64 13
12 55 07 37 42	11 10 00 20 40	12 86 07 46 97	96 64 48 94 39	28 70 72 58 15
63 60 64 93 29	16 50 53 44 84	40 21 95 25 63	43 65 17 70 82	07 20 73 17 90
61 19 69 04 46	26 45 74 77 74	51 92 43 37 29	65 39 45 95 93	42 58 26 05 27
15 47 44 52 66	95 27 07 99 53	59 36 78 38 48	82 39 61 01 18	33 21 15 94 66

（續下表）

94 55 72 85 73	67 89 75 43 87	54 62 24 44 31	91 19 04 25 92	92 92 74 59 73
42 48 11 62 13	97 34 40 87 21	16 86 84 87 67	03 07 11 20 59	25 70 14 66 70
23 52 37 83 17	73 20 88 98 37	68 93 59 14 16	26 25 22 96 63	05 52 28 25 62
04 49 35 24 94	75 24 63 38 24	45 86 25 10 25	61 96 27 93 35	65 33 71 24 72
00 54 99 76 54	64 05 18 81 59	96 11 96 38 96	54 69 28 23 91	23 28 72 95 29
35 96 31 53 07	26 89 80 93 54	33 35 13 54 62	77 97 45 00 24	90 10 33 93 33
59 80 80 83 91	45 42 72 68 42	83 60 94 97 00	13 02 12 48 92	78 56 52 01 06
46 05 88 52 36	01 39 09 22 86	77 28 14 40 77	93 91 08 36 47	70 61 74 29 41

資料摘自參考資料十。

(3) 不明來源廢棄物場址之盛裝於容器內或直接棄置之廢棄物，應先進行初步調查，並參考表一採集足夠數量之代表性樣品，經檢測分析評估後，如無法確認廢棄物來自同一產源，則後續應每一容器逐一採樣或規劃適當調查採樣方式有效擴大採樣。

上述廢棄物得依樣品檢測分析結果、篩選測試或相容性結果給與合併，以利廢棄物處理。

2. 採樣位置之規劃：執行直接棄置之事業單位產生或不明來源場址之廢棄物採樣作業前，應先調查廢棄物特性及污染情況，並規劃適當採樣方式選定採樣位置後加以執行。一般原則如下：

(1) 當確知廢棄物特性及污染情況時，得依據專業知識以主觀判斷採樣（Judgmental sampling）方式選定採樣位置。

(2) 當廢棄物特性及污染情況呈現分層或分區現象時，得選用分層採樣（Stratified sampling）或排序組合採樣（Ranked set sampling）方式規劃採樣位置。

(3) 在無法確知廢棄物特性或污染情況不明時，應先以「簡單」隨機採樣（Simply random sampling）方式，或併用系統及網格採樣（Systematic and grid sampling）、應變叢集採樣（Adaptive cluster sampling）等方式規劃採樣位置。

(4) 其他。

(三) 檢測樣品需要量：

依各檢測項目方法或事業廢棄物檢測方法總則規定。

(四) 樣品處理與保存

1. 樣品容器：檢測揮發性化合物使用容積 125 mL 或以下之直口玻璃瓶，樣品儘量裝滿瓶子（水溶液樣品時使用容積 40 mL 者，瓶內裝滿水樣，不得有細小氣泡存在），每個樣品應同時裝滿二瓶或以上，再包入夾鏈袋內密封。

檢測半揮發性化合物使用容積 250、500 mL 之直口玻璃瓶或 1 L 玻璃瓶，亦應同時裝入二瓶。

檢測重金屬使用容積 250、500 mL 或 1 L 玻璃瓶或塑膠瓶。裝入高濃度廢棄物或不明來

源者，應將瓶外以紙巾擦拭清潔，再包入夾鏈膠袋內密封之。

2. 前處理：樣品為大塊狀者，無法裝入樣品容器內時，建議先以適當方式粉碎後（此方式不宜執行於檢測揮發性化合物之樣品），再裝入樣品容器內。

3. 在樣品容器外加貼標籤及封條置於透明夾鏈袋內使標示內容清楚，保存方式依各檢測方法項目或事業廢棄物檢測方法總則規定。如須保存於 4±2℃，須注意避免於冰水內加入氯化鈉，致溫度過低。

(五) 樣品運送

運送之樣品如為高污染廢棄物或不明來源者（先暫定為有害廢棄物），應依據廢棄物清運及交通運輸相關規定辦理。運送時除樣品外尚須附上相關採樣紀錄資料。

(六) 不明來源廢棄物場址採樣程序

事業廢棄物可能以液體、固體、半固體或污泥狀態存在，並裝在各種容量、材質及形式的容器內，如55加侖的鐵桶(Drum)、10加侖的塑膠桶、紙桶、紙袋、塑膠袋、麻袋內存放，或是非以容器盛裝而直接棄置於山谷、河床、道路旁、水池內、廢棄井等以致增加採樣困難度，或須使用其他工具機械協助執行。不明來源廢棄物場址之採樣，須由訓練過之人員依據該場址採樣計畫書執行外，並依照下列步驟進行：

1. 場址勘查：主要為提供場址危害及選擇防護需要的資訊。

 (1) 場外勘查：先行收集場址正確位置、地圖、以前之活動時期、相關危害物質資料；再對場址週圍執行肉眼觀察注意公告或標誌、廢棄物容器外觀與標籤、周圍居民及動植物活動及生長、交通狀況及偵測周界空氣濃度等，並評估現場作業時可能遭遇的危害。

 (2) 現場調查：係為補充場外勘查之資料，進行時須由偵測小組（至少二員進入現場，另外人員在場外待命）負責。進場需要偵測空氣之立即危害生命（Immediately dangerous to life or health）濃度、游離輻射、廢棄物容器或其他儲存的狀況與形式、注意可能暴露有害物、具反應性或不相容性或可燃性或腐蝕性的廢棄物，必要時收集環境樣品或廢棄物樣本。

2. 危害評估

 依據場址勘查所得到之化學品名稱及現場監測濃度，參考物質安全資料表（Material safety data sheets）中各化合物之八小時量平均容許濃度（Time-weighted average）短時間時量平均容許濃度（Short-term exposure limit）及最高容許濃度（Ceiling）等再參酌各該化合

物之物理及化學特性、爆炸及可燃範圍等進行危害評估。

3. 防護裝備之選擇

進入不明來源之廢棄物場址採樣時，應視為有害廢棄物採樣，必須預防潛在的危害。

作業時可依據現場情況、工作之改變及監測結果而升高或降低保護等級，惟一般應選用 C 級以上之防護裝備，才能適當的提供保護。（防護等級及選用時機請參閱【註 2】）

4. 緊急應變

不明來源之廢棄物場址採樣，亦須備有緊急應變計畫。緊急應變計畫內容包括意外處理、緊急連絡等。如現場可能發生之火（化）災、意外受傷、污染擴散、疏散與交通封鎖等之處理流程。並應列出當地環保機關、警察與消防單位、綜合醫療院所之名稱、地址與連絡電話。在赴場址執行採樣前，應先行告知相關單位。

5. 場址控制

場址控制是要減少作業人員潛在的污染，預防大眾受到場址的危害。場址控制的程度與場址的特質、大小及周遭環境有相關。為減少作業人員意外地將污染區內有害物帶到清潔區內，場址應該依照不同的工作劃分區域，且控制區域內人員的活動。一般常用的分區如下：

(1) 污染區（即為隔離區 Exclusion zone）：區內主要活動為清理、採樣、廢棄物搬移等。污染區之周圍俗稱熱線，進出要管制。

(2) 污染消除區（Contamination reduction zone）：主要為限制污染物輸送到清潔區，即為除污工作。本區必須具有除污之各項用具，以方便由污染區送出之樣品、儀器、設備及人員進行除污。另需備有緊急應變、急救設備、抑制設備。

(3) 支援區（Support zone）：為行政、人員休息、器材暫存及其他支援的所在，應備有連絡電話、交通工具及支援器材等。

6. 除污

除污的第一要點是建立標準作業程序，減少廢棄物的接觸與污染的可能。諸如：操作習慣的養成、改為現場遙控操作、設備儀器外罩保護膠膜、使用可棄式器材等。如有污染依其污染特性以物理方式移除刷洗或靜電移除，化學方式移除 溶解污染物、界面活性劑、固化、潤洗與消毒滅菌等。

採樣作業與除污作業所產生之廢棄物、廢水應妥為處理。廢棄物應視為有害廢棄物送到處理廠處理，或暫時置放於場址內屆時連同廢棄物一併處理。廢水應收集送到污水處理廠處理。

7. 桶裝廢棄物採樣

採樣前先行由外觀、桶蓋型式、桶材質、破損情形等研判大約內容量、可能裝載物質。

如桶身成圓鼓膨漲狀、桶材質經特殊表面處理者都應特別小心。最好先進行有機蒸氣及爆炸性氣體監測，且須在桶蓋處下連續監測，小心開啓少許桶蓋（如為螺紋式蓋子，在有保護膜片緩衝下，先旋轉約四分之一圈），使內容物洩出微小量，檢測產生有機蒸氣及爆炸性氣體濃度，再決定是否全開桶採樣。如有必要應使用遙控方式開桶或在有完善防護設施下進行開桶採樣。

8. 現場篩選測試

廢棄物樣品之檢測分析應依據公告檢測方法執行。在不明來源棄置場址採樣時，可於現場附近遠離污染處進行簡易篩選測試，提供廢棄物危害程度、緊急應變、有害特性或廢棄物清理之參考。一般篩選測試方式如下：

(1) 廢棄物性質：敘述廢棄物之顏色、形狀（固體、液體、膠體、泥狀、乳化等）物理性質。

(2) 放射性：使用蓋格計數器或其他相當儀器測定。

(3) 對空氣及水的反應性：廢棄物與空氣或水接觸後觀察外觀、溫度或顏色改變決定。

(4) 過氧化物：使用碘澱粉試紙或氧化還原電位儀測定。

(5) 腐蝕性：使用廣泛之 pH 試紙測試，或依 pH 測試儀測定。

(6) 可爆性 / 可著火性：取一火柴頭大小廢棄物置於表玻璃上，以火柴棒火源靠近，看廢棄物是否著火。

(7) 揮發性蒸氣：於廢棄物桶或樣品容器瓶內上方空間以儀器或試劑（紙）測試，依測試目的不同而選擇測定點。

(8) 鹵化物：使用銅線測試（Belsteintest），將銅線浸入廢棄物中使附著廢棄物，銅線置於本生燈火焰中，如有綠色火焰產生表示有鹵化物的存在。

(9) 氰化物：使用檢知管來測定廢棄物散發蒸氣中有無氰化物及以試劑（紙）定廢棄物。

(10) 硫化物：使用醋酸鉛試紙浸入廢棄物中，如有硫化物存在則試紙會變黑。

(11) 多氯聯苯：使用多氯聯苯測試組篩選廢棄物中是否含有多氯聯苯。

(12) 重金屬：利用攜帶式 X 射線螢光光譜儀（X - ray fluorescence spectrometer），或使用其他各式測試組篩選。

(13) 有機物：攜帶式拉曼光譜分析儀、攜帶式傅立葉紅外線光譜分析儀及光離子化偵測器 PID。

(14) 其他，依實際需要執行。

七、結果處理

採樣紀錄：於採樣時所有之資料必須登記詳實，內容包含如下：

（一）採樣目的。

（二）採樣地點及相關資料。

（三）採樣現場情形描述與簡圖，附上照片。

（四）採樣日期、時間與天候狀況。

（五）採樣點、數量、使用之採樣方式、採樣器材與樣品容器。

（六）樣品名稱與編號。

（七）現場篩選測試結果。

（八）建議分析項目。

（九）除污的方法。

（十）採樣人員簽名。

（十一）樣品運送目的地與運送方式。

八、品質管制

（一）事業廢棄物採樣之品管樣品包括現場空白、設備空白及運送空白，視各採樣計畫之需要採取品管樣品。

（二）樣品管制鏈：樣品管制須要有如下資料：

1. 採樣計畫名稱。

2. 採樣日期時間。

3. 每一樣品編號、容量、基質、添加保存劑、分析項目。

4. 採樣單位、採樣者姓名。

5. 採樣方法。

6. 分析檢測實驗室名稱。

7. 樣品運送方式。

8. 收樣品人員。

九、參考資料：中華民國103年12月22日環署檢字第1030107998號公告：NIEA R118.04B

第 6 章：事業廢棄物檢測方法總則

一、方法概要

本方法總則係依據廢棄物樣品特性及待檢測項目性質、提供廢棄物檢測之樣品保存、樣品處理、測定或儀器分析等之綜合指引，作為執行特定廢棄物樣品之指定項目檢測之參考。

二、適用範圍

本總則為事業廢棄物中重金屬、有機污染物含量及有害特性認定之檢測概述。詳細之檢測方法及編碼請參考總則後之附表及附圖。對於提供事業廢棄物採樣之安全防護等級選擇、及為清運或處理廢棄物之現場簡易篩選之方法，參見「事業廢棄物採樣方法（NIEA R118）」。

三、干擾

事業廢棄物因來源各異，其樣品基質各不相同，前處理方法也因樣品特性、檢測項目不同而有差異。使用時應依據干擾的不同而須選擇適當之方法執行。詳細之干擾資料參見各檢測方法。

（一）溶劑、試劑、玻璃器皿及其他樣品處理過程中所用之器皿，皆可能對樣品分析造成誤差及或干擾。所有這些物質必須在設定的分析條件下，進行方法空白分析，證明其無干擾。必要時需在全玻璃系統內進行試劑及溶劑之純化。

（二）鄰苯二甲酸酯污染實驗室中許多常用的物品，特別是塑膠製品必須避免使用。鄰苯二甲酸酯常被用做可塑劑，且極易自塑膠物質中被萃取出來，必須要執行一系列的品質管制以避免之。

（三）執行揮發性有機化合物檢測時，尤其濃度較低樣品，極易被同一實驗室中處理其他樣品之有機溶劑所污染。二氯甲烷極易穿透容器或管線造成污染，故應有適當的防止措施如隔離實驗場所、獨立之空調設施等。

四、設備及材料

(一) 樣品容器

1. 重金屬類
(1) 直口玻璃瓶（Widemouth glass container）：250 或 500 mL，瓶蓋附鐵氟龍墊片。
(2) 塑膠瓶，容量 500 mL 或 1 L。

2. 有機物
(1) 廢液、固廢或高濃度樣品（檢測揮發性有機物除外）：使用 125 或 250 mL 褐色直口玻璃瓶或使用透明玻璃瓶裝樣後以牛皮紙或鋁箔遮蔽瓶身，瓶蓋附鐵氟龍墊片。
(2) 固廢樣品（檢測揮發性有機物）：使用氣密性容器，採樣量在 50 公克以上，且能依檢測儀器之進樣方式讓樣品直接上機檢測，或容器內樣品在儀器檢測時以最簡單處理即能上機檢測者。
(3) 水溶液樣品（檢測揮發性有機物）：使用 40 mL 褐色直口玻璃瓶內或置於透明玻璃瓶裝樣後以牛皮紙或鋁箔遮蔽瓶身，或置於中空瓶蓋內附鐵氟龍墊片中。
(4) 水溶液樣品（檢測揮發性有機物除外）：使用 1 L 褐色玻璃瓶或使用透明玻璃瓶裝樣後以牛皮紙或鋁箔遮蔽瓶身，瓶蓋內附鐵氟龍墊片。

3. 樣品容器與分析檢測使用的玻璃器皿必須為耐藥劑之硼矽玻璃。

(二) 樣品前處理設備

1. 重金屬類：熱板消化或微波消化設備等，可參考「污泥及沉積物中重金屬檢測方法－酸消化法（NIEA R353）或「沉積物、污泥及油脂中金屬元素總量之檢測方法－微波消化原子光譜法（NIEA R355）」中之設備，及各相關檢測方法之規定。
2. 有機物
   (1) 揮發性化合物：使用吹氣捕捉、頂空間進樣或蒸餾處理之設備等，參考「土壤及事業廢棄物中揮發性有機物檢測樣品製備法總則（NIEA M152）」及各相關檢測方法之規定。
   (2) 半揮發性化合物：使用液相－液相萃取、索氏萃取、超音波萃取等處理方法，或是使用淨化設備等，參考「土壤及事業廢棄物中有機物檢測樣品製備法總則 (一)（NIEA M151）」及各相關檢測方法之規定。
3. 毒性特性溶出程序：備有旋轉裝置、萃取容器、過濾裝置及相關設備等，參考「事業廢棄物毒性特性溶出程序（NIEA R201）」及各相關檢測方法規定。
4. 分析儀器
   依據各相關檢測方法最新版本內容規定。

(三) 實驗室安全防護設備

1. 抽氣設備：於樣品前處理區、產生污染區或（及）分析儀器排氣口處裝設之。檢測揮發性有機物或超低濃度重金屬之實驗室，一般應具備適當的隔離或獨立空調之正壓室。檢測極毒性化合物如戴奧辛，則應具備負壓室。
2. 緊急洗眼器、沖洗淋浴設備及消防設施等。
3. 其他各相關方法有規定者，從其內容。

五、試劑

(一) 所有檢測時使用的試劑化合物必須是試藥級，除非另有說明，否則所有的試藥，必須是分析試藥級的規格。若須使用其他等級試藥，則在使用前必須確認該試劑的純度足夠高，使檢測結果的準確度不致降低。

(二) 試劑水

1. 一般試劑水：適用於重金屬及一般檢測分析，其比電阻應在 10MW-cm 以上。
2. 不含有機物試劑水：適用於有機物分析檢測用。一般指試劑水中干擾物之濃度低於有機物分析檢測方法中待檢測物之偵測極限。例如將一般試劑水再經由約 450 克活性碳吸附床過濾，或由試劑水製造系統製造且符合規定需求之水。
3. 不含揮發性有機物試劑水：適用於揮發性物質分析用之不含有機物試劑水。可將上述之不含有機物試劑水煮沸 15 分鐘後，將水溫保持在 90℃，同時通入惰性氣體於水中 1 小時，趁熱裝入密閉容器內放冷備用。

(三) 儲備標準品：儲備溶液可由純標準品自行配製或購置經確認之標準品。參見各特定檢測方法中之敘述。

(四) 內部標準品：爲待測物的溴化物、氟化物或同位素異構物，或是類似待測物的化合物但不可能存在於環境樣品中者。參見各特定檢測方法中之敘述。

(五) 擬似標準品：爲不具化學活性且不存在於環境樣品中者，必須於進行樣品處理前，加入每一樣品、空白樣品和基質樣品添加樣品中。擬似標準品之回收率是用來檢查異常的基質影響，整批樣品分析過程的錯誤等。擬似標準品之類別，參見各特定檢測方法中之敘述。

(六) 以上各種試劑之用途，請依據相關檢測方法之規定。

六、採樣與保存

(一) 揮發性有機物原則上以非擾動性採樣方式進行，採樣方法請參考「事業廢棄物採樣方法（NIEA R118）」。

(二) 樣品保存方式詳見各特定檢測方法中之敘述，及「廢棄物樣品檢測最少需要量與保存方式」之規定，詳如表 1。

表 1：廢棄物樣品檢測最少需要量與保存方式

檢測項目	樣品最少量	容器	儲存條件	保存期限
一、溶出毒性溶出試驗				
(一) 重金屬	400g	玻璃瓶或塑膠瓶		Hg 28天其他180天【註】
(二) 半揮發性有機物	250g（mL）2瓶	250 mL直口玻璃瓶附鐵氟龍墊片或其他相同功能材質容器	4℃冷藏	14天（採樣至溶出程序）7天（溶出程序至萃取）40天（萃取至分析）
(三) 揮發性有機物				
液態	125mL 2瓶	125 mL直口玻璃瓶附鐵氟龍墊片	4℃冷藏	14天（採樣至分析程序）
固態	50g	氣密式容器	4℃冷藏	14天（採樣至分析程序）
二、腐蝕性試驗				
(一) pH	50mL	玻璃瓶或塑膠瓶	4℃冷藏	
(二) 腐蝕速率	100mL	玻璃瓶或塑膠瓶	4℃冷藏	
三、易燃性試驗				
(一) 閃火點	50mL	玻璃瓶	4℃冷藏	
(二) 醇類濃度	100mL	玻璃瓶	4℃冷藏	
四、反應性試驗				
(一) 含過氧化物者	50mL	玻璃瓶	4℃冷藏	
(二) 氰鹽	50g	玻璃瓶	4℃冷藏	
(三) 硫化物	50g	玻璃瓶	4℃冷藏	
五、石棉	50g	密閉玻璃瓶	4℃冷藏	樣品應保存於潤濕狀態
六、多氯聯苯	50g	玻璃瓶	4℃冷藏	14天（採樣至萃取）
七、成分分析				
(一) 重金屬	400g	玻璃瓶或塑膠瓶		Hg 28天其他180天【註】
(二) 半揮發性有機物	250g（mL）2瓶	250mL直口玻璃瓶附鐵氟龍墊片或其他相同功能材質容器	4℃冷藏	14天（採樣至溶出程序）7天（溶出程序至萃取）40天（萃取至分析）
(三) 揮發性有機物				
液態	125mL 2瓶	125mL直口玻璃瓶附鐵氟龍墊片	4℃冷藏	14天（採樣至分析程序）
固態	50g	氣密式容器	4℃冷藏	14天（採樣至分析程序）

【註】固態樣品，檢測重金屬項目除砷、汞外，其他重金屬項目可於室溫下保存，容器亦可使用塑膠袋。腐蝕性、易燃性、反應性項目以現場採樣後立即測定為宜。六價鉻完成溶出程序後應於一日內完成分析。

七、步驟

　　事業廢棄物的檢測必須依據樣品的特性與檢測目標（化合）物，而選擇適當之方法據以

執行。以下分別依照重金屬類、有機化合物類、及有害特性認定等說明。事業廢棄物檢測方法流程圖如圖1。

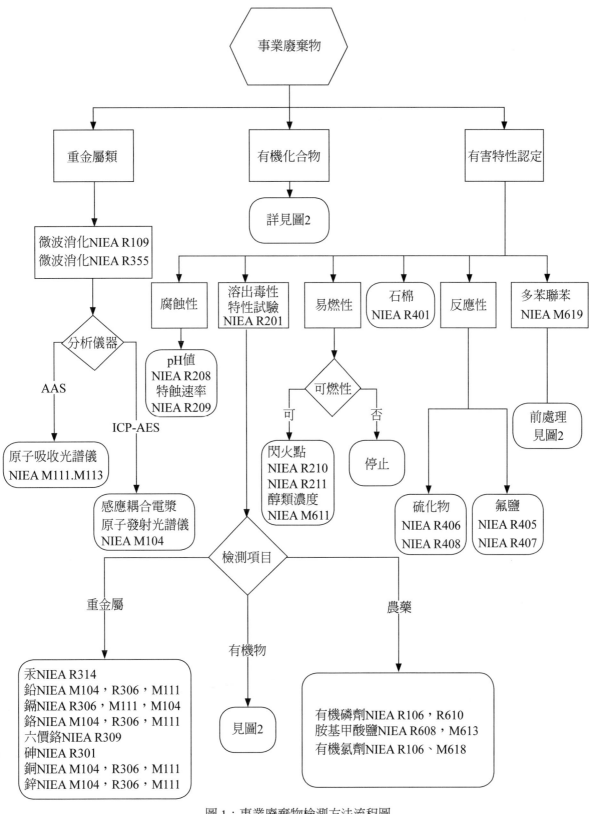

圖1：事業廢棄物檢測方法流程圖

(一) **重金屬類**：檢測重金屬時，必須先將樣品依其特性選擇適當前處理消化方法，使待測金屬成為溶解性離子狀態，再選擇使用原子吸收光譜儀（AAS）、或是感應耦合電漿原子發射光譜儀（ICP-AES），參考「重金屬檢測方法總則（NIEA M103）」。以下分別敘述如下：

1. 樣品前處理：視樣品之性質使用適當酸、鹼及氧化劑等，再配合選擇之方法及儀器執行之。

   (1) 熱板消化：使用於污泥及沉積物，先以硝酸及過氧化氫消化，再將消化後樣品以硝酸或鹽酸迴流。參考公告「污泥及沉積物中重金屬檢測方法－酸消化法（NIEA R353）」。

   (2) 微波消化：使用於土壤、油脂、污泥及沉積物，以硝酸及氫氟酸處理，在溫度壓力監控下以微波進行消化。參考「沉積物、污泥及油脂中金屬元素總量之檢測方法－微波消化原子光譜法（NIEA R355）」。

   (3) 其他：參考適當之方法。

2. 檢測儀器：可使用下述之儀器

   (1) 原子吸收光譜儀：因原子化裝置不同分為火焰式原子吸收光譜儀（FLAA）、石墨爐式原子吸收光譜儀（GFAA）、氫化式原子吸收光譜儀（HGAA）、或冷蒸氣原子吸收光譜儀（CVAA），參考公告之「火焰式原子吸收光譜法（NIEA M111）」及「石墨爐式原子吸收光譜法（NIEA M113）」。

   (2) 使用感應耦合電漿原子發射光譜儀，參考公告之「感應耦合電漿原子發射光譜法總則（NIEA M104）」。

   (3) 使用感應耦合電漿質譜檢測儀（ICP-MS），請參考公告之相關檢測方法。

   (4) 測定：各金屬元素測定請依據各特定之檢測方法，參見表 2。

表 2：已公告重金屬檢測方法一覽表

檢測物	檢測方法		備註欄
	毒性溶出液	金屬含量	（檢測技術）
As	NIEA R301、R318	NIEA R353、M113	HGAA、GFAA
Cd	NIEA R306、R317、M104、M111、M113	NIEA R302、R353、R355、M104、M113	FLAA、ICP-AES、GFAA
Cr	NIEA R306、R317、M104、M111、M113	NIEA R303、R353、R355、M104、M113	FLAA、ICP-AES、GFAA
Cr^{6+}	NIEA R309、R310		UV/VIS、APDC/AAS
Cu	NIEA R306、R317、M104、M111、M113	NIEA R305、R353、R355、M104、M113	FLAA、ICP-AES、GFAA
Hg	NIEA R314	NIEA M317	CVAA
Ni	NIEA R306、R317、M104、M111、M113	NIEA R301、R353、R355、M104	FLAA、ICP-AES
Pb	NIEA R306、R317、M104、M111、M113	NIEA R306、R353、R355、M104	FLAA、ICP-AES

（續下表）

檢測物	檢測方法		備註欄
	毒性溶出液	金屬含量	（檢測技術）
Zn	NIEA R306、R317、M104、M111、M113	NIEA R301、R353、R355、M104	FLAA、ICP-AES

檢測技術：
ICP-AES 表示感應耦合電漿原子發射光譜儀。
GFAA 表示石墨爐式原子吸收光譜儀
FLAA表示使用火焰式原子吸收光譜儀。
HGAA表示使用氫化式原子吸收光譜儀。
CVAA表示使用冷蒸氣原子吸收光譜儀。
UV/VIS表示使用紫外/可見光分光光譜儀。
APDC/AAS表示先以APDC螯合反應再火焰式原子吸收光譜儀測定。
總鎳與萃出液中砷之方法號碼前四碼相同，以版次編碼區分。
總鉛與事業廢棄物萃出液中重金屬檢測方法－酸消化法之方法號碼前四碼相同，以版次編碼區分

（二） **有機化合物類**：有機化合物檢測，亦須依其樣品特性及檢測化合物性質，選擇適當之稀釋、萃取、淨化或濃縮等前處理方法製備樣品，再選擇適當之檢測方法使用合適之儀器設備執行檢測。有機化合物檢測分析流程圖如圖 2，並分別敘述如次。

1. 半揮發性有機物之樣品製備：

(1) 樣品前處理，參考公告「有機物檢測樣品製備法總則 (一)（NIEA M151）」，由該方法選擇適用之處理方法如：「分液漏斗液相 - 液相萃取法（NIEA R106）」、「連續式液相 - 液相萃取法（NIEA R107）」、「索氏萃取法（NIEA M165）」、「超音波萃取法（NIEA M167）」、「廢棄物樣品稀釋法（NIEA R111）」及其他適當之方法據以執行。見表 3。

表 3：有機物樣品製備方法一覽表

有機物類別	樣品特性			
	水溶液	固體	底泥、沉積物	溶劑、油渣狀
酸性萃取物	NIEA R106、R107	NIEA R113、R114	NIEA R107	NIEA R103、 R111
丙烯腈、乙腈	5031	5031	5031	3585
丙烯醯胺	8032			
苯胺及其衍生物	NIEA R106、R107	NIEA R113、R114	NIEA R107	NIEA R111
揮發性芳香族	NIEA R104	NIEA R711	NIEA R104	3585
鹼/中性萃取物	NIEA R106、R107	NIEA R113、R114	NIEA R107	NIEA R103、R111
胺基甲酸鹽	NIEA R613	NIEA R613	NIEA R613	NIEA R613
氯系除草劑	NIEA R607	NIEA R607	NIEA R607	NIEA R111
氯化碳氫化合物	NIEA R106、R107	NIEA R113、R114	NIEA R107	NIEA R111
染料類	NIEA R106、R107	NIEA R113、R114		
爆炸物類	8330、8331	8330、8331		
甲醛	8315	8315		
鹵化醚類	NIEA R106、R107	NIEA R113、R114		

（續下表）

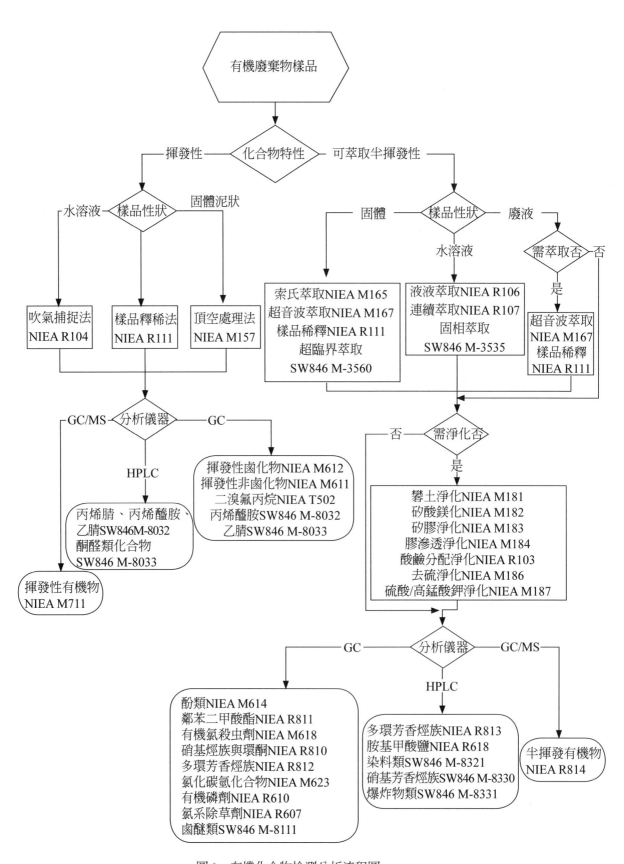

圖 2：有機化合物檢測分析流程圖

有機物類別	樣品特性			
	水溶液	固體	底泥、沉積物	溶劑、油渣狀
揮發性鹵化物	NIEA R104	NIEA R711	NIEA R104	3585
硝基芳香族和環酮	NIEA R106、R107	NIEA R113、R114	NIEA R107	NIEA R111
非鹵有機物	5031	NIEA R121	NIEA R121	3585
有機氯殺蟲劑	NIEA R106、R107	NIEA R113、R114	NIEA R107	NIEA R111
有機磷農藥	NIEA R106、R107	NIEA R113、R114	NIEA R107	NIEA R111
酚類	NIEA R106、R107	NIEA R113、R114	NIEA R107	NIEA R111
鄰苯二甲基酯類	NIEA R106、R107	NIEA R113、R114	NIEA R107	NIEA R111
多氯聯苯	NIEA R106、R107	NIEA R113、R114	NIEA R107	NIEA R111
戴奧辛/呋喃	8280、8290	8280、8290	8280、8290	8280、8290
多環芳香族	NIEA R106、R107	NIEA R113、R114	NIEA R107	NIEA R111
揮發性有機物	NIEA R104.00C、5031	NIEA R121、5031、5035	NIEA R104、5031	3585

本表所列之處理方法如「NIEA R104」者，本署已經公告。如「5031」者，則係尚未公告。請逕參考US-EPA, SW-846，最新資料。

(2) 如樣品基質複雜或有干擾產生時，則將處理後之萃取液，再經適當之淨化方法予以淨化，可選擇之淨化方法如：「礬土管柱淨化法（NIEA M181）」、「石油廢棄物之礬土管柱淨化與分離法（NIEA R105）」、「矽酸鎂淨化法（NIEA M182）」、「矽膠淨化法（NIEA M183）」、「膠滲透淨化法（NIEA M184）」、「酸鹼分配淨化法（NIEA R103）」、「去硫淨化法（NIEA M186）」、「硫酸/高錳酸鉀淨化法（NIEA M187）」等，詳見表4。

表4：有機物樣品檢測之淨化方法一覽表

有機物類別	淨化方法
酸性萃取物	NIEA R103
鹼/中性萃取物	NIEA R103
胺基甲酸鹽	NIEA R613
氯系除草劑	NIEA R607
氯化碳氫化合物	NIEA M182、M184
鹵化醚類	NIEA M182、M184
硝基芳香族和環酮	NIEA M182、M184
有機氯殺蟲劑	NIEA M182、M183、M184、M186
有機磷農藥	NIEA M182
酚類	NIEA M183、M184、R103
鄰苯二甲基酯類	NIEA M181、R105、M182、M184
多氯聯苯	NIEA M182、M183、M184、M186、M187
戴奧辛/呋喃	SW-846 M-8280、M-8290
多環芳香族	NIEA M181、R105、M183、M184、R103

本表所列之處理與萃取方法如「NIEA M182」者，本署已經公告。如「SW-846 M-8280」者，則係尚未公告。請逕參考US-EPA，SW-846最新資料。

2. 揮發性有機物之樣品製備：

樣品之適當處理方法參考公告「有機物製備法總則 (二)－檢測揮發性有機物」。可選擇「樣品製備方法－吹氣捕捉法（NIEA R104）」、「土壤及固體基質樣品製備方法－平衡狀態頂空處理法（NIEA M157）」或其他方式處理進樣，詳見表 3。

3. 檢測儀器：使用氣相層析儀（GC）連接適當之偵測器（如 FID, ECD, FPD, PID, ELCD, NPD 等）、氣相層析質譜儀（GC/MS）、高效能液相層析儀（HPLC）、或霍式紅外線儀（FTIR）。參考公告「層析檢測方法總則」。

4. 測定：各類化合物之檢測須依據各特定檢測方法，詳見表 5 及表 6。此外，必要時亦可考慮使用氣相層析儀 / 霍式紅外線偵測器（GC/FTIR），所得到之光譜圖，可供有機異構物判定分析。

表 5：有機物檢測方法一覽表

有機物類別	GC/MS技術	特定GC技術	HPLC技術
酸性萃取物	NIEA R814		
丙烯腈、乙腈	NIEA M711	8031, 8033	8315, 8316
丙烯醯胺	NIEA M711	8032	8316
苯胺及其衍生物	NIEA R814.	8131	
揮發性芳香族	NIEA M711	NIEA M612	
鹼/中性萃取物	NIEA R814		8325
胺基甲酸鹽			NIEA R613
氯系除草劑	NIEA R814	NIEA R607	8321
氯化碳氫化合物	NIEA R814	NIEA M620	
染料類			8321
爆炸物類			8330、8331、8332
甲醛			8315
鹵化醚類	NIEA R814	8111	
揮發性鹵化物	NIEA M711	NIEA M612	
硝基芳香族和環酮	NIEA R814	NIEA R810	8330
非鹵有機物	NIEA M711	NIEA M611	
有機氯殺蟲劑	NIEA R814	NIEA M618	
有機磷農藥	NIEA R814	NIEA R610	8321
酚類	NIEA R814	NIEA M614	
鄰苯二甲基酯類	NIEA R814	NIEA R811	
多氯聯苯	NIEA R814	NIEA M619	
戴奧辛/呋喃	8280、8290		
多環芳香族	NIEA R814	NIEA R812	8310
揮發性有機物	NIEA M711	NIEA M612 、M611	
8031、8032、8033	8315、8316		
本表所列之檢測方法如「NIEA R814」者，本署已經公告。如「8280」者，則係尚未公告。請逕參考 US-EPA, SW-846,最新資料。			

表6：溶出毒性事業廢棄物溶出液適用檢測方法

項目	檢測方法	溶出試驗標準mg/L
汞及其化合物	NIEA R314	0.2
鉛及其化合物	NIEA M111、M104	5.0
鎘及其化合物	NIEA R306、M111、M104	1.0
鉻及其化合物	NIEA M111、M104	5.0
六價鉻化合物	NIEA R309、R310	2.5
砷及其化合物	NIEA R301	5.0
銅及其化合物	NIEA M111、M104	15.0
鋅及其化合物	NIEA M111、M104	25.0
有機磷劑農藥	NIEA R106、R610	2.5
胺基甲酸鹽農藥	NIEA R608、R613	2.5
有機氯劑農藥	NIEA R106、M618	0.5
苯	NIEA R703、M612	0.5
四氯化碳	NIEA R703、M612	0.5
氯苯	NIEA R703、M612	100.0
氯仿	NIEA R703、M612	6.0
1,4-二氯苯	NIEA R703、M612	7.5
1,2-二氯乙烷	NIEA R703、M612	0.5
1,1-二氯乙烯	NIEA R703、M612	0.7
四氯乙烯	NIEA R703、M612	0.7
三氯乙烯	NIEA R703、M612	0.5
氯乙烯	NIEA R703、M612	0.2
間-甲酚	NIEA R814、M614	200.0
鄰-甲酚	NIEA R814、M614	200.0
對-甲酚	NIEA R814、M614	200.0
五氯酚	NIEA R814、M614	100.0
2,4,5-三氯酚	NIEA R814、M614	100.0
2,4,6-三氯酚	NIEA R814、M614	2.0
六氯-1,3-丁二烯	NIEA R814、M623	0.5
六氯苯	NIEA R814、M623	0.13
六氯乙烷	NIEA R814、M623	3.0
2,4-二硝基甲苯	NIEA R810、R814	0.13
丁酮	NIEA M611	200.0
吡啶	NIEA R814	5.0
2,3,7,8-戴奧辛	SW-846 M-8280、M-8290	0.001
有機汞化合物		不得檢出
本表所列之檢測方法如「NIEA R814」者，本署已經公告。如「8280」者，則係尚未公告。請逕參考US-EPA, SW-846,最新資料。		

5. 其他檢測方法

　(1) 免疫化學分析（Immunoassay Methods）：部分化合物檢測鑑定可使用免疫化學法，其

　　　　快速篩選流程可提供即時之污染狀況。

　　(2) 篩選分析（Screening Methods）：同免疫化學法使用化學分析程序，可由樣品之半定量濃度快速提供污染現況，或供進行標準檢測方法時稀釋倍數之參考。

（三）有害特性認定：依本署公告之有害事業廢棄物認定標準共分為毒性、溶出毒性、腐蝕性、易燃性、反應性、感染性、石綿、多氯聯苯及其他等有害事業廢棄物。除感染性類由產生來源處認定不經由檢測執行外，各類檢測分別敘述如下：

1. 毒性：參照廢棄物或本署公告個別毒性化學物質成分含量之檢測方法檢測之。

2. 溶出毒性：樣品依據公告「事業廢棄物毒性溶出程序（NIEA R201）」執行溶出程序。執行時須要配合待檢測項目特性為重金屬類、半揮發性有機物類或揮發性有機物類，選擇適用之萃取容器如塑膠瓶、玻璃瓶或零空間萃取器（ZHE）進行萃取，再將溶出液依據檢測項目，使用適當檢測方法檢測之。各公告之檢測方法參見表 6。

3. 腐蝕性：【附註 1】
　　(1) 廢液或固體廢棄物 pH 值：依據「廢棄物之 pH 值測定方法（NIEA R208）」檢測之。
　　(2) 廢液腐蝕速率：依據「廢棄物對鋼之腐蝕速率檢測方法（NIEA R209）」檢測之。

4. 易燃性：【附註 1】
　　(1) 廢液閃火點：依據「廢棄物閃火點測定方法－潘馬氏法（NIEA R210）」或「液體閃火點測定方法－快速閃火點法（NIEA R211）」測定之。
　　(2) 醇類濃度：依據「土壤及事業廢棄物中非鹵有機物檢測方法－氣相層析儀／火焰離子化偵測法（GC/FID）（NIEA M611）」。

5. 反應性：【附註 1】
　　(1) 含氰鹽：樣品先依據「廢棄物中可釋出氰化氫檢測方法（NIEA R405）」進行處理，再依「總氰化物與可氯化之氰化物檢測方法（NIEA R407）」檢測其含量。
　　(2) 硫化物濃度：樣品先依據「廢棄物中可釋出硫化氫檢測方法（NIEA R406）」進行處理，再依「酸可溶與酸不溶性硫化物檢測方法（NIEA R408）」檢測其含量。

6. 感染性：【附註 1】

7. 石綿：檢測時應在具備適當抽排氣設備下，依據「含石綿物質及廢棄物中之石綿檢測方法（NIEA R401）檢測之。

8. 多氯聯苯：依據表 3 有機物樣品製備方法一覽表，選擇適當的樣品前處理方法，若樣品須淨化可依據表 4 選擇適當的淨化方法，然後再依據「多氯聯苯檢方法測－毛細管柱氣相層析法（NIEA M619）。或依據「絕緣油中多氯聯苯檢方法測－氣相層析儀／電子捕捉偵測器法（NIEA T601）檢測。

（四）其他【附註 1】

1. 抗壓強度：事業廢棄物固化物之抗壓強度測定，依據「事業廢棄物之固化物單軸抗壓強度檢測方法－單軸抗壓強度在 100 kgf／cm2 以上之固化物（NIEA R206）」或「事業廢棄物之固化物單軸抗壓強度檢測方法－單軸抗壓強度小於 100 kgf／cm2 之固化物（NIEA R207）」測定。

2. 含水分：參考「廢棄物含水分測定方法－間接測定法（NIEA R203）」檢測。

3. 灰分：參考「廢棄物中灰分測定方法（NIEA R204）」。

4. 可燃分：參考「廢棄物中可燃分測定方法（NIEA R205）」。

八、結果處理

（一）單位：廢棄物檢測除另有規定外，都使用國際單位系統（SI）表示，廢棄物通常以 mg / kg（乾基）或依數據使用之目的表示之，對含水量測定有困難之樣品如液體廢棄物等，可以 mg / kg（濕基）表示之，高濃度時可以 % 表示。毒性溶出試驗（TCLP）則以 mg/L 表示。

（二）有效數字：檢測數據應依據檢測結果表示，不因為數值運算、乘上稀釋倍數或特定參數而增加有效位數，通常以三位有效位數為宜。

九、品質管制

（一）品質管制係為監控檢測過程在規範下執行，事業廢棄物檢測之品管規定依據各特定檢測方法。

（二）檢測品質管制意義及要求

1. 準確度（Accuracy）：指一測定值或一組測定值之平均值與確認值或配製值接近的程度，準確性可由已知確認值或配製值之標準品來表示。

2. 精密度（Precision）：指一組重複分析其各測定值間相符的程度。精密度可由各測定值間之相對標準偏差（Relative standard deviation，RSD）（重複次數大於 2 時）或相對差異百分比（Relative percent difference，RPD，或稱 Relative range，RR）（重複次數等於 2 時）來表示。

3. 基質（Matrix）：組成待測樣品之主要物質，如土壤、污泥、廢棄物。

4. 空白樣品（Blank Sample）：每次分析檢測時應同時分析至少其中一種，依其目的有如下四種

　（1）現場空白樣品（Field blank sample）

　　　又稱野外空白樣品，在檢驗室中將不含待測物之試劑水、溶劑或吸附劑置入與盛裝待測樣品相同之採樣容器內，將瓶蓋旋緊攜至採樣地點，在現場開封並模擬採樣過程，但不實際採樣。密封後，再與待測樣品同時攜回檢驗室，視同樣品進行檢測，由現場空白樣品之分析結果，可判知樣品在採樣過程是否遭受污染。

　（2）運送空白樣品（Trip blank sample）

　　　又稱旅運空白樣品（Travel blank sample），在檢驗室中將不含待測物之試劑水、溶劑或吸附劑置入與盛裝待測樣品相同之採樣容器內，將瓶蓋旋緊攜至採樣地點，但在

現場不開封。於採樣完畢後，與待測樣品同時攜回檢驗室，視同樣品進行檢測，由運送空白樣品之分析結果，可判知樣品在運送過程是否遭受污染。

(3) 設備空白樣品（Equipment blank sample）

又稱清洗空白樣品（Rinsate Blank Sample），指為經清洗後之採樣設備，以不含待測物之試劑水或溶劑淋洗，收集最後一次之試劑水或溶劑淋洗液，視同樣品進行檢測。由設備空白樣品之分析結果，可判知採樣設備是否遭受污染。

(4) 方法空白樣品（Method blank sample）

又稱試劑空白樣品（Reagent blank sample），指為監測整個分析過程中可能導入污染而設計之樣品，例如：經由二次蒸餾之試劑水、乾淨陶土或海砂、空氣粒狀物分析之空白濾紙。前述樣品經與待測樣品相同前處理及分析步驟；由方法空白樣品之分析結果，可判知樣品在分析過程是否遭受污染或樣品之背景值。

5. 查核樣品（Quality check sample）

待測物濃度為已知之樣品，目的在於檢查整個檢測方法之績效。可使用經確認方法濃度之樣品、市售品或自行配製者。其測定值須在可接受範圍內才能被接受，否則應停止檢測尋找原因。每次分析檢測時應併同分析。

6. 添加分析（Spiked analysis）

為確認樣品中有無基質干擾或所用的檢測方法是否適當，將樣品分為二部分，一部分依與待測樣品相同前處理及分析步驟直接檢測，另一部分添加適當量之待測物標準品後，再依樣品前處理、分析步驟檢測。藉此可了解檢測樣品之基質干擾。添加後樣品中待測物濃度應為原樣品待測物濃度之 1 至 5 倍，當執行法規管制項目時，若樣品濃度為 ND 或遠低於管制值時，則添加後樣品中待測物濃度應為接近檢量線中點但不超過法規管制標準。

7. 重複分析（Duplicate analysis）

為確定分析結果的精密度，以同一樣品重複分析二次。所得測定值計算其相對差異百分比。重複分析一般為同一樣品重複分析（Sample duplicate），但當樣品濃度為未檢出（Non-detected，ND）時，則必須使用添加分析之重複分析。

8. 方法偵測極限（Method detection limit，MDL）

指待測物在某一基質中於 99% 之可信度（Confidence level）下，以指定檢測方法所能測得之最低濃度。

9. 儀器偵測極限（Instrument detection limit，IDL）

為待測物之最低量或最小濃度，足夠在儀器偵測時，產生一可與空白訊號區別之訊號者。亦即該待測物之量或濃度在 99% 之可信度下，可產生大於平均雜訊之標準偏差 3 倍之訊號。實務上儀器偵測極限通常選取儀器訊號為雜訊之 2.5 至 5.0 倍時，或在檢量線範圍中明顯的感度轉折點。

10. 檢量線（Calibration curve）

或稱校正曲線，又稱標準曲線（Standard curve），指以一系列已知濃度待測物標準品與其相對應之儀器訊號值（在內標準品校正時為對內標準品之濃度比值與相對應訊號比值）

所繪製而成的迴歸曲線。

11. 檢量線確認（Calibration verification）

為於檢量線製備完成後、分析過程中、以及分析完成後，對檢量線之校正準確性作確認，並分為下述兩種確認。

(1) 初始校正確認（Initial calibration verification，ICV）

檢量線製作完成後，應使用不同來源之另一標準品（濃度約為該檢量線之中間濃度），檢查該檢量線之適用性。

(2) 持續校正確認（Continuing calibration verification，CCV）

使用製備檢量線之同一標準品，用來確認分析過程中的校正準確性。確認頻率之規定可分為二種：以批次為準（每分析十個樣品），或以時段為準（每一工作日或每 12 小時）。至少於樣品分析之前和樣品分析完成後（配合前述規定，以確認頻率較密者為準），各分析一次持續校正確認標準品，其濃度可使用檢量線中間濃度或接近中間的濃度。

十、參考資料：中華民國92年5月20日環署檢字第0920036449號公告 NIEA R101.02C

【附註 1】其他特性或成分分析，如感染性、熱值、元素分析或腐蝕性、易燃性、反應性或其他有害成分之現場篩選分析等本總則未列之成分及檢測方法，在本署公告時，則依該檢測方法規定，唯尚未公告為檢測方法前，請參考國內外知名之檢測方法檢測之。

【附註 2】總則中所引述之 NIEA 方法均僅列出方法編號前四碼，後三碼為版次編碼及方法等級，可能有增訂及修訂，使用本總則時需注意採用最新公告之方法版本。

第 7 章：廢棄物焚化灰渣採樣方法

一、方法概要

　　本方法係依據廢棄物焚化灰渣、無害化產物之採樣目的、儲存型態、數量及周圍環境等，擬具適合之採樣計畫，敘明其採樣背景、目的、數據品質目標、採樣組織、採樣器材、使用方法、樣品管制及安全衛生等事項，據以執行採樣之原則性指引。

二、適用範圍

（一）本方法主要適用於廢棄物經熱處理如焚化等所產生之熟垃圾，包括灰渣（飛灰、底渣）及其無害化（固化、穩定化、熔融等）產物採樣。樣品作為檢測分析時，其分析項目包含水分、pH 值、毒性特性溶出程序（TCLP）、TCLP 萃出液成分分析及灰渣之灼燒減量等。

（二）本方法亦可適用於焚化設施操作監控之採樣。

三、干擾

　　焚化灰渣、無害化產物樣品受到當日操作溫度、停留時間等因素影響，應確認採樣時之焚化爐於正常操作狀態下，採樣之樣品由已知操作狀況下之樣品母體內取得。

四、設備及材料

(一) 採樣器材

　　採樣器材必須依照廢棄物儲存之種類、體積、數量與待檢測項目而選擇，通常依據樣品性質劃分。

1. 採樣刀（Trier sampler）：具有握柄或直管式不銹鋼材質製（參閱圖 1）。

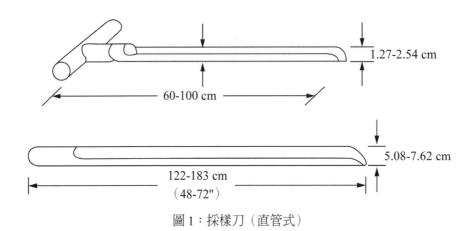

圖 1：採樣刀（直管式）

2. 套管式採樣刀（Thief sampler）：樣式與採樣刀類似，由內外雙層不銹鋼材質組成，上面有缺口供廢棄物進入並儲存之（參閱圖 2）。

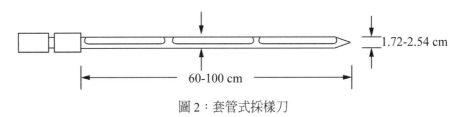

圖 2：套管式採樣刀

3. 採樣鏟：不銹鋼材質或塑膠材質製，規格從大至小，大型者如水泥拌合用，小型者如園藝用，亦可使用適當大小之匙、瓢等代替（參閱圖 3）。

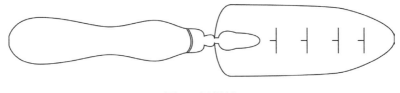

圖 3：採樣鏟

4. 其他：如用以破碎大型無害化產物之電鑽、鐵鎚（惟需使用其他材質披覆使不含待測物者）。

(二) 樣品容器

樣品容器材質應可耐儲放樣品外，亦須考慮廢棄物之性質、擬採樣體積與待檢測項目而予適當選擇。灰渣、無害化產物可使用耐酸鹼之塑膠瓶或耐酸鹼之封口塑膠袋，容量 1 至 2 L。

(三) 安全防護裝備

安全防護裝備之使用時須依據採樣現場環境狀況而定，通常個人防護裝備之等級選擇，需足以適當保護且較不影響採樣作業為原則。基本上，樣品如貯存於開放之室外時，飛灰採樣可採 C 級保護，而無害化產物、底渣採樣採取 D 級保護標準即可【註 1】；樣品如貯存於密閉之室內時，則使用如下之個人防護裝備（Personal protection equipment，簡稱 PPE），必要時並應執行環境溫度、毒性氣體濃度等監測。

【註1】C級、D級保護標準	
C級裝備：達到使用空氣濾淨呼吸器時使用	D級裝備：只視為一般工作裝備，不具呼吸與皮膚之保護
(1) 全面式或半面式面罩之空氣濾淨呼吸器。 (2) 頭套連身式化學防護衣。 (3) 內、外式化學防護手套。 (4) 適當之工作服。 (5) 具化學防護之長（半）統安全鞋、可棄式鞋套。 (6) 適當之安全帽。	(1) 適當之工作服。 (2) 手套。 (3) 安全鞋。 (4) 安全眼鏡或護目鏡。 (5) 適當之安全帽。

1. 呼吸防護器：底渣及無害化產物採樣使用防護口罩；飛灰採樣使用全面式或半面式防護面具連結空氣濾淨裝置（粒子過濾及毒性氣體吸收）或含面罩自供空氣式人工呼吸器（Self-contained breathing apparatus，簡稱 SCBAs）。
2. 防護衣著：無害化產物及底渣採樣時，穿著長袖上衣及長褲；飛灰採樣時應穿著頭套連身式化學防護衣。
3. 防護配件：內外式化學防護手套、具化學防護之長（半）統安全鞋（可再外包可棄式化學防護鞋套）、安全帽、護目鏡。
4. 輔助工具：無火花開桶器（非鐵製品或遙控自動開桶器）、防爆輔助照明設備、供電設備等。

五、採樣及保存

(一) 採樣計畫書撰擬

採樣時，須依據先由具經驗之人員針對該場址規模特性所撰擬之採樣計畫書內容執行。採樣計畫書要項至少包括：

1. 背景說明：說明採樣場址界定、廢棄物儲存之環境狀況、過去檢測資料及該次採樣目的等。
2. 數據品質目標：說明數據準確度、精密度、比較性、代表性及完整性等之目標需求程度。
3. 採樣組織與分工：說明負責人員、採樣人員、安全衛生人員與採樣時之品質管制作業員等之分工情形。
4. 現場採樣設備、採樣方法及步驟：含採樣時所使用之儀器、設備、樣品容器、採樣方法、

　　樣品數及相關品保措施等。

5. 樣品管制、運送及保存作業。

6. 安全衛生及污染防制措施：含作業環境風險描述、防護裝備使用等。

(二) 採樣樣品數

　　採樣樣品數必須依據採樣目的、廢棄物儲存容器之體積、數量、或預估之總容量及背景資料、特性分析等加以推估。

　　採樣次數可依實際需要訂定，用於平時之管理時，建議每季至少應進行乙次，第一次採取之樣品數可依焚化設施操作容量，自行訂定或參考表 1 之採樣數執行，第二次則可依下列公式及檢測成分項目之管制標準予以修正之。

表 1：選擇採樣最小樣品件數

廢棄物總量（公噸）	樣品件數（n）
＜1	6
1 － 5	10
5 － 30	14
30 － 100	20
100 － 500	30
500 － 1,000	36
1,000 － 5,000	50
＞5,000	60

資料來源：JIS K 0060（1992）

　　採樣樣品數（n）計算公式如下：【註 2】

$$n = (t_{0.2}^2 \times S^2) / (RT - \overline{X})^2$$

式中：

$t_{0.2}$ = 司徒頓 Student "$t_{0.2}$" 值

S^2 = 樣品成分測定濃度之變異數值

RT =（依廢棄物管制法規）成分濃度管制值或常規值

$\overline{X}$ = 樣品成分測定濃度之平均值

（續下表）

【註2】採樣步驟範例

採樣步驟舉例說明如下：

1. 如為桶裝或袋裝廢棄物或大型無害化產物，可先將採樣範圍內每一容器或大型無害化產物加以編號，自行決定樣品數或參考表1廢棄物總量大小與最少採樣樣品數關係表。決定採樣數後，依隨機採樣方式由表2亂數表挑選擬採處。如可確認廢棄物為正常均勻分佈時，可逕採集3至5個樣品。

表2：亂數表（Table of Random Numbers）

```
10 09 73 25 33 76 52 01 35 86 34 67 35 48 76 80 95 90 91 17 39 29 27 49 45
37 54 20 48 05 64 89 47 42 96 24 80 52 40 37 20 63 61 04 02 00 82 29 16 65
08 42 26 89 53 19 64 50 93 03 23 20 90 25 60 15 95 33 47 97 35 08 03 36 06
99 01 90 25 29 09 37 67 07 15 38 31 13 11 65 88 67 67 43 97 04 43 62 76 59
12 80 79 99 70 80 15 73 61 47 64 03 23 66 53 98 95 11 68 77 12 17 17 68 33

66 06 57 47 17 34 07 27 68 50 36 69 73 61 70 65 81 33 98 85 11 19 92 91 70
31 06 01 08 05 45 57 18 24 06 35 30 34 26 14 86 79 90 74 39 23 40 30 97 32
85 26 97 76 02 02 05 16 56 92 68 66 57 48 18 73 05 38 52 47 18 61 38 85 79
63 57 33 21 35 05 32 54 70 48 90 55 35 75 48 28 46 82 87 09 83 49 12 56 24
73 79 64 57 53 03 52 96 47 78 35 80 83 42 82 60 93 52 03 44 35 27 38 84 35

98 52 01 77 67 14 90 56 86 07 22 10 94 05 58 60 97 09 34 33 50 50 07 39 98
11 80 50 54 31 39 80 82 77 32 50 72 56 82 48 29 40 52 42 01 52 77 56 78 51
83 45 29 96 34 06 28 89 80 83 13 74 67 00 78 18 47 54 06 10 68 71 17 78 17
88 68 54 02 00 86 50 75 84 01 36 76 66 79 51 90 36 47 64 93 29 60 91 10 62
99 59 46 73 48 87 51 76 49 69 91 82 60 89 28 93 78 56 13 68 23 47 83 41 13

65 48 11 76 74 17 46 85 09 50 58 04 77 69 74 73 03 95 71 86 40 21 81 65 44
80 12 43 56 35 17 72 70 80 15 45 31 82 23 74 21 11 57 82 53 14 38 55 37 63
74 35 09 98 17 77 40 27 72 14 43 23 60 02 10 45 52 16 42 37 96 28 60 26 55
69 91 62 68 03 66 25 22 91 48 36 93 68 72 03 76 62 11 39 90 94 40 05 64 18
09 89 32 05 05 14 22 56 85 14 46 42 75 67 88 96 29 77 88 22 54 38 21 45 98

91 49 91 45 23 68 47 92 76 86 46 16 28 35 54 94 75 08 99 23 37 08 92 00 48
80 33 69 45 98 26 94 03 68 58 70 29 73 41 35 53 14 03 33 40 42 05 08 23 41
44 10 48 19 49 85 15 74 79 54 32 97 92 65 75 57 60 04 08 81 22 22 20 64 13
12 55 07 37 42 11 10 00 20 40 12 86 07 46 97 96 64 48 94 39 28 70 72 58 15
63 60 64 93 29 16 50 53 44 84 40 21 95 25 63 43 65 17 70 82 07 20 73 17 90

61 19 69 04 46 26 45 74 77 74 51 92 43 37 29 65 39 45 95 93 42 58 26 05 27
15 47 44 52 66 95 27 07 99 53 59 36 78 38 48 82 39 61 01 18 33 21 15 94 66
94 55 72 85 73 67 89 75 43 87 54 62 24 44 31 91 19 04 25 92 92 92 74 59 73
42 48 11 62 13 97 34 40 87 21 16 86 84 87 67 03 07 11 20 59 25 70 14 66 70
23 52 37 83 17 73 20 88 98 37 68 93 59 14 16 26 25 22 96 63 05 52 28 25 62

04 49 35 24 94 75 24 63 38 24 45 86 25 10 25 61 96 27 93 35 65 33 71 24 72
00 54 99 76 54 64 05 18 81 59 96 11 96 38 96 54 69 28 23 91 23 28 72 95 29
35 96 31 53 07 26 89 80 93 54 33 35 13 54 62 77 97 45 00 24 90 10 33 93 33
```

（續下表）

59 80 80 83 91 45 42 72 68 42 83 60 94 97 00 13 02 12 48 92 78 56 52 01 06

46 05 88 52 36 01 39 09 22 86 77 28 14 40 77 93 91 08 36 47 70 61 74 29 41

資料摘自 Wilfred J. Dixon and Frank J. Massey Jr., Introduction to Statistical Analysis, 2nd edition, McGraw - Hill Book Co., New York, 1957.

2. 焚化爐儲坑或大型廢棄物堆置場之採樣，可先預估大概體積，依上述方式參考表1決定採樣數。

3. 合理的採樣樣品數可用試誤法（try and error method）確定，程序如下：

   (1) 第一次預估之樣品數 n_0，分析每一個樣品，得各測定值 X_1、X_2、X_3、…。

   (2) 計算樣品之平均值 $\overline{X}$、變異數 S^2。

   (3) 由第一次預估之樣品數 n_0，查司徒頓 Student " $t_{0.2}$" 值表（表3）。

表3：採樣 $t_{0.2}$ 分配表

採樣樣品數（n）[a]	80%[b]	採樣樣品數（n）	80%
2	3.078	19	1.330
3	1.886	20	1.328
4	1.638	21	1.325
5	1.533	22	1.323
6	1.476	23	1.321
7	1.440	24	1.319
8	1.415	25	1.318
9	1.397	26	1.316
10	1.383	27	1.315
11	1.372	28	1.314
12	1.363	29	1.313
13	1.356	30	1.311
14	1.350	41	1.303
15	1.345	61	1.296
16	1.341	121	1.289
17	1.337	∞	1.282
18	1.333		

a：本表之 n 值係指自由度（df＝n‐1）中之 n。

b：表中之值分別指在標準常態分配下之 80％ 信賴度值。

   (4) 計算信賴區間（Confidence interval 簡稱CI）。

   (5) 由信賴區間（CI）與管制值（RT）或常規值比較，是否超過管制值或常規值。

   (6) 如信賴區間上下限小於管制值或常規值，可定義為未超過管制值或常規值，就不用再繼續採樣，否則定義為超出管制值或常規值。亦可利用程序(1)之數值重新計算採樣數 n_1（可預先多採數個樣品以作為 n_1 ‐ n_0 之備份樣本）。

(三) 樣品保存及運送：

1. 所採樣品應保存於密閉容器內，樣品容器應貼標籤及封條，現場品保人員應負責樣品清點，並保存於 4±2℃冷藏冰箱中。

2. 樣品運送時應一併檢附樣品運送紀錄單，並與實驗室收樣人員點收清楚。

3. 除無害化產物檢測前應依規定天數先予存放外，其餘樣品應盡速送回實驗室進行檢測，並參照 TCLP 規定之保存期限保存（如表 4）。

表 4：廢棄物毒性溶出試驗樣品檢測最少需要量與保存方式

檢測項目	容器	樣品最少量	儲存條件	保存期限
(一) 重金屬	玻璃瓶或塑膠瓶	600 g	4±2℃冷藏	Hg－28天、Cr^{+6}－1天、其他-180天。【註】
(二) 半揮發性有機物	250 mL直口玻璃瓶附鐵氟龍墊片	250 g 2瓶	4±2℃冷藏	14天（採樣至溶出程序）

【註】：固態樣品，檢測重金屬項目除砷、汞外，其他重金屬項目可於室溫下保存，容器亦可使用塑膠袋。Cr^{+6} 保存期限係指經毒性特溶出程序後至檢驗完成期限。

六、步驟

　　灰渣採樣地點以貯坑、貯存袋／桶優先考量，無害化產物則以無害化或養生處採取。灰渣樣品無法於上述地點採樣時，則可選擇於輸送管道或運輸車輛上採樣。每件樣品可視需要每採樣點單獨計算或合併數點為一件。

(一) 初步樣品：

1. 貯存袋／桶：將貯存袋／桶予以編號，隨機抽取已知正常操作條件下之灰渣貯存袋／桶，使用採樣鏟自貯存袋／桶開口處採取樣品，每件樣品共採取約 10 公斤。

2. 貯坑內堆置之底渣：可依面積規模大小分為若干小區，以抓斗隨機採樣，樣品體積過大者應先應破碎再行採樣，樣品總量過多時，以四分法先行縮分至每件樣品約在 10 至 15 公斤左右。

3. 輸送帶／管道：於輸送帶或輸送管道採樣時，應自帶／管道中每隔一固定時間以採樣鏟隨機取樣 1 次，每次取樣量約 1 至 1.5 公斤，連續取 8 個樣品進行充分混合成一件樣品。

4. 運輸車輛／大型儲槽：自採樣口或各可取得樣品之開口處，分別取約等量之樣品進行充分混合，每件混合樣品約重 8 至 10 公斤。

5. 無害化產物：無害化產物如需做抗壓強度試驗時，需同時採取無害化廢棄物時以規定模型所製成之特製樣品，每件至少 2 個；該樣品亦可兼作為後續之 TCLP 樣品。單獨之無害化產物樣品採取時，可先將無害化產物依其型態予以編號，參考上述適當方法採取，每件樣品約採 8 至 10 公斤。

(二) 最終樣品

1. 底渣或無害化產物之初步樣品，應以 9.5 mm 標準篩進行篩分，篩分前，結成團狀易碎的底渣塊應先以採樣鏟或鐵鎚壓碎。
2. 通過篩網的底渣或無害化產物量，應至少在 8 公斤以上，此時應將通過篩網的底渣或無害化產物及留於網上的殘留物予以稱重記錄。
3. 飛灰、無害化產物及經過篩的底渣等初步樣品，分別將其充分混合後以四分法進行縮分，每次保留對角兩份，經數次縮分後，取得檢驗室規定重量 / 數量之最終樣品，置入容器內密封。

七、品質管制

(一) 為確保採樣過程之完整性，需有現場採樣紀錄。現場採樣紀錄內容如下：
1. 採樣目的。
2. 採樣地點及相關資料。
3. 採樣日期、時間與氣象狀況。
4. 採樣點、數量、使用之採樣方式、採樣器材與樣品容器。
5. 樣品名稱與編號。
6. 採樣人員簽名。

(二) 樣品管制鏈：樣品在運送至待測之實驗室時，所使用之運送紀錄單內須載明如下資料：
1. 採樣計畫（目的）名稱。
2. 採樣日期、時間。
3. 每一樣品編號、容量。
4. 採樣單位、採樣者姓名。
5. 待測實驗室名稱或人員。
6. 樣品運送方式。
7. 收受樣品者簽名。

(三) 品管樣品：為確保採樣樣品之品質應採取適當之品管樣品，每同一批次必須之品管樣品，請參照個別檢測項目之規定。
1. 現場空白樣品：將不含待測物且類似樣品基質的樣品（如試劑水、吸收液等），於檢驗室裝入樣品容器密封，攜至採樣現場，於採樣開始時打開容器蓋子至採樣完成時蓋上，再與樣品一同攜回供檢測。可判知採樣污染情形。
2. 設備空白樣品：收集以試劑水或吸收液清洗採樣器材之溶液，攜回供檢測。可判知採樣器材污染情形和除污手續之完整。如使用拋棄式採樣器或個別樣品獨立採樣時，本項可免除。
3. 運送空白樣品：用於檢測揮發性化合物之樣品於運送時有否受污染。可同時以不含待測

物且類似樣品基質的樣品（如試劑水、吸收液等），於檢驗室裝入樣品容器密封，攜至採樣現場，再與樣品一同攜回供檢測。

八、參考資料：中華民國93年4月29日環署檢字第 0930030400 號公告：NIEA R119.00C

第8章：一般廢棄物（垃圾）單位容積重測定方法－外觀密度測定法

一、相關知識

　　廢棄物（垃圾）之「外觀密度」，係由廢棄物（垃圾）樣品之重量（W）除以樣品之外觀體積（V）而得，即為「單位容積重」。

　　單位容積重＝廢棄物（垃圾）樣品之重量（W）／廢棄物（垃圾）樣品之外觀體積（V）

　　常用單位為：公斤／立方公尺、kg／m³。

　　常用測定方法有二，如下：

(一) 使用一固定容積之容器（廢棄物容積盒，圖1）盛裝廢棄物（垃圾）樣品，再將樣品經適當之壓密積實（離地30公分自由落下3次），將多餘之樣品刮除後稱重，最後以樣品之重量（W）除以容器體積（V）而求得樣品之單位容積重。

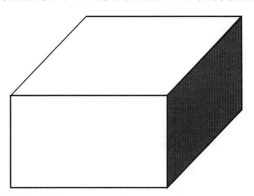

圖1：廢棄物容積盒（長 50 cm× 寬 50 cm× 高 40 cm ＝ 0.1 m³）

(二) 以幾何方式算出廢棄物（垃圾）樣品之外觀體積（V），再測定樣品之重量（W），再將樣品之重量（W）除以容器體積（V）而求得樣品之單位容積重。

例1：　垃圾單位容積重測定計算

已知廢棄物容積盒空重16.45 kg，長寬高為50.25 cm×50.35 cm×40.00 cm；經四分縮分法取得垃圾樣品，進行單位容積重測定，得垃圾與廢棄物容積盒總重為46.70 kg，則該垃圾之單位容積重為？（kg/m³）【1 m＝100 cm】

解：廢棄物容積盒體積＝50.25 cm×50.35 cm×40.00 cm＝101203.5 cm³＝$1.012035×10^5$ cm³≒0.1012 m³ 單位容積重＝（46.70－16.45)/0.1012＝298.9（kg/m³）

例2：　已知廢棄物之單位容積重為298.9 kg/m³，若廢棄物經壓縮機壓縮後，廢棄物之單位密度為530 kg/m³；已知廢棄物清運車輛之可裝載容積為20 m³，則

(1) 若廢棄物未經壓縮，估計廢棄物清運車輛最大可裝載廢棄物量為？（公噸）

解：最大可裝載廢棄物量＝298.9（kg/m³）×20（m³）＝5978（kg）＝5.987（公噸）

(2) 若廢棄物經壓縮，估計廢棄物清運車輛最大可裝載廢棄物量為？（公噸）

解：最大可裝載廢棄物量＝530（kg/m³）×20（m³）＝10600（kg）＝10.6（公噸）

廢棄物（垃圾）之「單位容積重」受樣品所含有之種類〔如：紙類、纖維布類、木竹稻草落葉類、廚餘類、塑膠類、皮革橡膠類、鐵金屬類、非鐵金屬類、玻璃類、其他不燃物（陶瓷、砂土塊）、其他（含 5mm 以下之雜物）〕、含水量、外觀幾何形狀、壓密（縮）程度、破碎程度等之影響，差異極大。表 1 列出某些物質之密度。須注意者，於廢棄物（垃圾）中常見紙製容器（袋）、玻璃容器、塑膠容器（袋）、鋁質易開罐、鐵質易開罐、保麗龍製品、彈簧床、泡棉、廢輪胎、…等，其重量未必很大，但外觀體積卻不小。另外如陶瓷製品、玻璃製品、鐵金屬、非鐵金屬、磚瓦…等，其重量較重，但外觀體積則較小。

表 1：常見物質之密度

固體	密度（g／cm³）	固體	密度（g／cm³）	液體	密度（g／cm³）
軟木	0.25	聚乙烯（PE）	0.910～0.965	汽油	0.72～0.74
木材	0.4～0.9	聚丙烯（PP）	0.855～0.946	酒精	0.79
玻璃	2.40～2.80	聚氯乙烯（PVC）	1.380	水（4℃）	1.00
鋁	2.70	聚對苯二甲酸乙二醇酯（PET）	1.370～1.380	牛奶	1.04
鐵	7.85	聚苯乙烯（PS）	1.040～1.090	海水	1.025
銅	8.96	保麗龍（發泡聚苯乙烯）	0.0065～0.0075 或 0.01～0.05	濃鹽酸（36%）	1.19
鉛	11.34	聚甲基丙烯酸甲酯（壓克力）	1.15～1.19	濃硫酸（98%）	1.84
金	19.30	三聚氰胺－甲醛樹脂（美耐皿）	1.23～1.25	水銀（汞）	13.58
【註1】固體物質之密度與孔隙率、含水量、取樣部位有關；例如木頭、磚塊。					

「單位容積重」係用來比較於固定容積時所含有廢棄物（垃圾）之重量。表 2 為民國 90 年第 2 季～91 年第 1 季臺灣地區垃圾之單位容積重分析。

表 2：民國 90 年第 2 季～91 年第 1 季臺灣地區垃圾之單位容積重分析　　　　單位：kg/m³

	全國			北區	中區	南區
	平均值	極大值	極小值	平均值	平均值	平均值
90 年第 2 季	241.00	393.00	150.00	196.33	255.00	271.67
90 年第 3 季	252.80	400.00	163.00	215.47	263.00	279.93
90 年第 4 季	208.22	371.00	142.00	194.13	227.67	202.87
91 年第 1 季	200.42	310.00	147.00	206.40	209.07	198.07
全年度平均	225.61	368.50	150.50	203.08	238.68	238.13
資料來源：行政院環境保護署網站 http://www.epa.gov.tw						

二、適用範圍

本方法適用於一般廢棄物（垃圾）單位容積重之測定。

三、干擾

樣品破袋不完全，垃圾混合不均勻或不具代表性，易造成不正確之測定結果。

四、設備及材料

（一）已知重量之 0.1 立方公尺之立方體（0.5 m×0.5 m×0.4 m 高）金屬盒（最好為不鏽鋼或耐重力摔壓之合金材質）。

（二）長度量取工具，可精確量至 1 mm。

（三）磅秤，可精稱至 0.1 kg。

（四）耙子、鏟子等工具。

五、採樣及保存

參照環保署公告之 NIEA R124「一般廢棄物（垃圾）採樣方法」撰擬採樣計畫，並據以執行。

六、步驟、結果記錄與計算

（一）精確量取 0.1 立方公尺金屬盒容器的長、寬、高實際尺寸至 0.1 cm，並計算出其實際的體積（V）。

（二）精稱金屬盒的空重至 0.1 kg（W_0）。

（三）依六、中所規定之採樣步驟採取具代表性之一般廢棄物樣品，裝入已稱重之金屬盒中，填裝至八分滿。

（四）由兩人提起金屬盒至離地 30 公分，令其自由落下，使樣品壓密結實。

（五）再填裝樣品至略滿，重複六、（四）步驟。

（六）再填滿樣品，重複六、（四）步驟。

（七）再次填滿樣品，重複六、（四）步驟。最後填滿，並將多餘之樣品刮除，使樣品裝滿於金屬盒中。

（八）精稱裝滿樣品之金屬盒至 0.1 kg，得總重量（W_1）。

（九）結果記錄、計算於下表：

一般廢棄物（垃圾）單位容積重測定		
項目	第1次	第2次
① 廢棄物容積盒之長（L）、寬（W）、高（H）（cm）	L＿＿＿、W＿＿＿、H＿＿＿	L＿＿＿、W＿＿＿、H＿＿＿

（續下表）

一般廢棄物（垃圾）單位容積重測定		
項目	第1次	第2次
② 廢棄物容積盒體積V＝（L×W×H／10^6）（m^3）		
③ 廢棄物容積盒空重W_0（kg）		
④ 〔容積盒+（濕）垃圾〕重W_1（kg）		
⑤ （濕）垃圾重W＝（W_1－W_0）（kg）		
⑥ 單位容積重D＝（W_1－W_0）／V（kg/m^3）		
⑦ 單位容積重平均值D_{ave}（kg/m^3）		
【註】結果計算 D（kg/m^3）＝（W_1－W_0）／V D：單位容積重（kg/m^3） V：0.1 立方公尺（m^3）（金屬盒之體積） W_0：金屬盒重量（kg） W_1：裝滿樣品之金屬盒重量（kg）		

七、品質管制

（一）重複樣品分析：以 NIEA R124「一般廢棄物（垃圾）採樣方法」之四分法縮分取得最終樣品，執行重複樣品檢測，若檢測值的相對差異百分比在 10% 以下，取其平均值；若在 10% 以上，則必須將前二次檢測的樣品重新倒回至最終樣品中，攪拌混合均勻，再取出一份樣品，進行第三次檢測。

（二）若第三次測定值與前二次平均值的相對差異百分比大於 5% 時，則必須捨去前三次的測定值，將樣品再次混合均勻後，重新進行單位容積的分析。

（三）若第三次測定值與前二次平均值的相對差異百分比小於 5％ 時，則取三次分析數據平均值作為該樣品之檢測結果。

八、參考資料：中華民國98年5月11日環署檢字第0980040837C號公告：NIEA R215.01C

九、心得與討論

_____

_____

_____

_____

第9章：廢棄物單位容積重測定方法－外觀密度測定法

一、相關知識

參見第8章：一般廢棄物（垃圾）單位容積重測定方法－外觀密度測定法。

二、適用範圍

本方法適用於固體廢棄物單位容積重之測定，若為液體性質之廢棄物，則使用比重計法。

三、干擾

不具代表性及大型之廢棄物易造成不正確之測定結果，故需先去除不具代表性、如電器、家具等 … 廢棄物，再將大型之廢棄物予以粉碎後均勻混合。【註1：於此並未規範粉碎後粒徑之大小。】

四、設備及材料

（一）已知重量之 0.1 立方公尺之立方體（0.5 m×0.5 m×0.4 m 高）鐵盒（最好為不鏽鋼或鍍鋅材質）或木盒。【註2：即廢棄物容積盒。】

（二）磅秤。

（四）粉碎機或鐵鎚等工具。

五、步驟、記錄與結果計算

（一）依適當之採樣步驟採取代表性之廢棄物樣品，將於採樣現場所得之樣品裝入 0.1 立方公尺之鐵盒或木盒中（廢棄物容積盒，空盒重為 W_0 kg），於八分滿時，由兩人提至離地三十公分，令其自由落下，使廢棄物樣品積實，再填滿樣品，重複三次，秤得總量 W_1（kg）。

（二）結果記錄、計算於下表：

廢棄物單位容積重測定			
項目		第 1 次	第 2 次
① 廢棄物容積盒之長（L）、寬（W）、高（H）（cm）		L＿＿＿、W＿＿＿、H＿＿＿	L＿＿＿、W＿＿＿、H＿＿＿
② 廢棄物容積盒體積V＝（L×W×H/10⁶）（m³）			
③ 廢棄物容積盒空重W_0（kg）			
④ 〔廢棄物容積盒+（濕）廢棄物樣品〕重W_1（kg）			
⑤ （濕）廢棄物樣品重W＝（W_1－W_0）（kg）			
⑥ 單位容積重R＝（W_1－W_0）/ V（kg/m³）			
⑦ 單位容積重平均值R_{ave}（kg/m³）			

【註 3】結果計算

若空盒重為 W_0（kg），則單位容積重 R_0（kg/m³）可用下式求得。

$$R_0\,(kg/m^3) = (W_1 - W_0)\, /\, V$$

【註 4：若廢棄物容積盒之體積 V ＝ 0.1 立方公尺（m³）；則 R ＝（W_1－W_0）/ V ＝（W_1－W_0）× 10】

六、品質管制

（一）精確量取容器的實際尺寸至 ±1 mm，並計算出實際的體積至 ±0.1%。

（二）量取容器的重量應精確至 ±0.1%。

（三）單位容積重實驗必須做兩次以上之分析，若兩次分析的差值在 10% 以上，則應該多做一次試驗。

（四）若第三次測定值大於前二項平均值的 5% 時，則必須捨去前三次的實驗數據，重新進行單位容積的試驗工作。

（五）若第三次的測定值小於前二項平均值的 5% 時，則取三個分析數據平均值作為該樣品之單位容積重。

七、參考資料：中華民國100年12月14日環署檢字第1000109874號公告：NIEA R202.01C

八、心得與討論

_____

_____

_____

_____

_____

第 10 章：一般廢棄物（垃圾）水分測定方法－間接測定法

一、相關知識

(一) 一般廢棄物（垃圾）水分（含水量、含水率）之測定

　　將適量已知重量（W_1）之一般廢棄物（垃圾）樣品置於 $105 \pm 5℃$（循環）烘箱內，經反覆「烘乾、冷卻、秤重」步驟，直到一般廢棄物（垃圾）樣品達「恆重（W_2）」後【註1：烘乾達恆重時間，視樣品多寡、種類而定。】，測得其損失之重量（視爲水重 $W = W_1 - W_2$），即可計算樣品之水分（含水量），即：

　　　　一般廢棄物（垃圾）樣品之水分（%）＝〔（$W_1 - W_2$）/ W_1〕$\times 100\%$ ＝（W / W_1）$\times 100\%$

式中

W_1：一般廢棄物（垃圾）樣品之濕重

W_2：一般廢棄物（垃圾）樣品之乾重

W：一般廢棄物（垃圾）樣品之水重＝（$W_1 - W_2$）

　　於此有關「恆重」之定義，依「一般廢棄物（垃圾）水分測定方法－間接測定法」有二：

（1）垃圾組成總水分測定時：重複烘乾、冷卻、秤重之步驟，直至樣品之重量變化小於0.5%爲止。

　　　〔｜$W_1 - W_2$｜/ W_1〕$\times 100\% < 0.5\%$

　　　W_1：第 1 次秤重

　　　W_2：第 2 次秤重

（2）經粉碎後垃圾之水分測定：重複烘乾、冷卻、秤重之步驟，直至前後兩次重量差小於0.005 g爲止。

例1： 垃圾水分測定計算

（已知廢棄物容積盒空重16.83 kg）將（濕）垃圾樣品置入105℃（循環）烘箱測烘乾，每天取出於乾燥箱冷卻後秤重，結果記錄如下，則該垃圾樣品之總水分爲？（%）【註2：前後兩次秤重之重量變化小於0.5%時，視爲烘乾。】

秤重次別	第1次	第2次	第3次	第4次	第5次
（垃圾＋容積盒）重（kg）	24.15	22.09	21.14	20.78	20.73
前後兩次重量差（kg）		2.06	0.95	0.36	0.05
前後兩次重量差百分比（%）		8.53	4.30	1.70	0.24 < 0.5

解：由記錄可知，樣品於第5次秤重時達恆重

【註3：〔｜20.78－20.73｜/ 20.78〕$\times 100\%$＝0.24%＜0.5%】

（濕）垃圾樣品重＝24.15－16.83＝7.32（kg）

水重＝24.15－20.73＝3.42（kg）

總水分（%）＝（3.42 / 7.32）$\times 100\%$＝46.7%

或總水分（%）＝ { 〔（24.15－16.83）－（20.73－16.83）〕/（24.15－16.83）} $\times 100\%$＝46.7%

(二) 一般廢棄物（垃圾）水分（含水量）測定之重要性

1. 「堆肥」發酵操作時，常需要控制水分，欲進行好氧性（喜氣）堆肥化時，水分控制以 50～60% 為佳；水分過高時，或局部氧氣傳輸不良，易造成局部厭氧（厭氣）發酵，將延長有機物分解穩定時間；水分過低時，微生物活性（動）降低或停止，有機物分解穩定速率將降低或停止。

2. 於垃圾熱值（發熱量）測定計算時，有所謂「乾基高位發熱量 H_d（由實際實驗測得，參見第18章）」、「濕基高位發熱量H_h」、「濕基低位發熱量H_l」，其與垃圾之水分有關，如下：

$$H_h = H_d \times (100 - W) \,/\, 100 \quad (Kcal/kg)$$

$$H_l = H_h - 6 \times (9H + W) \quad (Kcal/kg)$$

式中，W 為垃圾之水分（%），H 為垃圾元素分析中之氫含量（%）

> 例2：乾基發熱量、濕基高位發熱量、濕基低位發熱量與水分、氫含量之計算
> 已知某廚餘樣品之乾基（高位）發熱量H_d＝3583（Kcal/kg）、水分為71.4%、氫含量（濕基）為1.61%，則
> （1）廚餘樣品之濕基高位發熱量H_h為？（Kcal/kg）
> 解：濕基高位發熱量H_h＝H_d ×（100–W）/ 100＝3583 ×（100－71.4）/ 100＝1024.7（Kcal/kg）
> 另解：假設（濕）廚餘為1 kg，則水重＝1×71.4%＝0.714（kg）
> 乾廚餘重＝1－0.714＝0.286（kg）
> 則燃燒1kg（濕）廚餘放出之熱量（濕基高位發熱量）＝0.286×3583＝1024.7（Kcal/kg）
> 【註4】乾基高位發熱量H_d＝3583（Kcal/kg），表示每公斤（乾）廚餘燃燒可放出之熱量。
> 濕基高位發熱量H_h＝1024.7（Kcal/kg），表示每公斤（濕）廚餘燃燒可放出之熱量。
> （2）廚餘樣品之濕基低位發熱量H_l為？（Kcal/kg）
> 解：濕基低位發熱量H_l＝H_h－6×（9×H+W）＝1024.7－6×（9×1.61+71.4）＝509.4（Kcal/kg）
> 【註5】濕基低位發熱量H_l＝509.4（Kcal/kg），表示每公斤（濕）廚餘焚化處理時，實際可被有效利用之熱量。〔因廢棄物（垃圾）燃燒時，除本身帶有水外，另成分中氫元素亦會被氧化成為水，其皆會汽化蒸發成水蒸氣而帶走部分熱量，此因：水→水蒸氣，所帶走之熱量須予扣除〕。

二、適用範圍

本方法適用於混合之垃圾組成中總水分之測定，及經粉碎後之垃圾之水分測定。含揮發性物質之樣品，在 105±5℃烘乾時會發生化學變化而造成其重量增減者不適用。

三、干擾

(一) 樣品冷藏保存，若水分損失時造成負偏差。

(二) 樣品中含有揮發性物質時，會造成正偏差。

(三) 樣品若含有油脂物質，在乾燥時可能因氧化而增加重量造成負偏差。

四、設備及材料

（一）上皿天平：可精稱至 0.1 g。

（二）分析天平：可精稱至 0.001 g。

（三）乾燥器（或乾燥箱，附濕度顯示計）：至少有可置入 10 kg 樣品之空間。

（四）烘箱：循環送風式烘箱，附排氣設備且可設定 105±5℃者。

（五）高強度剪刀。

（六）粉碎機（可將固體樣品粉碎至 1 mm 以下）。

（七）瓷製坩鍋。

（八）耐熱塑膠袋：可耐高溫約達 150℃。【註 6：或可使用金屬製廢棄物容積盒。】

五、採樣及保存

（一）參照環保署公告之 NIEA R124「一般廢棄物（垃圾）採樣方法」撰擬採樣計畫，並據以執行。

（二）採集後儘快進行測定，不得長時間冷藏保存。

六、步驟、結果記錄與計算

(一) 垃圾組成總水分測定

1. 依「一般廢棄物（垃圾）採樣方法」採集樣品（混合垃圾樣品約10kg）稱其重量得 W_1。【註 7：或逕以「一般廢棄物（垃圾）單位容積重測定方法－外觀密度測定法」所得之一般廢棄物（垃圾）為樣品。】

2. 將垃圾置於耐熱塑膠袋（或廢棄物容積盒）後，移入 105±5℃烘箱內，烘乾 1 至 2 天以上，取出移入乾燥器，冷卻至室溫，精稱其重量得 W_2。【註 8：（1）若使用廢棄物容積盒為盛裝容器，烘箱內部需有足夠空間置放。(2)於烘箱取出樣品時，應戴防熱手套以免燙傷。（3）烘乾過程中須注意加熱過程是否會有閃火危險；烘箱排氣應引導至煙櫥或適當裝置中，以免烘乾過程產生有害氣體危害健康。】

3. 重複以上步驟，直至樣品於 2 小時前後之重量變化小於 0.5 % 為止。

4. 如須檢測各分類垃圾組成之總水分，混合垃圾應先予分類，再依六 (一)1. 至 3. 步驟烘乾冷卻稱重。

5. 結果記錄、計算於下表：

項目【垃圾組成總水分測定】				結果記錄與計算
①	耐熱塑膠袋（或廢棄物容積盒）空重（kg）			
②	〔（濕）混合垃圾樣品＋耐熱塑膠袋（或廢棄物容積盒）〕重（kg）			
③	（濕）混合垃圾樣品重W_1（kg）			
④	〔（濕）混合垃圾樣品＋耐熱塑膠袋（或廢棄物容積盒）〕 置105±5℃烘箱1至2天以上，進行烘乾、冷卻、秤重，至達恆重止 【直至樣品於2小時前後之重量變化小於0.5%為止】	第1次秤重（kg）	：	
		第2次秤重（kg）	：	
		第3次秤重（kg）	：	
		第4次秤重（kg）	：	
		第5次秤重（kg）	：	
⑤	達恆重後之〔（乾）混合垃圾樣品＋耐熱塑膠袋（或廢棄物容積盒）〕重（kg）			
⑥	（乾）混合垃圾樣品重W_2（kg）			
⑦	水重＝〔（濕）混合垃圾樣品重W_1－（乾）混合垃圾樣品重W_2〕（kg）			
⑧	混合垃圾樣品（總）水分（%）＝〔水重／（濕）混合垃圾樣品重〕×100%			

2. 經粉碎後之垃圾之水分測定

1. 測試前將坩鍋（蒸發皿）洗淨後，置於烘箱中以 105±5℃烘乾 2 小時，然後移至乾燥器冷卻備用，於使用前稱重。

2. 稱取適量之粉碎垃圾樣品（粒徑 1 mm 以下，精稱至 0.001 g）約 5～10 g（W_1），置於上述已稱重之坩鍋（蒸發皿）中，於 105±5℃之烘箱中至少 2 小時，取出移入乾燥器，冷卻至室溫，精稱其重量得 W_2。【註 9：烘乾過程中須注意加熱過程是否會有閃火危險；烘箱排氣應引導至煙櫥或適當裝置中，以免烘乾過程產生有害氣體危害健康。】

3. 重複以上步驟，直至前後兩次重量差小於 0.005 g 為止。

4. 結果記錄、計算於下表：

項目【經粉碎後之垃圾之水分測定】				結果記錄與計算	
				第1次	第2次
①	經105℃烘乾、冷卻後之坩鍋（蒸發皿）空重（g） 【坩鍋（蒸發皿）編號：　　　　　、　　　　　】				
②	〔（濕）粉碎垃圾樣品＋坩鍋（或蒸發皿）〕重（g）				
③	（濕）粉碎垃圾樣品重W_1（g）				
④	〔（濕）粉碎垃圾樣品＋坩鍋（或蒸發皿）〕 置105±5℃烘箱，至達恆重止 【直至前後兩次重量差小於0.005g為止】	第1次秤重（g）	：		
		第2次秤重（g）	：		
		第3次秤重（g）	：		
		第4次秤重（g）	：		
		第5次秤重（g）	：		
⑤	達恆重後之〔（乾）粉碎垃圾樣品＋坩鍋（或蒸發皿）〕重（g）				
⑥	（乾）粉碎垃圾樣品重W_2（g）				
⑦	水重＝〔（濕）粉碎垃圾樣品重W_1－（乾）粉碎垃圾樣品重W_2〕（g）				
⑧	粉碎垃圾樣品水分（%）＝〔水重／（濕）粉碎垃圾樣品重〕×100%				
⑨	粉碎垃圾樣品水分平均值（%）				
【註10】結果計算 總水分或水分（%）＝〔（W_1－W_2）／W_1〕×100% 　　W_1：置入烘箱前之樣品重 　　W_2：經 105±5℃烘乾後之樣品重					

七、品質管制

（一）垃圾組成總水分測定無須進行重複分析。

（二）經粉碎後之垃圾之水分測定的品質管制，依據下列方式管制：

1. 重複樣品分析：每一樣品必須執行重複分析，若兩次分析的差異值在 10% 以下，取其平均；若在 10% 以上，則需再進行第三次測定。

2. 若第三次測定值與前二次平均值的差異值大於 5% 時，則必須捨去前三次的檢測數據，將樣品再次混合均勻後，重新進行分析。

3. 若第三次測定值與前二次平均值的差異值小於 5% 時，則取三次分析數據平均值作為該樣品之檢測結果。

八、參考資料：中華民國98年5月11日環署檢字第0980040837B號公告：NIEA R213.21C

九、心得與討論

_____

_____

_____

_____

_____

_____

_____

_____

_____

_____

_____

_____

_____

_____

_____

_____

_____

_____

第 11 章：事業廢棄物水分測定方法－間接測定法

一、相關知識

(一) 事業廢棄物水分（含水量、含水率）之測定

將適量已知重量（W_1）之事業廢棄物樣品置於105±5℃（循環）烘箱內，經反覆「烘乾、冷卻、秤重」步驟，直到事業廢棄物樣品達「恆重（W_2）」後【註 1：烘乾達恆重時間，視樣品多寡、種類而定。】，測得其損失之重量（視為水重 $W = W_1 - W_2$），即可計算樣品之水分（含水量），即

事業廢棄物樣品之水分（%）＝〔（$W_1 - W_2$）／ W_1〕×100% ＝（W ／ W_1）×100%

式中

W_1：事業廢棄物樣品之濕重

W_2：事業廢棄物樣品之乾重

W：事業廢棄物樣品之水重＝（$W_1 - W_2$）

於此有關「恆重」之定義，依「事業廢棄物水分測定方法－間接測定法」：重複烘乾、冷卻、秤重之步驟，直至前後兩次重量差小於 0.005 g 為止。

(二) 事業廢棄物水分（含水量）測定之重要性

1. 「堆肥」發酵操作時，常需要控制水分，欲進行好氧性（喜氣）堆肥化時，水分控制以50～60% 為佳；水分過高時，或局部氧氣傳輸不良，易造成局部厭氧（厭氣）發酵，將延長有機物分解穩定時間；水分過低時，微生物活性（動）降低或停止，有機物分解穩定速率將降低或停止。

2. 「事業廢棄物貯存清除處理方法及設施標準」第 13 條第 2 項：污泥於清除前，應先脫水或乾燥至含水率百分之 85 以下；未進行脫水或乾燥至含水率百分之 85 以下者，應以槽車運載。

例1：（已知蒸發皿空重30.885 g）將污泥樣品置入105℃烘箱測水分，結果記錄如下，則該污泥樣品之水分為？（%）				
秤重次別	第1次	第2次	第3次	第4次
（污泥＋蒸發皿）重（g）	40.645	34.238	32.739	32.736
前後兩次重量差（g）		6.407	1.499	0.003＜0.005

解：由記錄可知，樣品於第4次秤重時達恆重

【註2：32.739－32.736＝0.003＜0.005】

（濕）污泥樣品重＝40.645－30.885＝9.760（g）

水重＝40.645－32.736＝7.909（g）

水分（%）＝（7.909 / 9.760）×100%＝81.03%

或水分（%）＝｛〔（40.645－30.885）－（32.736－30.885）〕／（40.645－30.885）｝×100%＝81.03%

例2：含水率98%之污泥1000 kg，試計算：
（1）污泥所含之乾固體物及水重各為？（kg）
解：設污泥所含水重為X kg，則
98%＝（X／1000）×100%
X＝980（kg）
乾固體物重＝1000－980＝20（kg）
（2）欲將此污泥乾燥脫水至含水率85%，至少須去除之水重為？（kg）
解：設含水量85%之污泥中水重為Y kg，則
85%＝〔Y／（Y＋20）〕×100%
Y＝113.3（kg）
須去除之水重＝980－113.3＝866.7（kg）

二、適用範圍

　　本方法適用於不含揮發性物質，且樣品在 105±5℃烘乾時，不會發生化學變化而造成其重量增減之事業廢棄物或一般廢棄物經熱處理後產生之飛灰、底渣或灰渣及固化物中之水分測定。

三、干擾

（一）樣品冷藏保存，若水分損失時造成負偏差。

（二）樣品中含有揮發性物質時，會造成正偏差。

（三）樣品若含有油脂物質，在乾燥時可能因氧化而增加重量造成負偏差。

四、設備及材料

（一）分析天平：可精稱至 0.001 g。

（二）乾燥器（或乾燥箱，附濕度顯示計）。

（三）烘箱：循環送風式烘箱，附排氣設備且可設定 105±5℃者。

（四）瓷製蒸發皿或稱量瓶。

（五）粉碎機：可將固體樣品粉碎至 1 mm 以下。【註 3：污泥粒徑一般小於 1 mm 以下。】

五、採樣及保存

（一）參照環保署公告之 NIEA R118「事業廢棄物採樣方法」撰擬採樣計畫，並據以執行。

（二）採集後儘快進行測定，不得長時間冷藏保存。

六、步驟、結果記錄與計算

(一) 蒸發皿於檢測前洗淨後，置於烘箱中以 105±5℃烘乾 2 小時，然後移至乾燥器冷卻備用，於使用前稱重。

(二) 稱取適量之粉碎廢棄物樣品（粒徑 1 mm 以下，精稱至 0.001 g）約 5～10g（W_1），置於上述已稱重之蒸發皿，於 105±5℃之烘箱中至少 2 小時，取出移入乾燥器，冷卻至室溫，精稱其重量得 W_2。【註 4：烘乾過程中須注意加熱過程是否會有閃火危險；烘箱排氣應引導至排煙櫃或適當裝置中，以免烘乾過程產生有害氣體危害健康。】

(三) 重複以上步驟，直至前後兩次重量差小於 0.005 g 為止。

(四) 結果記錄、計算於下表：

項　目【事業廢棄物水分測定】		結果記錄與計算		
		第1次	第2次	第3次
① 經105℃烘乾、冷卻後之蒸發皿空重（g）【蒸發皿編號：　　】				
② 〔（濕）廢棄物樣品＋蒸發皿〕重（g）				
③ （濕）廢棄物樣品重W_1（g）				
④ 〔（濕）廢棄物樣品＋蒸發皿〕置105℃烘箱中至少2小時，進行烘乾、冷卻、秤重，至達恆重止【直至前後兩次重量差小於0.005g為止】	第1次秤重（g）　：			
	第2次秤重（g）　：			
	第3次秤重（g）　：			
	第4次秤重（g）　：			
	第5次秤重（g）　：			
⑤ 烘乾達恆重後之〔（乾）廢棄物樣品＋蒸發皿〕重（g）				
⑥ （乾）廢棄物樣品重W_2（g）				
⑦ 水重＝〔（濕）廢棄物樣品重W_1－（乾）廢棄物樣品重W_2〕（g）				
⑧ 廢棄物樣品水分（%）＝〔水重／（濕）廢棄物樣品重〕×100%				
⑨ 廢棄物樣品水分平均值（%）				
【註5】結果計算 水分（%）＝〔（W_1－W_2）／W_1〕×100% 　W_1：置入烘箱前之樣品重 　W_2：經 105±5℃烘乾達恆重後之樣品重				

七、品質管制

每一個測試樣品均須進行三重複分析，若任一組的差異值超出表 1 之容許差異值時，則實驗必須重做；若三組之差異值皆在容許差異值內，則取三重複樣品的平均值。

表 1：水分重複分析容許差異

平均水分	容許差異值	
	同實驗室測定值	異實驗室測定值
5.0 以下	0.40	0.60
5.1 ～ 10	0.60	0.90
10. 以上	0.80	1.20

八、參考資料：中華民國98年5月11月環署檢字第0980040837A號公告：NIEA R203.02C

九、心得與討論

_____

_____

_____

_____

_____

_____

_____

_____

_____

_____

_____

_____

_____

_____

_____

_____

_____

_____

_____

_____

_____

_____

第 12 章：垃圾物理組成分類

一、垃圾物理組成分類

垃圾進行物理組成分類主要為了解垃圾基本特性，垃圾物理組成成分為：

（一）可燃物：包括有 1. 紙類；2. 纖維布類；3. 木竹稻草落葉類；4. 廚餘類；5. 塑膠類；6. 皮革橡膠類；7. 其他（含 5 mm 以下之雜物、碎屑）。

（二）不燃物：包括有 1. 鐵金屬類；2. 非鐵金屬類；3. 玻璃類；4. 其他不燃物（陶瓷、砂土）。各類物理組成之細部分類如表 1. 所示。

表 1：垃圾物理組成細項分類

物理組成		分類細項
可燃物	1. 紙類	報紙、硬紙板、瓦楞紙雜誌、書籍、包裝紙、紙袋、廣告傳單、信函、辦公室用紙、電腦報表紙及其他如衛生紙、紙尿布、鋁箔包、紙杯、盤、空盒、相片、濾紙等。
	2. 纖維布類	衣物，如帽子衣褲等、地毯、毛手套、裁縫布料、棉花、紗布及其他纖維、人造纖維布類製品。
	3. 木竹稻草落葉類	免洗筷、街道或公園落葉、居家環境落葉、修剪草坪灌木之雜草或枯枝、婚喪喜慶之花飾植物、市場捆綁蔬果之乾稻草束、木製玩具、其他如掃柄、圍離、及木製家俱等。
	4. 廚餘類	廚房及餐廳烹調所剩餘之動植物性渣屑、用餐後所剩餘之菜渣，菜汁，湯汁、動物死屍、市場剩餘丟棄之動植物等。
	5. 塑膠類	PVC、HDPE、LDPE、PET、PS、發泡PS、PP及其他塑膠材質之容器、生活用品、玩具、包裝材料等。
	6. 皮革橡膠類	皮鞋、皮帶、球鞋、氣球、籃球及其他如橡膠墊片等。
	7. 其他（含5 mm以下之雜物、碎屑）	無法分類有機物質及經由篩分篩選出來5 mm以下之物質。
不燃物	1. 鐵金屬類	鐵、鋼、馬口鐵及其他含鐵金屬成分磁鐵可吸之金屬。
	2. 非鐵金屬類	鋁容器、鋁門窗及其他有色金屬如眼鏡架、銅線、合金等。
	3. 玻璃類	透明、棕色及綠色玻璃容器或平板玻璃，其他玻璃珠、玻璃藝品等。
	4. 其他不燃物（陶磁、砂土）	陶土花瓶、碗盤、建築廢料如水泥塊、石膏、瀝青等及其他無法由外觀判斷分類，以5 mm篩網篩分，留於篩網上之物質。

二、濕基、乾基垃圾物理組成分類計算

「濕基物理組成」為濕垃圾樣品逐予進行物理組成成分類計算；「乾基物理組成」為先將濕垃圾樣品經 103～105℃烘箱烘乾後，再予進行物理組成成分類計算。

(一)（濕基）垃圾物理組成分類計算

取濕垃圾樣品，依物理組成分類後秤重（克）各得：紙類 W_1、纖維布類 W_2、木竹稻草落葉類 W_3、廚餘類 W_4、塑膠類 W_5、皮革橡膠類 W_6、其他（含 5 mm 以下之雜物、碎屑）W_7、鐵金屬類 W_8、非鐵金屬類 W_9、玻璃類 W_{10}、其他不燃物（陶瓷、砂土）W_{11}。

則各（濕基）物理組成重量百分率計算如下：

（濕基）紙類（%）＝〔W_1／（$W_1＋W_2＋W_3＋W_4＋W_5＋W_6＋W_7＋W_8＋W_9＋W_{10}＋W_{11}$）〕×100%

（濕基）纖維布類（%）＝〔W_2／（$W_1＋W_2＋W_3＋W_4＋W_5＋W_6＋W_7＋W_8＋W_9＋W_{10}＋W_{11}$）〕×100%

（濕基）木竹稻草落葉類（%）…類推

　　…類推

（濕基）玻璃類（%）＝〔W_{10}／（$W_1＋W_2＋W_3＋W_4＋W_5＋W_6＋W_7＋W_8＋W_9＋W_{10}＋W_{11}$）〕×100%

（濕基）其他不燃物（陶瓷、砂土）（%）＝〔W_{11}／（$W_1＋W_2＋W_3＋W_4＋W_5＋W_6＋W_7＋W_8＋W_9＋W_{10}＋W_{11}$）〕×100%

(二)（乾基）垃圾物理組成分類計算

將取樣之（濕）垃圾樣品置 103~105℃ 烘箱烘乾後，依物理組成分類後秤重（克）各得：紙類 W_1、纖維布類 W_2、木竹稻草落葉類 W_3、廚餘類 W_4、塑膠類 W_5、皮革橡膠類 W_6、其他（含 5 mm 以下之雜物、碎屑）W_7、鐵金屬類 W_8、非鐵金屬類 W_9、玻璃類 W_{10}、其他不燃物（陶瓷、砂土）W_{11}。

則各（乾基）物理組成重量百分率計算如下：

（乾基）紙類（%）＝〔W_1／（$W_1＋W_2＋W_3＋W_4＋W_5＋W_6＋W_7＋W_8＋W_9＋W_{10}＋W_{11}$）〕×100%

（乾基）纖維布類（%）＝〔W_2／（$W_1＋W_2＋W_3＋W_4＋W_5＋W_6＋W_7＋W_8＋W_9＋W_{10}＋W_{11}$）〕×100%

（乾基）木竹稻草落葉類（%）…類推

　　…類推

（乾基）玻璃類（%）＝〔W_{10}／（$W_1＋W_2＋W_3＋W_4＋W_5＋W_6＋W_7＋W_8＋W_9＋W_{10}＋W_{11}$）〕×100%

（乾基）其他不燃物（陶瓷、砂土）（%）＝〔W_{11}／（$W_1＋W_2＋W_3＋W_4＋W_5＋W_6＋W_7＋W_8＋W_9＋W_{10}＋W_{11}$）〕×100%

例1：（濕基）垃圾物理組成分類計算

（濕）垃圾樣品依物理組成分類，精秤各重量後如表，置105℃烘箱達恆重後秤重如表；再各取乾重2.000 g置800℃高溫爐灰化3Hr，於乾燥器冷卻後秤得各餘灰重如表：

(一)填表空格（粗體加框者）【註1：不燃物灰分（乾基）以100%計。】

項 目		濕重(kg)	濕基 重量百分比(%)	乾重(kg)	水重(kg)	水分(%)	乾基 重量百分比(%)	樣品乾重(g)	樣品灰重(g)	乾基 灰分(%)	乾基 可燃分(%)	濕基 灰分(%)	濕基 可燃分(%)
物理組成													
可燃物	紙 類	7.320	24.2	3.924	3.396	46.4	25.1	2.000	0.236	11.8	88.2	6.3	47.3
	纖維布類	0.696	2.3	0.374	0.322	46.3	2.4	2.000	0.054	2.7	97.3	1.4	52.3
	木竹、稻草、落葉類	0.212	0.7	0.113	0.099	46.6	0.7	2.000	0.150	7.5	92.5	4.0	49.4
	廚餘類	11.767	38.9	3.365	8.402	71.4	21.6	2.000	0.402	20.1	79.9	5.7	22.9
	塑膠類	5.778	19.1	3.692	2.086	36.1	23.7	2.000	0.066	3.3	96.7	2.1	61.8
	皮革、橡膠類	0.998	3.3	0.842	0.156	15.6	5.4	2.000	0.298	14.9	85.1	12.6	71.8
	其他（含5 mm以下之雜物、碎屑）	0.575	1.9	0.572	0.003	0.5	3.7	2.000	0.130	6.5	93.5	6.5	93.0
	小 計	27.346	90.4	12.882	14.464	52.9	82.6	14.000	1.336	9.5	90.5	4.5	42.6
不燃物	鐵金屬類	1.513	5.0	1.400	0.113	7.5	9.0	2.000	2.000	100	0	92.5	0
	非鐵金屬類	0.121	0.4	0.114	0.007	5.8	0.7	2.000	2.000	100	0	94.2	0
	玻璃類	0.090	0.3	0.088	0.002	2.2	0.6	2.000	2.000	100	0	97.8	0
	其他不燃物（陶瓷、砂土）	1.180	3.9	1.111	0.069	5.8	7.1	2.000	2.000	100	0	94.2	0
	小 計	2.904	9.6	2.713	0.191	6.6	17.4	8.000	8.000	100	0	93.4	0
總 計		30.250	100.0	15.595	14.655	48.4	100.0	22.000	9.336	42.4	57.6	21.9	29.7

解：填表空格計算如下：

1. 各物理組成百分比（濕基）＝（各物理組成濕重／各物理組成濕重之合計總重）×100%

計算結果列於表中（以粗體加框表示者）

2. 各物理組成之水分

＝〔（各物理組成濕重－各物理組成乾重）／各物理組成濕重〕×100%

＝（各物理組成水重／各物理組成濕重）×100%

計算結果列於表中（以粗體加框表示者）

3. 綜合垃圾樣品（濕）之水分＝（總水重／濕垃圾總重）×100%

＝（14.655／30.250）×100%

＝48.4（%）

4. 各物理組成百分比（乾基）＝（各組成乾重／各組成乾重之合計總重）×100%

計算結果列於表中（以粗體加框表示者）

5. 各物理組成之灰分（乾基）＝（各組成灰重／各組成乾重）×100%

計算結果列於表中（以粗體加框表示者）

6. 各物理組成之可燃分（乾基）＝100%－灰分（乾基）%

計算結果列於表中（以粗體加框表示者）

7. 綜合垃圾樣品之灰分（乾基）

＝（各物理組成灰重之合計總重／垃圾樣品之乾總重）×100%

＝（9.336／22.000）×100%

＝42.4（%）

8. 綜合垃圾樣品之可燃分（乾基）＝100%－42.4%＝57.6（%）

9. 各物理組成之灰分（濕基）＝乾基垃圾灰分×（100－水分）／100

計算結果列於表中（以粗體加框表示者）

10. 各物理組成之可燃分（濕基）＝100%－水分%－灰分（濕基）%

計算結果列於表中（以粗體加框表示者）

11. 綜合垃圾樣品之灰分（濕基）＝42.4%×（100－48.4）／100＝21.9（%）

12. 綜合垃圾樣品之可燃分（濕基）＝100%－48.4%－21.9%＝29.7（%）

(二) 推估每公噸濕垃圾中之可燃物濕重、不燃物濕重、水重、可燃物乾重、不燃物乾重各為？（kg）

解：濕垃圾1公噸＝1000 kg，則

1. 可燃物濕重＝1000×90.4%＝904（kg）

2. 不燃物濕重＝1000×9.6%＝96（kg）

3. 垃圾中水重＝1000×48.4%＝484（kg）

（垃圾乾重＝1000－484＝516 kg）

4. 可燃物乾重＝（1000－484）×82.6%＝426.2（kg）

或＝904×（100－52.9）%＝426（kg）

（可燃物中水重＝904－426＝478 kg）

5. 不燃物乾重＝（1000－484）×17.4%＝89.8（kg）

或＝96×（100－6.6）%＝89.7（kg）

（不燃物中水重＝96－89.7＝6.3 kg）

(三) 推估每公噸濕垃圾中之水重、灰重、可燃分重各為？（kg）

解：濕垃圾1公噸＝1000 kg，則

1. 水重＝1000×48.4%＝484（kg）

2. 灰重＝1000×21.9%＝219（kg）

3. 可燃分重＝1000－484－219＝297（kg）

例2：（乾基）垃圾物理組成分類計算

某（濕）垃圾樣品重30.250kg，置於105±5℃烘箱烘乾達恒重後，依物理組成分類各秤重如表：

項目		乾基	
		重量（kg）	百分比（%）
物理組成（乾基）	可燃物 紙　類	3.924	25.1
	纖維布類	0.374	2.4
	木竹、稻草、落葉類	0.113	0.7
	廚餘類	3.365	21.6
	塑膠類	3.692	23.7
	皮革、橡膠類	0.842	5.4
	其他（含5 mm以下之雜物、碎屑）	0.572	3.7
	小　計	12.882	82.6
	不燃物 鐵金屬類	1.400	9.0
	非鐵金屬類	0.114	0.7
	玻璃類	0.088	0.6
	其他不燃物（陶瓷、砂土）	1.111	7.1
	小　計	2.713	17.4
總　計		15.595	100.0

(一) 計算垃圾樣品之總水分？（%）

解：垃圾樣品之總水分＝〔（30.250－15.595）／30.250〕×100%＝48.4（%）

(二) 計算該垃圾之各物理組成百分比（乾基）？

解：各物理組成百分比（乾基）＝（各物理組成乾重／各物理組成乾重之合計總重）×100%

計算結果列於表中（以粗體加框表示者）

(三) 推估每公噸濕垃圾中之水重、可燃物乾重、不燃物乾重各為？

解：濕垃圾1公噸＝1000kg，則

水重＝1000×48.4%＝484（kg）

〔垃圾乾重＝1000－484＝516（kg）〕

可燃物乾重＝516×82.6%＝426.2（kg）

不燃物乾重＝516×17.4%＝89.8（kg）

(四) 推估每公噸乾垃圾中可燃物乾重、不燃物乾重各為？

解：乾垃圾1公噸＝1000kg，則

可燃物乾重＝1000×82.6%＝826（kg）

不燃物乾重＝1000×17.4%＝174（kg）

或不燃物乾重＝1000－826＝174（kg）

三、物理組成分類作業步驟、結果記錄與計算

垃圾樣品之物理組成包括「濕基物理組成」及「乾基物理組成」，為避免樣品干擾產生，濕基物理組成分類應於採樣現場進行，以減少因水分流失或吸收造成的誤差。

【註2：「濕基物理組成」為濕垃圾樣品逕予進行物理組成分類；「乾基物理組成」則先將濕垃圾樣品經103～105℃烘箱烘乾後，再予進行物理組成分類。】

(一) 器材：護目鏡、口罩、[乳（塑）膠、布] 手套、耙子、剪刀、鐵鎚、鉗子、一（十）字起子、板手、夾子、5 mm 篩、6 m×6 m 塑膠布、分類貯存容器（塑膠盒、塑膠袋）、電子秤（1 g）、循環烘箱。

(二) 分類作業步驟如下：

1. 濕基物理組成

（1）將測定單位容積重後之樣品，倒在一 6 m×6 m 塑膠布上。

（2）分類貯存容器置於分類樣品附近，將每一種類垃圾依（表1）分類規範放入適當之盛裝容器中。

（3）垃圾中的複合物品，易判定可分2割拆解者，應將其分割拆解後依其材質分類置入適當之貯存容器中；不易判定分割者，依據下列原則處理：

A. 複合材質物品，將其放入與其主要材質相符之貯存容器中。

B. 無法破碎者，按表1分類規範認定，或目測其各項組成比例，單獨存放並記錄。

C. 非屬分類規範且無法判定分類者，將其放入標示「其他」或「其他不燃物」之容器中。

（4）持續分類至大於 5 mm 的物品被分類完後，剩餘細小垃圾歸類至其他項中。

（5）分別以適當天平秤其重量，並將數據記錄並計算之。

垃圾採樣及（濕基）物理組成分析登記表（日期：　　年　　月　　日、樣品編號：　　　　　　）					
天氣：		地點：	垃圾來源：		採樣單位：
單位容積重計算					
廢棄物容積盒空重（kg）			廢棄物容積盒體積（m³）		
（容積盒＋樣品）重（kg）			樣品重（kg）		
單位容積重（kg/m³）					
（濕基）物理組成分類記錄及計算					

物理組成			重量（kg）			重量百分比（%）
			容器重	（容器＋組成）重	組成重	
物理組成（濕基）	可燃物	1. 紙類				
		2. 纖維布類				
		3. 木竹、稻草、落葉類				
		4. 廚餘類				
		5. 塑膠類				
		6. 皮革、橡膠類				
		7. 其他（含5 mm以下之雜物、碎屑）				
		合計	略	略		
	不燃物	1. 鐵金屬類				
		2. 非鐵金屬類				
		3. 玻璃類				
		4. 其他不燃物（陶瓷、砂土塊）				
		合計	略	略		
		總計	略	略		100.0

重要記錄：				
採樣方法：				
記錄人員：				
採樣人員：	時間：	年	月	日
收樣人員：	時間：	年	月	日

2. 乾基物理組成

（1）將測定單位容積重後之樣品（含廢棄物容積盒），置入 103~105℃烘箱，烘乾至恆重後秤重，記錄之。

（2）將烘乾冷卻後之樣品倒在一 6 m×6 m 塑膠布上，其餘同「濕基物理組成」之步驟（2）~（5）進行。

（3）得乾基物理組成數據，將數據記錄並計算之。

垃圾採樣及（乾基）物理組成分析登記表（日期：　　年　　月　　日、樣品編號：　　　　　　）					
天氣：		地點：	垃圾來源：		採樣單位：
廢棄物容積盒空重（kg）		（容積盒＋烘乾後樣品）重（kg）		烘乾後樣品重（kg）	

（續下表）

（乾基）物理組成分類記錄及計算				
物理組成	重量（kg）			重量百分比（%）
	容器重	（容器＋組成）重	組成重	
物理組成（乾基） / 可燃物 / 1. 紙類				
2. 纖維布類				
3. 木竹、稻草、落葉類				
4. 廚餘類				
5. 塑膠類				
6. 皮革、橡膠類				
7. 其他（含5 mm以下之雜物、碎屑）				
合計	略	略		
不燃物 / 1. 鐵金屬類				
2. 非鐵金屬類				
3. 玻璃類				
4. 其他不燃物（陶瓷、砂土塊）				
合計	略	略		
總計	略	略		100.0

重要記錄：			
採樣方法：			
記錄人員：			
採樣人員：	時間： 年	月	日
收樣人員：	時間： 年	月	日

四、心得與討論

_____

_____

_____

_____

_____

_____

_____

_____

_____

_____

_____

_____

_____

第 13 章：廢棄物中灰分、可燃分測定方法

一、相關知識

廢棄物中可燃物之化學三成分，係指：水分、灰分、可燃分。其關係如圖 1 所示。

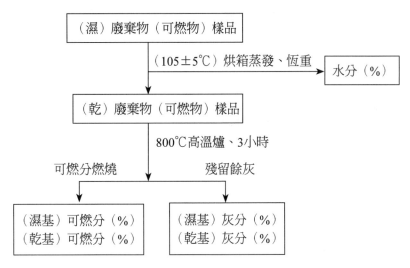

圖 1：廢棄物中可燃物之水分、灰分、可燃分關係

　　「（乾基）灰分」測定，係將（烘乾後）定量之經粉碎後廢棄物（可燃物）樣品置於 800℃高溫爐中（燃燒）灰化 3 小時，冷卻後稱重，求其殘餘重量百分比，即為樣品之（乾基）灰分（%）。廢棄物（可燃物）樣品之「（乾基）可燃分」通常不直接測定，而由（乾）樣品總量（100%）減去其（乾基）灰分（%）而得之；或「（濕基）可燃分」而由（濕）樣品總量（100%）減去其水分（%）和（濕基）灰分（%）而得之。

　　廢棄物中可燃物樣品之化學三成分（水分、灰分、可燃分）測定數據，可提供焚化處理時之設計、操作參考。灰分測定可推估焚化處理時可能產生的灰渣量及廢氣中之粒狀物含量。

　　廢棄物中可燃物之化學三成分（水分、灰分、可燃分）之計算如下：

　　（濕基）水分（%）＝〔（$W_1 - W_2$）／ W_1〕×100%

　　（濕基）灰分（%）＝（W_3 ／ W_1）×100%

　　（濕基）可燃分（%）＝ 100（%）－水分（%）－（濕基）灰分（%）

式中

W_1：置入烘箱前之樣品濕重（g）

W_2：經 105℃烘乾後之樣品乾重（g）

W_3：經 800℃高溫爐（燃燒）灰化 3 小時後之殘餘樣品（餘灰）重（g）

　　另有所謂「（乾基）灰分」、「（乾基）可燃分」，係指以經烘乾去除水分後之（乾）廢棄物（可燃物）樣品重量為計算基準所得之數據表示，計算如下：

　　　　　　　（乾基）灰分（%）＝（W_3 ／ W_2）×100%

（乾基）可燃分（%L）＝100（%）－（乾基）灰分（%）

另已知廢棄物（可燃物）樣品之乾基灰分、水分，可計算濕基灰分，如下：

（濕基）灰分（%）＝（乾基）灰分（%）×（100－水分）/ 100

一般廢棄物（垃圾）之物理組成中，僅可燃物〔包括：紙類、纖維布類、木竹稻草落葉類、廚餘類、塑膠類、皮革橡膠類、其他（含 5 mm 以下之雜物、碎屑）〕需測定灰分及可燃分；不燃物〔包括：鐵金屬類、非鐵金屬類、玻璃類、其他不燃物（陶瓷、砂土塊）〕則不測定可燃分，皆視其可燃分爲 0%，（乾基）灰分爲 100%。【註 1：不燃物不會燃燒，不適合焚化處理；蓋因金屬、玻璃遇高溫會熔融，降溫時會固結，陶瓷、砂石則堅硬且須較高溫方能熔融，皆會耗能、磨損爐床及耐火材、阻礙傳輸等，皆不利於焚化處理。】

例1：廢棄物樣品中化學三成分（水分、灰分、可燃分）之計算

取（濕）廢棄物樣品重8.576 g，置103~105℃烘箱至恆重爲3.872 g；再將乾樣品置800℃、3 hr後，得餘灰重1.003 g；試計算

（1）乾基之灰分、可燃分各爲？

解：（乾基）灰分（%）＝（1.003 / 3.872）×100%＝25.9（%）

（乾基）可燃分（%）＝100%－25.9%＝74.1（%）

（2）該廢棄物樣品之化學三成分各爲？

解：水分（%）＝〔（8.576－3.872）/ 8.576〕×100%＝54.9（%）

（濕基）灰分（%）＝（1.003 / 8.576）×100%＝11.7（%）

〔另解：（濕基）灰分（%）＝（乾基）灰分（%）×（100－水分）/ 100＝25.9%×（100－54.9）/ 100＝11.7（%）〕

（濕基）可燃分（%）＝100%－54.9%－11.7%＝33.4（%）

（3）推估每公噸（濕）廢棄物中之水重、灰重、可燃分重各爲？（kg）

解：1公噸＝1000kg，則

水重＝1000×54.9%＝549（kg）

灰重＝1000×11.7%＝117（kg）

可燃分重＝1000×33.4%＝334（kg）【或1000－549－117＝334（kg）】

例2：（濕基、乾基）垃圾物理組成分類之水分、灰分、可燃分之計算

（濕）垃圾樣品依物理組成分類，各精秤重量後如下表，置105℃烘箱達恆重後秤重如下表；再各取乾重2.000 g置800℃高溫爐灰化3Hr，於乾燥器冷卻後秤得餘灰重如下表：

(一)填表空格（粗體加框者）【註2：不燃物（乾基）灰分視爲100%；實際不然，唯差異極微。】

項 目		濕重(kg)	濕基重量百分比(%)	乾重(kg)	水重(kg)	水分(%)	乾基重量百分比(%)	樣品乾重(g)	樣品灰重(g)	乾基		濕基	
										灰分(%)	可燃分(%)	灰分(%)	可燃分(%)
物理組成	紙類	7.320	24.2	3.924	3.396	46.4	25.1	2.000	0.236	11.8	88.2	6.3	47.3
	纖維布類	0.696	2.3	0.374	0.322	46.3	2.4	2.000	0.054	2.7	97.3	1.4	52.3
	木竹、稻草、落葉類	0.212	0.7	0.113	0.099	46.6	0.7	2.000	0.150	7.5	92.5	4.0	49.4
可燃物	廚餘類	11.767	38.9	3.365	8.402	71.4	21.6	2.000	0.402	20.1	79.9	5.7	22.9
	塑膠類	5.778	19.1	3.692	2.086	36.1	23.7	2.000	0.066	3.3	96.7	2.1	61.8
	皮革、橡膠類	0.998	3.3	0.842	0.156	15.6	5.4	2.000	0.298	14.9	85.1	12.6	71.8
	其他（含5 mm以下之雜物、碎屑）	0.575	1.9	0.572	0.003	0.5	3.7	2.000	0.130	6.5	93.5	6.5	93.0
	小　計	27.346	90.4	12.882	14.464	52.9	82.6	14.000	1.336	9.5	90.5	4.5	42.6

項　　目		濕重 (kg)	濕基重量百分比 (%)	乾重 (kg)	水重 (kg)	水分 (%)	乾基重量百分比 (%)	樣品乾重 (g)	樣品灰重 (g)	乾基		濕基	
										灰分 (%)	可燃分 (%)	灰分 (%)	可燃分 (%)
物理組成	不燃物 鐵金屬類	1.513	**5.0**	1.400	0.113	**7.5**	**9.0**	2.000	2.000	**100**	**0**	**92.5**	**0**
	非鐵金屬類	0.121	**0.4**	0.114	0.007	**5.8**	**0.7**	2.000	2.000	**100**	**0**	**94.2**	**0**
	玻璃類	0.090	**0.3**	0.088	0.002	**2.2**	**0.6**	2.000	2.000	**100**	**0**	**97.8**	**0**
	其他不燃物（陶瓷、砂土）	1.180	**3.9**	1.111	0.069	**5.8**	**7.1**	2.000	2.000	**100**	**0**	**94.2**	**0**
	小　計	2.904	**9.6**	2.713	0.191	**6.6**	**17.4**	8.000	8.000	**100**	**0**	**93.4**	**0**
總　　　計		**30.250**	**100.0**	**15.595**	**14.655**	**48.4**	**100.0**	**22.000**	**9.336**	**42.4**	**57.6**	**21.9**	**29.7**

解：表中空格（粗體加框者）計算如下：

1. 各物理組成百分比（濕基）＝（各物理組成濕重／各物理組成濕重之合計總重）×100%
計算結果列於表中（以粗體加框表示者）

2. 各物理組成之水分
＝〔（各物理組成濕重－各物理組成乾重）／各物理組成濕重〕×100%
＝（各物理組成水重/各物理組成濕重）×100%
計算結果列於表中（以粗體加框表示者）

3. 綜合垃圾樣品（濕）之水分＝（總水重／濕垃圾總重）×100%
＝（14.655／30.250）×100%
＝48.4（%）

4. 各物理組成百分比（乾基）＝（各組成乾重／各組成乾重之合計總重）×100%
計算結果列於表中（以粗體加框表示者）

5. 各物理組成之灰分（乾基）＝（各組成灰重／各組成乾重）×100%
計算結果列於表中（以粗體加框表示者）

6. 各物理組成之可燃分（乾基）＝100%－灰分（乾基）%
計算結果列於表中（以粗體加框表示者）

7. 綜合垃圾樣品之灰分（乾基）
＝（各物理組成灰重之合計總重／垃圾樣品之乾總重）×100%
＝（9.336／22.000）×100%
＝42.4（%）

8. 綜合垃圾樣品之可燃分（乾基）＝100%－42.4%＝57.6（%）

9. 各物理組成之灰分（濕基）＝乾基垃圾灰分×（100－水分）／100
計算結果列於表中（以粗體加框表示者）

10. 各物理組成之可燃分（濕基）＝100%－水分%－灰分（濕基）%
計算結果列於表中（以粗體加框表示者）

11. 綜合垃圾樣品之灰分（濕基）＝42.4%×（100－48.4）／100＝21.9（%）

12. 綜合垃圾樣品之可燃分（濕基）＝100%－48.4%－21.9%＝29.7（%）

(二) 推估每公噸濕垃圾中之可燃物濕重、不燃物濕重、水重、可燃物乾重、不燃物乾重各為？（kg）

解：濕垃圾1公噸＝1000kg，則

1. 可燃物濕重＝1000×90.4%＝904（kg）

2. 不燃物濕重＝1000×9.6%＝96（kg）

3. 垃圾中水重＝1000×48.4%＝484（kg）
（垃圾乾重＝1000－484＝516 kg）

4. 可燃物乾重＝（1000－484）×82.6%＝426.2（kg）【或＝904×（100－52.9）%＝426（kg）】
（可燃物中水重＝904－426＝478 kg）

5. 不燃物乾重＝（1000－484）×17.4%＝89.8（kg）【或＝96×（100－6.6）%＝89.7（kg）】
（不燃物中水重＝96－89.7＝6.3 kg）
(三) 推估每公噸濕垃圾中之水重、灰重、可燃分重各為？（kg）
解：濕垃圾1公噸＝1000 kg，則
1. 水重＝1000×48.4%＝484（kg）
2. 灰重＝1000×21.9%＝219（kg）

二、適用範圍

　　本方法適用於經粉碎後廢棄物樣品（包含一般及事業廢棄物、飛灰、底渣或灰渣及固化物）之灰分、可燃分之測定。

三、干擾

（一）灰化時會爆炸或飛濺之樣品，需前處理。
（二）為避免灰分飛散，坩鍋最好加蓋。
（三）樣品中所含之碳酸鹽分解時，會造成灰分測定值之負偏差及可燃分測定值之正偏差。

四、設備及材料

（一）分析天平：可精稱至 0.001 g。
（二）乾燥器（或乾燥箱，附濕度顯示計）。
（三）烘箱：循環送風式烘箱，附排氣設備且可設定 105±5℃者。
（四）高溫爐：耐 1200±50℃高溫，附排氣設備，且可設定 800±50℃者。
（五）坩鍋：耐 1500℃以上高溫，容積 50mL，附蓋。

五、採樣及保存

　　所有樣品依循採樣計畫執行，採樣計畫必須參照環保署公告之「一般廢棄物（垃圾）採樣方法」或「事業廢棄物採樣方法」撰擬。

六、步驟、結果記錄與計算

(一) 坩鍋之準備

1. 測試前將附有蓋子之坩鍋洗淨後，置於高溫爐中，以 1200°C空燒 30 分鐘。
2. 空燒後降低爐溫至 300°C時，將坩鍋移至乾燥器冷卻備用，使用前秤重，記錄之。

項　目〔坩鍋之準備〕	結果記錄與計算	
	第1個	第2個
① 經 1200°C空燒 30 分鐘、冷卻後之坩鍋空重（g）【坩鍋編號：　　、　　】		

(二) 樣品水分之測定

1. 秤取適量之經粉碎後廢棄物樣品（粒徑 1 mm 以下，精秤至 0.001 g）約 5 至 10 g（W_1），置於上述已秤重之坩鍋中，以 105±5°C之烘箱乾燥 2 小時，取出移入乾燥器，冷卻至室溫，精秤（W_2）。
2. 重複以上烘乾、冷卻、秤重步驟，直至前後兩次重量差小於 0.005 g 為止（恆重），記錄之。
3. 結果記錄與計算：

項　目〔水分之測定〕			結果記錄與計算	
			第1次	第2次
① 準備好之坩鍋空重（g）【坩鍋編號：　　、　　】				
② 〔（濕）廢棄物樣品＋坩鍋〕重（g）				
③ （濕）廢棄物樣品重（g）				
④ 〔（濕）廢棄物樣品＋坩鍋〕置105±5°C烘箱，至達恆重止【直至前後兩次重量差小於0.005 g為止】	第1次秤重（g）	:		
	第2次秤重（g）	:		
	第3次秤重（g）	:		
	第4次秤重（g）	:		
	第5次秤重（g）	:		
⑤ 達恆重後之〔（乾）廢棄物樣品＋坩鍋〕重（g）				
⑥ （乾）廢棄物樣品重（g）				
⑦ 水重＝（濕）廢棄物樣品重－（乾）廢棄物樣品重（g）				
⑧ 廢棄物樣品水分（%）＝〔水重／（濕）廢棄物樣品重〕×100%				
⑨ 廢棄物樣品水分平均值（%）				

(三) 樣品灰分之測定

1. 將經步驟六、(二)2. 之樣品及坩鍋置於 800±50°C之高溫爐中加熱燃燒 3 小時。【註 3：或可取經單位容積重測定後再經烘乾後之（可燃物）樣品，但此樣品僅能測得（乾基）灰分，無法測得（濕基）灰分。】
2. 降低爐溫至 300°C時，將坩鍋及樣品移入乾燥器中冷卻至室溫，精秤（W_3），記錄之。
3. 結果記錄與計算：

項　目〔灰分之測定〕		結果記錄與計算	
		第1次	第2次
①	坩鍋空重（g）【坩鍋編號：　　　　　　　、　　　　　　　】		
②	（濕）廢棄物樣品重（g）		
③	（乾）廢棄物樣品重（g）		
④	置800℃高溫爐、燃燒3小時後之〔廢棄物樣品餘灰＋坩鍋〕重（g）		
⑤	經800℃高溫爐、燃燒3小時後之〔廢棄物樣品餘灰〕重（g）		
⑥	（濕基）廢棄物樣品灰分（%） ＝〔廢棄物樣品餘灰重／（濕）廢棄物樣品重〕×100%		
⑦	（濕基）廢棄物樣品灰分平均值（%）		
⑧	（乾基）廢棄物樣品灰分（%） ＝〔廢棄物樣品餘灰重／（乾）廢棄物樣品重〕×100%		
⑨	（乾基）廢棄物樣品灰分平均值（%）		

(四) 樣品可燃分之測定

1. 樣品之可燃分不直接測定，而由樣品總重量（100%）減去水分（%）和（濕基）灰分（%）而得之。
2. 結果記錄與計算：

項　目〔可燃分之測定〕		結果記錄與計算	
		第1次	第2次
①	（濕基）廢棄物樣品可燃分（%）＝100%－水分（%）－（濕基）灰分（%）		
②	（濕基）廢棄物樣品可燃分（%）平均值（%）		
③	（乾基）廢棄物樣品可燃分（%）＝100%－（乾基）灰分（%）		
④	（乾基）廢棄物樣品可燃分（%）平均值（%）		

(五) 各垃圾物理組成分類樣品水分、灰分、可燃分之測定

1. 測試前將附有蓋子之坩鍋（11 個）洗淨後，置於高溫爐中，以 1200℃空燒 30 分鐘。
2. 空燒後降低爐溫至 300℃時，將坩鍋移至乾燥器冷卻備用，使用前秤重，記錄之。
3. 將濕垃圾樣品進行物理組成分類。
4. 各秤取適量之樣品約 5 至 10 g（W_1，精秤至 0.001 g），置於上述已秤重之坩鍋中，以 105±5℃之烘箱乾燥 2 小時，取出移入乾燥器，冷卻至室溫，精秤。
5. 重複以上烘乾、冷卻、秤重步驟，直至前後兩次重量差小於 0.005 g 為止（恆重），精秤（W_2），記錄之。
6. 再將經 105±5℃烘乾之物理組成樣品及坩鍋置於 800±50℃之高溫爐中加熱燃燒 3 小時。
7. 降低爐溫至 300℃時，將坩鍋及樣品（餘灰）移入乾燥器中冷卻至室溫，精秤（W_3），記錄之。

8. 結果記錄與計算：

項目	坩鍋重 (g)	〔坩鍋＋樣（濕）品〕重 (g)	（濕）樣品重 W₁ (g)	置105°C烘乾後〔坩鍋（乾）樣品〕重 (g)	經105°C烘乾後之（乾）樣品重 W₂ (g)	樣品水重 (g)	水分 (%)	置800°C、3小時後之（乾）樣品坩鍋灰＋坩鍋重 (g)	經800°C灰化後之樣品（餘灰）重 W₃ (g)	乾基 灰分 (%)	乾基 可燃分 (%)	濕基 灰分 (%)	濕基 可燃分 (%)
可燃物 1.紙類【坩鍋編號：】													
2.纖維布類【坩鍋編號：】													
3.木竹、稻草、落葉類【坩鍋編號：】													
4.廚餘類【坩鍋編號：】													
5.塑膠類【坩鍋編號：】													
6.皮革、橡膠類【坩鍋編號：】													
7.其他（含5mm以下之雜物、碎屑）【坩鍋編號：】													
不燃物 1.鐵金屬類【坩鍋編號：】													
2.非鐵金屬類【坩鍋編號：】													
3.玻璃類【坩鍋編號：】													
4.其他不燃物（陶瓷、砂、土）【坩鍋編號：】													

【註4】結果計算：

水分（%）＝〔（W_1－W_2）/W_1〕×100%

（濕基）灰分（%）＝（W_3／W_1）×100%

（濕基）可燃分（%）＝100%－水分（%）－灰分（%）

W_1：置入烘箱前之樣品重

W_2：經105°C烘乾後之樣品重

W_3：經800°C高溫爐灰化後之樣品重

（乾基）灰分（%）＝（W_3／W_2）×100%

（乾基）可燃分（%）＝100%－（乾基）灰分（%）

七、品質管制

（一）樣品重複分析：每一樣品必須執行重複分析，若兩次分析的差值在 10% 以下，取其平均；若在 10% 以上，則需再進行第三次測定。

（二）若第三次測定值與前二次平均值的差值大於 5% 時，則必須捨去前三次的實驗數據，重新進行分析。

（三）若第三次測定值與前二次平均值的差值小於 5% 時，則取三次分析數據平均值作為該樣品之檢測結果。

八、參考資料：中華民國92年11月17日環署檢字第0920083144號公告：NIEA R205.01C

九、心得與討論

_____

_____

_____

_____

_____

_____

_____

_____

_____

_____

_____

_____

_____

_____

_____

_____

_____

_____

第 14 章：廢棄物中碳、氫元素含量檢測方法－燃燒管法

一、相關知識

　　廢棄物（垃圾）中可燃物之元素分析包括有：碳（C）、氫（H）、氧（O）、氮（N）、硫（S）、氯（Cl）。可以簡式 $C_aH_bO_cN_dS_eCl_f$ 表示。

　　垃圾物理組成中可燃物包括：1. 紙類 2. 纖維布類 3. 木竹稻草類 4. 廚餘類 5. 塑膠類 6. 皮革橡膠類 7. 其他（含 5 mm 以下之雜物）等類。【註 1：垃圾物理組成中之不燃物不做元素分析。】

　　「廢棄物中碳、氫元素含量檢測方法－燃燒管法」之組裝如圖 1 所示，係將粉碎後之（乾）廢棄物（可燃物）樣品置瓷舟內，通入足夠之氧氣，使其在 800 至 850℃密閉燃燒管中加熱燃燒，（乾）廢棄物樣品中之氫（H）、碳（C）氧化產生水蒸氣（H_2O）與二氧化碳（CO_2），再分別以水分吸收劑〔無水過氯酸鎂（$MgClO_4 \cdot xH_2O$）〕吸收 H_2O、蘇打石綿（NaOH on support）吸收 CO_2。量測吸收劑增加之重量，即得 H_2O 與 CO_2 之產生量，再予以換算求出（乾）廢棄物中之氫（H）、碳（C）元素百分比。

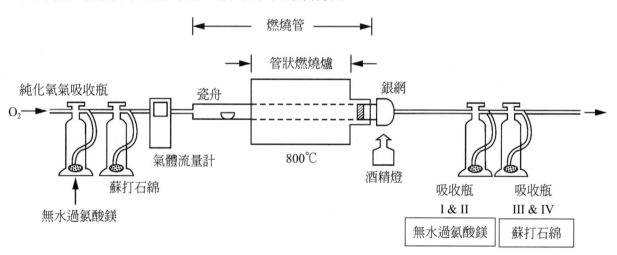

圖 1：　廢棄物中碳、氫元素含量檢測組裝範例圖

　　若（乾）廢棄物（可燃物）中所含碳氫元素以 C_xH_y 表示，則可燃燒氧化為 CO_2 與 H_2O，反應式如下：

$$C_xH_y + (x + y/4)O_2 \rightarrow xCO_2 + (y/2)H_2O$$

　　產生之 H_2O 以無水過氯酸鎂（$MgClO_4 \cdot xH_2O$）吸收；產生之 CO_2 以蘇打石綿（NaOH on support）吸收。量測吸收劑增加之重量，即可得 H_2O 與 CO_2 之產生量，再予以換算求出（乾）廢棄物中之氫（H）、碳（C）元素百分比。【註 2：$H_2O + MgClO_4 \cdot xH_2O \rightarrow MgClO_4 \cdot (x + 1)H_2O$；$CO_2 + 2NaOH \rightarrow Na_2CO_3 + H_2O$。】

　　（乾基）廢棄物（垃圾）中可燃物之氫（H）、碳（C）元素分析值計算如下：

H（%）＝〔$\Delta A_{H_2O} \times (2 / 18) / W$〕×100%

C（%）＝〔$\Delta A_{CO_2} \times (12 / 44) / W$〕×100%

H（％）：氫含量重量百分比（乾基）

C（％）：碳含量重量百分比（乾基）

$\triangle A_{H_2O}$：水分吸收劑增重（g）【吸收瓶Ⅰ和Ⅱ之增重】

$\triangle A_{CO_2}$：二氧化碳吸收劑增重（g）【吸收瓶Ⅲ和Ⅳ之增重】

W：樣品乾重（g）

例1：（乾基、濕基）廢棄物（垃圾）中可燃物之氫（H）、碳（C）元素分析值計算

某紙類樣品濕重10.856g，經破碎後置105℃烘箱烘乾至恆重，於乾燥器中冷卻後秤重為5.823g

（1）試計算紙類樣品之水分、乾固體物（重量百分比）各為？（％）

解：水分＝〔（10.856－5.823）／10.856〕×100％＝46.36（％）

乾固體物＝100％－46.36％＝53.64（％）

（2）取烘乾後（紙類）樣品0.558g入管狀燃燒爐（800～850℃）氧化燃燒，實驗結束後得吸收瓶Ⅰ、Ⅱ共增重0.296g；吸收瓶Ⅲ、Ⅳ共增重0.810g，試估算紙類（乾基）中氫（H）、碳（C）含量各為？（％）

解：

（乾基）氫（H）含量＝〔0.296×（2／18）／0.558〕×100％＝5.89（％）

（乾基）碳（C）含量＝〔0.810×（12／44）／0.558〕×100％＝39.59（％）

（3）試估算紙類（濕基）中氫（H）、碳（C）含量各為？（％）

解：

（濕基）氫（H）含量＝〔（10.856×53.64％×5.89％）／10.856〕×100％＝3.16（％）

（濕基）碳（C）含量＝〔（10.856×53.64％×39.59％）／10.856〕×100％＝21.23（％）

另解：

（濕基）氫（H）含量＝5.89％×（100－46.36）／100＝3.16（％）

（濕基）碳（C）含量＝39.58％×（100－46.36）／100＝21.23（％）

（4）試估算欲完全燃燒氧化1kg（濕）紙類中之氫（H）、碳（C），理論需氧量、理論空氣量各為？（g）

解：1kg（濕）紙類中含有之氫（H）重＝1000×3.16％＝31.60（g）【或＝1000×53.64％×5.89％＝31.60（g）】

1kg（濕）紙類中含有之碳（C）重＝1000×21.23％＝212.36（g）【或＝1000×53.64％×39.59％＝212.36（g）】

氫（H）燃燒氧化為水之反應式：$H_2＋1/2O_2→H_2O$

故燃燒31.60g氫（H）所需理論需氧量＝（1/2）×（31.60/2）（mole）＝7.90（mole）＝7.90×32.00＝252.80（g）

碳（C）燃燒氧化為二氧化碳之反應式：$C＋O_2→CO_2$

故燃燒212.36g碳（C）所需理論需氧量＝（1/1）×（212.36/12）（mole）＝17.70（mole）＝17.70×32.00＝566.40（g）

欲完全燃燒氧化1kg（濕）紙類中之氫（H）、碳（C），所需理論需氧量（O_0）＝252.80＋566.40＝819.20（g）

所需理論空氣量（A_0）＝819.20×（28.84／6.72）＝3515.73（g）

【註3：空氣中氮（N_2）體積約占79％、氧（O_2）體積約占21％，空氣平均分子量＝0.79×28.00＋0.21×32.00＝22.12＋6.72＝28.84（g/mole）】

（5）試估算欲完全燃燒氧化1kg（濕）紙類中之氫（H）、碳（C），理論需氧量、理論空氣量各為？（Nm^3）

【註4：Nm^3係指0℃、1atm時每立方公尺體積。】

解：【註5：0℃、1atm時任何氣體之莫耳體積為22.4 L。】

氫（H）燃燒氧化為水之反應式：$H_2＋1/2O_2→H_2O$

故燃燒31.60g氫（H）所需理論需氧量

＝（1/2）×（31.60/2）（mole）＝7.90（mole）＝7.90×22.4/1000≒0.177（Nm^3）

碳（C）燃燒氧化為二氧化碳之反應式：$C＋O_2→CO_2$

故燃燒212.36g碳（C）所需理論需氧量

＝（1/1）×（212.36/12）（mole）＝17.70（mole）＝17.70×22.4/1000≒0.396（Nm^3）

欲完全燃燒氧化1kg（濕）紙類中之氫（H）、碳（C），所需理論需氧量（O_0）＝0.177＋0.396＝0.573（Nm^3）

所需理論空氣量（A_0）＝0.573／0.21＝2.729（Nm^3）

二、適用範圍

本方法適用於檢測粉碎後廢棄物中碳、氫等元素之百分比；碳與氫的含量可同時測定。

三、干擾

（一）於燃燒管後端置入銀網，以去除廢棄物中硫及鹵化物所造成偏差。

（二）以酒精燈加熱爐外之管壁，可防止水氣凝結，以減少造成負偏差。

（三）某些特定廢棄物要分析其準確的碳、氫含量較為不易，例如：含類固醇廢棄物易形成甲烷，導致碳、氫含量均偏低。

四、設備及材料

（一）烘箱：循環送風式烘箱，附排氣設備且可設定 105±5℃者。

（二）乾燥器（或乾燥箱，附濕度顯示計）。

（三）分析天平：可精稱至 0.001 g。

（四）管狀燃燒爐（圖 1）：其各部元件如下：

1. 燃燒管：石英管，內徑約 48 mm，長度約 120 cm。

2. 管狀燃燒爐：長約 84 cm，由電力加熱，操作溫度範圍由 400 至 1000℃，並可維持 800 至 850℃之間。

（五）純氧鋼瓶（附流量控制器、壓力表及純化裝置）：純度 99.99% 以上。

（六）吸收瓶（250 cc）4 個〔或適宜的吸收裝置，如塑膠（PE）製乾燥管（drying tube），長 15、20 cm，內徑 16 mm〕、純化氧氣吸收瓶 2 個。

（七）玻璃接頭。

（八）防熱橡膠導管。

（九）瓷舟（80 mm×15 mm×10 mm）。

（十）氣體流量計。

五、試劑

（一）水分吸收劑：無水氯化鈣（$CaCl_2$）或無水過氯酸鎂（$MgClO_4 \cdot xH_2O$），試藥級。

（二）蘇打石綿（NaOH on support）：試藥級，其粒徑為 0.8 至 1.6 mm。

六、採樣及保存

（一）所有樣品依循採樣計畫執行，採樣計畫必須參照環保署公告之「一般廢棄物（垃圾）採樣方法」或「事業廢棄物採樣方法」撰擬。

（二）為避免大氣濕度之干擾，樣品需妥善以乾燥箱保存，實驗分析之動作應儘速，讓樣品與大氣之接觸時間縮短。

七、步驟、結果記錄與計算

（一）將設備及材料依圖 1 方式組裝。

（二）將粉碎後之樣品於 105±5℃烘箱中乾燥 2 小時，移置於乾燥器中冷卻；取瓷舟秤空重（以分析天平精稱至 0.001 g），記錄之；取約 0.5 至 1.0 g 樣品置於瓷舟中秤重，記錄之。（為防止爆管產生危險，稱取高熱值樣品時最好不要超過 0.15 g）。

（三）將管狀燃燒爐電源開關打開，使其溫度達 800 至 850℃之間。

（四）為純化氧氣，分別以無水氯化鈣（或無水過氯酸鎂）、蘇打石綿吸收瓶串聯接於氧氣瓶及氣體流量計之間，以去除鋼瓶氧氣中之水氣和二氧化碳，失效時再予更換。

（五）在管狀燃燒爐出口處接上玻璃接頭，並於玻璃接頭下方放置酒精燈點火加熱，防止水蒸氣凝結。

（六）於玻璃接頭後接上導管並置入銀網，去除硫、氯等燃燒產物之干擾。

（七）裝填四支吸收瓶：吸收瓶Ⅰ、Ⅱ裝無水過氯酸鎂，吸收燃燒產生之水蒸氣；吸收瓶Ⅲ、Ⅳ裝蘇打石綿，吸收燃燒產生之二氧化碳；並分別稱重（精稱至 0.001 g），記錄之。因蘇打石綿會吸收水蒸氣，故不宜接在前端。

（八）打開氧氣，以氣體流量計控制流量約 1500 mL/min，並以橡膠塞子將氧氣管塞在石英管前頭，並檢查整個燃燒流程是否只有最後一支吸收瓶有氣體排出，若有洩漏氣體，應設法立即排除。

（九）將含樣品之瓷舟放入燃燒管緩推送至電爐前端（350 至 400℃），著火後保持 5 至 10 分鐘，使揮發性固體物燃燒。若樣品含有高量之揮發性固體物時，為避免爆炸之虞，可考慮採以分批漸進推送方式。

（十）將橡膠塞子拔出，並將含樣品之瓷舟送入燃燒管中（約在爐中央），而後迅速將橡膠塞塞好。其後樣品應會著火而氧化，約數秒後蘇打石綿應會由黑變白，再使其燃燒約 10 分鐘，以確定燃燒完全。

（十一）待爐溫降至 300℃時，再將吸收瓶Ⅰ、Ⅱ、Ⅲ、Ⅳ卸下置於乾燥器中冷卻後分別稱重（精稱至 0.001 g）。

（十二）結果記錄與計算：

項　目	記錄與計算
① 瓷舟空重（g）	
② 〔瓷舟＋（乾）樣品〕重（g）	
③ （乾）樣品重W（g）	
④ 【吸收水蒸氣前】（吸收瓶Ⅰ、Ⅱ＋無水過氯酸鎂）重（g）	
⑤ 【吸收二氧化碳前】（吸收瓶Ⅲ、Ⅳ＋蘇打石綿）重（g）	
⑥ 【吸收水蒸氣後】（吸收瓶Ⅰ、Ⅱ＋無水過氯酸鎂＋水）重（g）	
⑦ 【吸收二氧化碳後】（吸收瓶Ⅲ、Ⅳ＋蘇打石綿＋二氧化碳）重（g）	
⑧ 水重ΔA_{H_2O}（g）【水分吸收劑增重，即吸收瓶Ⅰ、Ⅱ增加之重量】	
⑨ 二氧化碳重ΔA_{CO_2}（g）【二氧化碳吸收劑增重，即吸收瓶Ⅲ、Ⅳ增加之重量】	
⑩ 氫（H）含量（%）【$H(\%)=\left[\Delta A_{H_2O}\times(2/18)/W\right]\times100\%$】	
⑪ 碳（C）含量（%）【$C(\%)=\left[\Delta A_{CO_2}\times(12/44)/W\right]\times100\%$】	

【註5】結果計算

　　乾基廢棄物可燃物中各成分元素分析值計算如下：

$$C(\%)=\left[\Delta A_{CO_2}\times(12/44)/W\right]\times100\%$$
$$H(\%)=\left[\Delta A_{H_2O}\times(2/18)/W\right]\times100\%$$

C（%）：碳含量重量百分比（乾基）

H（%）：氫含量重量百分比（乾基）

ΔA_{CO_2}：二氧化碳吸收劑增重（g）【吸收瓶Ⅲ和Ⅳ之增重】

ΔA_{H_2O}：水分吸收劑增重（g）【吸收瓶Ⅰ和Ⅱ之增重】

W：樣品乾重（g）

八、品質管制

（一）樣品重複分析：每一樣品必須執行重複分析，若兩次分析的差值在10%以下，取其平均；若在10%以上，則需再進行第三次測定。

（二）若第三次測定值與前二次平均值的差值大於5%時，則必須捨去前三次的實驗數據，重新進行分析。

（三）若第三次測定值與前二次平均值的差值小於5%時，則取三次分析數據平均值作為該樣品之檢測結果。

（四）高溫處理樣品於乾燥器冷卻至室溫稱重，宜重複至前後兩次重量差小於0.005g為止。

九、參考資料：中華民國93年11月19日環署檢字第0930084869A號公告：NIEA R403.21C

十、心得與討論

第 15 章：廢棄物中凱氏氮含量檢測方法

一、相關知識

(一) 廢棄物與凱氏氮

　　「含氮化合物」頗為複雜，一般可將氮化合物分為無機態氮化合物（Inorg-N，如：NH_3-N、NO_2^--N、NO_3^--N）與有機態氮化合物（Org-N，如：蛋白質、胺基酸）兩大類。

　　「凱氏氮」是指以「凱氏氮含量檢測方法（Kjeldahl method）」測得「氮含量」的方法，此「氮含量」包括氨氮（NH_3-N）和於測定條件下能被轉化為銨鹽（$-NH_4^+$）而被測定的有機氮化合物。【註 1：此類有機氮化合物主要是指蛋白質、氨基酸、肽、脒、核酸、尿素及其他合成的氮為負三價形態的有機氮化合物。但不包括疊氮化合物、連氮、偶氮、腙、腈、肟、亞硝酸鹽、硝酸鹽、亞硝基、硝基和半卡巴腙類的含氮化合物。】

　　廚餘廢棄物〔如：乳製品、麵粉、玉米、高粱、花生、大米、大豆、大麥、小米、燕麥、裸麥、芝麻、向日葵、動物肉類（如：雞鴨魚牛羊豬）〕、廢美耐皿餐具（含三聚氰胺，Melamine，$C_3H_6N_6$，一種工業塑膠原料）皆含有有機氮化合物，此類含有機氮化合物之廢棄物若以焚化法處理，其所含之氮常會轉化為氮氧化物（NO_x：NO、NO_2），氮氧化物（NO_x）為空氣污染物。

(二) 廢棄物中凱氏氮含量檢測及分析值計算

　　經由「凱氏氮含量檢測方法（Kjeldahl method）」測得的含氮量一般被稱作總凱氮量。

　　「凱氏氮含量檢測方法（Kjeldahl method）」係在硫酸、硫酸鉀及以硫酸銅為催化劑的消化條件下，樣品中含氨基氮的有機物質會轉換為硫酸銨〔$(NH_4)_2SO_4$〕。樣品在消化過程中，先形成銅銨錯合物，而後被硫代硫酸鈉（$Na_2S_2O_3$）分解，分解產生的氨，在鹼性溶液中蒸餾出，被吸收於硫酸溶液後，再依「水中氨氮檢測方法」測定氨氮的濃度即可以定量，此稱為凱氏氮。

　　【註 2：行政院環境保護署公告之水中氨氮檢測方法有（1）水中氨氮檢測方法－靛酚比色法（NIEA W448）。（2）水中氨氮之流動注入分析法－靛酚法（NIEA W437）。（3）水中氨氮檢測方法－氨選擇性電極法（NIEA W446）。】

　　廢棄物中凱氏氮含量分析值計算如下：

A ＝ A'×F

　　A：樣品中凱氏氮的濃度（mg/L）

　　A'：由檢量線求得樣品溶液中氨氮的濃度（mg/L）

　　F：稀釋倍數

$$Ni(\%) = \left[(A/1000) \times (250/1000) \;/\; W \right] \times 100\% = \left[(A \times 0.25 \;/\; 1000) \;/\; W \right] \times 100\%$$

【註3：依檢測步驟進行消化、蒸餾（以試劑水定量至250 mL＝0.25 L）、氨氮濃度測定。】

W：樣品乾重（g）

N（%）：（乾）廢棄物樣品中氮（N）含量重量百分率

i：一般廢棄物組成種類〔如：1.紙類；2.纖維布類；3.木竹稻草落葉類；4.廚餘類；5.塑膠類；6.皮革橡膠類；7.其他（含 5 mm 以下之雜物、碎屑紙類）〕

【註 4：在水處理領域，一般認為：

　　總凱氏氮＝氨氮（NH_3-N）＋有機氮（Org-N）（即：凱氏氮為氨氮與總有機氮之和）

　　總氮＝總凱氏氮＋硝酸鹽氮（NO_3^--N）＋亞硝酸鹽氮（NO_2^--N）

　　　　＝氨氮（NH_3-N）＋有機氮（Org-N）＋硝酸鹽氮（NO_3^--N）＋亞硝酸鹽氮（NO_2^--N）〕

例1：氨氮儲備溶液（Ammonium stock standard）製備

以經110℃乾燥2小時之無水氯化銨（NH_4Cl）配製1000cc之氨氮儲備溶液，（1） 使每1cc溶液中含有1.00 mg氨氮（NH_3-N），應如何配製？

解：NH_4Cl莫耳質量＝14.01＋1.01×4＋35.45＝53.50（gmole）

氨氮儲備溶液濃度＝1.00 mg NH_3-N／1cc＝1000.00 mg NH_3-N／1000cc＝1.000g NH_3-N／1L

設需要NH_4Cl為X（g），則

14.01／53.50＝1.00／X

得X≒3.819（g）

即秤取3.819g NH_4Cl（內含有1.000g N）於1000cc定量瓶中，以試劑水溶解之，稀釋至刻度，得1.00 mg NH_3-N/cc之氨氮儲備溶液1L。

（2） 此溶液相當於含有？（mg NH_3/cc）

解：NH_3莫耳質量＝14.01＋1.01×3＝17.04（gmole）

設此溶液相當於含有Y（mg NH_3/cc），則

14.01／17.04＝1.00／Y

Y≒1.22（mg NH_3/cc）

【註5：相當於此溶液1.00cc＝1.00 mg N＝1.00 mg NH_3-N＝1.22 mg NH_3】

例2：10.00 μg NH_3-N/cc氨氮標準中間溶液製備

如何以1.00 mg NH_3-N/cc氨氮儲備溶液製備10.00 μg NH_3-N/cc氨氮標準中間溶液1000cc？

解：1000cc之10.00 μg NH_3-N/cc氨氮標準溶液含有NH_3-N量＝1000cc×10.00 μg NH_3-N/cc＝10000.00 μg NH_3-N＝10.00 mg NH_3-N

設需取1.00 mg NH_3-N/cc氨氮儲備溶液Vcc，則

10.00 mg NH_3-N＝Vcc×1.00 mg NH_3-N/cc

得V＝10.0（cc）

即取10.0cc氨氮儲備溶液至1000cc定量瓶內，以試劑水稀釋至刻度，得此溶液1.00cc＝10.00 μg氨氮（或10.00 μg NH_3-N/cc）。

例3：氨氮標準溶液製備及檢量線製備【水中氨氮檢測方法－靛酚比色法】

分別取氨氮標準中間溶液(10.00 μg NH_3-N/cc)0.10、0.50、1.50、2.50、5.00cc，於5支100cc定量瓶，再以試劑水稀釋至刻度，依【水中氨氮檢測方法－靛酚比色法】之步驟操作，讀取640nm波長之吸光度，結果如下表：

100cc定量瓶編號	1	2	3	4	5
取10.00 μg NH_3-N/cc標準溶液體積(cc)	0.20	1.00	3.00	5.00	10.00
NH_3-N含量(μg)	2.00	10.00	30.00	50.00	100.00
以試劑水稀釋至(cc)	100	100	100	100	100

（續下表）

100cc定量瓶編號	1	2	3	4	5
稀釋後NH$_3$-N濃度(μg/cc)	0.02	0.10	0.30	0.50	1.00
稀釋後NH$_3$-N濃度(mg/L)－X軸	0.02	0.10	0.30	0.50	1.00
於640nm之吸光度Abs.－Y軸	0.0236	0.1200	0.3470	0.6041	1.2001

繪製NH$_3$-N標準溶液濃度（mg/L）（X軸）－吸光度（Y軸）之檢量線圖及檢量線方程式？

解：利用Microsoft Excel製作NH$_3$-N標準溶液濃度（mg/L）（X軸）－吸光度（Y軸）之檢量線圖及檢量線方程式，結果如下：

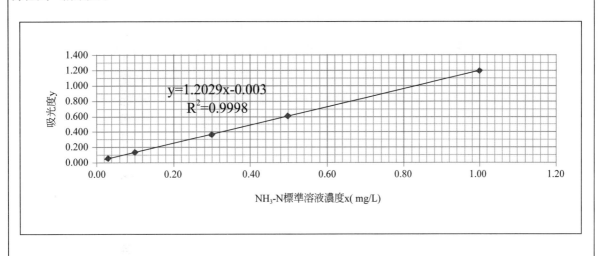

例4：廢棄物中凱氏氮含量、氮含量重量百分率之計算

取粉碎後（濕）廢棄物樣品5.356 g，於105℃烘箱烘乾後重2.058 g，再將此（乾）廢棄物樣品依「廢棄物中凱氏氮含量檢測方法」步驟進行消化、蒸餾（以試劑水定量至250 mL）、氨氮濃度測定，得樣品溶液吸光度Abs.＝0.8685（樣品溶液稀釋5倍），試計算廢棄物樣品中（乾基）氮含量（N$_d$）、（濕基）氮含量（N$_w$）各為？（%）

解：樣品溶液吸光度Abs.＝0.0868（樣品溶液稀釋5倍），則

代入檢量線方程式：y＝1.2029x－0.003，求得樣品溶液中氨氮的濃度x（或A'）（mg/L）

0.8685＝1.2029x－0.003

x＝A'≒0.72（mg/L）

設廢棄物樣品中凱氏氮的濃度為A（mg/L），則

A＝A'×F＝0.72×5＝3.60（mg/L）

設廢棄物樣品中（乾基）氮含量重量百分率為（N$_d$%），則

N$_d$（%）＝〔（A/1000）×（250/1000）/ W$_d$〕×100%＝〔（A×0.25 / 1000）/ W$_d$〕×100%＝〔（3.60×0.25 / 1000）/ 2.058〕×100%≒0.0437（%）

設廢棄物樣品中（濕基）氮含量重量百分率為（N$_w$%），則

N$_w$（%）＝〔（A/1000）×（250/1000）/ W$_w$〕×100%＝〔（A×0.25 / 1000）/ W$_w$〕×100%＝〔（3.60×0.25 / 1000）/ 5.356〕×100%≒0.0168（%）

二、適用範圍

本方法適用廢棄物中凱氏氮含量之檢測。

三、干擾

（一）硝酸鹽：樣品中若硝酸鹽含量超過 10 mg/L 時，部份有機氮在消化過程中釋出的氨可能氧化，產生 N_2O 造成負干擾；當過多的低氧化態的有機物存在時，硝酸鹽會被還原成氨造成正干擾。但因造成干擾之原因未被詳細探討，故尚無消除此干擾之方法。

（二）無機鹽及固體：本方法中添加消化試劑之目的是將消化溫度提升至 375 至 385℃ 左右。但若樣品中含有大量的溶解性鹽類或無機固體時，則在消化過程中溫度可能會提升至 400℃ 以上，導致氮化物在此高溫下熱解生成氮氣，而造成漏失。為了避免消化溫度過高，可加較多的 H_2SO_4 以保持酸 – 鹽平衡。雖然並非所有鹽類造成之溫度上升情況相同，但每克鹽類物質加入 1 mL H_2SO_4 可得到較合理結果。除了加過量的酸於樣品外，亦須加於試劑空白中。過多的酸將造成消化溫度低於 360℃，導致不完全的消化及低回收率。必要時在蒸餾前可多加入氫氧化鈉 – 硫代硫酸鈉溶液以中和過多的酸。大量的鹽類或固體亦可能造成蒸餾過程之突沸，若有此情況發生，可在樣品消化後即以多量的水予以稀釋。

（三）有機物質：在消化過程中，硫酸會將有機物氧化成二氧化碳及水。樣品中若含有大量之有機物，則會消耗大量的酸，導致鹽類對酸的比例增加，造成消化溫度上升。如果有機物質過量，溫度將超過 400℃，造成 N_2 之熱分解漏失。為避免此現象發生，於消化瓶中每 3 g 化學需氧量加入 10 mL 濃硫酸 (對大部份有機物質而言，3 g 化學需氧量約等於 1 g 有機物質)，或是每 1g 化學需氧量額外加入 50 mL 消化試劑。消化結束後，為了提高蒸餾時樣品之 pH 值，必須額外加入氫氧化鈉 – 硫代硫酸鈉。因所加入之試劑可能含有微量的氨，所以試劑空白必須與樣品做同樣前處理。

四、設備及材料

本方法所使用之器皿均應以試劑水（調整 pH 值為 9.5）清洗，以去除殘餘之氨氮。

（一）循環送風式烘箱，附排氣設備且可設定 105±5℃ 者。

（二）乾燥器（或乾燥箱，附濕度顯示計）。

（三）分析天平，可精稱至 0.1 mg。

（四）消化裝置：1000 mL 分解瓶（凱氏瓶）及加熱器〔應可提供 375 至 385℃ 溫度，且將 250 mL 水由室溫（25℃）加熱至沸騰約 5 分鐘，以有效消化〕，並置於能除去水蒸氣及三氧化硫氣體之排煙櫃中。

（五）pH 計。

（六）蒸餾裝置：1000 mL 燒瓶，接口處以磨砂口銜接，如圖 1。

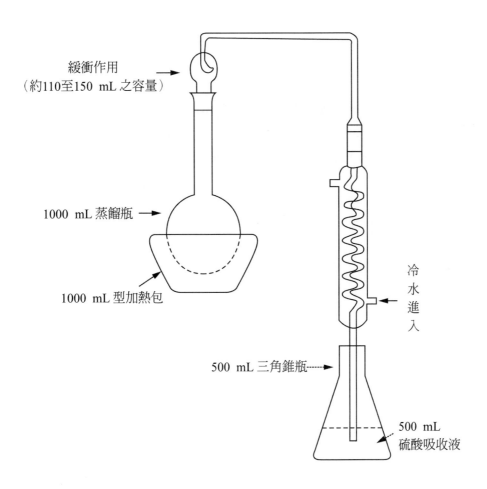

緩衝作用
（約110至150 mL 之容量）

1000 mL 蒸餾瓶

1000 mL 型加熱包

冷水進入

500 mL 三角錐瓶

500 mL
硫酸吸收液

圖 1：蒸餾裝置

五、試劑

(一) 試劑水：去離子蒸餾水或將 1 L 之蒸餾水加入 0.2 mL 6 M 氫氧化鈉溶液，再蒸餾收集
蒸出液。試劑水應於使用前備製。

(二) 氫氧化鈉，6 M：溶解 240 g 氫氧化鈉於試劑水，再定容至 1 L。

(三) 沸石：以分子篩沸石效果較佳，使用前須於清洗蒸餾裝置時一同清洗。

(四) 硫酸 (吸收) 溶液 0.02M：稀釋 1 mL 濃 H_2SO_4 至 1 L。

(五) 消化試劑：溶解 100 g 硫酸鉀於 650 mL 試劑水及 200 mL 濃硫酸中，再加入 40 g 硫酸
銅（$CuSO_4 \cdot 5H_2O$），並予以搖晃，最後以試劑水定容至 1 L。

(六) 氫氧化鈉－硫代硫酸鈉試劑：溶解 500 g 氫氧化鈉及 25 g 硫代硫酸鈉（$Na_2S_2O_3 \cdot 5H_2O$）
於試劑水中並定容至 1 L。

(七) 凱氏氮標準溶液：（查核及添加分析用），購買經濃度確認並附保存期限說明之市售標
準儲備溶液。

六、採樣及保存

(一)所有樣品依循採樣計畫執行,採樣計畫請參照環保署公告之「一般廢棄物(垃圾)採樣方法 (NIEA R124)」或「事業廢棄物採樣方法 (NIEA R118)」撰擬。

(二)為避免大氣濕度之干擾,樣品需妥善以乾燥箱保存。若樣品為液態,則保存於 4℃冷藏。實驗分析之動作應儘速,讓樣品與大氣之接觸時間縮短。

七、步驟、結果記錄與計算

(一)將粉碎後之各類樣品,各取約 2g 置於坩鍋中,於 105±5℃烘箱中乾燥 2 小時,置於乾燥器中冷卻,以分析天平精稱其重 W;或精稱均勻的廢棄物樣品進行以下步驟。

①	樣品種類(名稱)				
②	坩鍋編號				
③	坩鍋空重(g)				
④	經烘乾、冷卻後(坩鍋+樣品)重(g)				
⑤	樣品(乾)重W(g)				

(二)消化

將上述樣品小心的慢慢加入約42 mL 消化試劑及少許沸石。在排煙櫃中加熱進行消化,當藍色之硫酸銅褪色,並產生大量白煙(如樣品有機物含量多則可能是黑煙)後,再繼續加熱消化 30 分鐘。消化結束後,靜置冷卻,以試劑水稀釋至 250 mL(溶液變藍色),移入蒸餾燒瓶中。傾斜燒瓶,並小心的慢慢加入約 42 mL 氫氧化鈉－硫代硫酸鈉試劑,使燒瓶底部形成鹼液層。接著將燒瓶連接於蒸餾裝置,搖動燒瓶以使溶液混合均勻,此時將出現硫化銅黑色沈澱物,溶液的 pH 值應在 11.0 以上。

(三)蒸餾

蒸餾上述溶液,以每分鐘 6 至 10 mL 速率蒸餾,收集氨蒸餾液至 250 mL 定量瓶或其他適用的蒸餾接收容器,上述量瓶內須置放約 42 mL 0.02M 的硫酸吸收溶液(注意:冷凝管須伸至吸收液面下);收集蒸餾液至少 150 mL 於氨蒸餾液的接收容器內,再將蒸餾裝置的輸送管末端離開吸收溶液面,不再與其接觸,然後繼續蒸餾數分鐘,以洗滌冷凝器及輸送管線至蒸餾液約 200 mL,再以試劑水定量至 250 mL。

(四)氨氮濃度測定

將前處理完成之樣品,依照水中氨氮檢測方法測定,求得的氨氮即稱為凱氏氮。

【註 6:行政院環境保護署公告之水中氨氮檢測方法有 (1) 水中氨氮檢測方法－靛酚比色法 (NIEA W448)。(2) 水中氨氮之流動注入分析法－靛酚法 (NIEA W437)。(3) 水中氨氮檢測方法－氨選擇性電極法 (NIEA W446)。】

(五) 結果記錄與計算：

水中氨氮檢測方法－靛酚比色法(NIEA W448)－標準溶液檢量線						
①	100cc定量瓶編號	1	2	3	4	5
②	取10.00μg NH$_3$-N/cc標準溶液體積（cc）					
③	NH$_3$-N含量（μg）					
④	以試劑水稀釋至（cc）					
⑤	稀釋後NH$_3$-N濃度（μg/cc）					
⑥	稀釋後NH$_3$-N濃度：x（mg/L）					
⑦	於640nm之吸光度Abs.：y					
⑧	NH$_3$-N標準溶液濃度（X軸）－吸光度（Y軸）之檢量線方程式：y＝ax＋b、R^2					

(六) 手繪檢量線，於下圖將 Microsoft Excel 所得之 NH$_3$-N 檢量線方程式 y＝ax+b 繪成檢量線，選適當二點（x_1，y_1）、（x_2，y_2）即可繪成一直線：

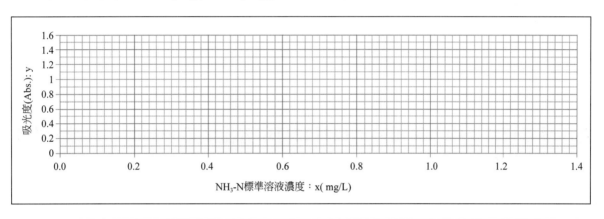

廢棄物中凱氏氮含量分析值計算【註7：依檢測步驟進行消化、蒸餾（以試劑水定量至250 mL）】						
⑨	樣品溶液編號	1	2	3	4	5
⑩	樣品溶液名稱（種類）					
⑪	（樣品溶液）稀釋倍數F					
⑫	樣品溶液於640nm之吸光度Abs.：y					
⑬	由檢量線（方程式）求得樣品溶液中氨氮的濃度x＝A'（mg/L）					
⑭	樣品中凱氏氮的濃度A＝A'×F（mg/L）					
⑮	樣品乾重W_i（g）					
⑯	（乾基）廢棄物樣品中氮（N）含量重量百分率 N_i（%）＝〔（A×0.25／1000）／W_i〕×100%					

【註8】結果計算

　　廢棄物中凱氏氮含量分析值計算如下：

　　A ＝ A'×F

　　Ni（%）＝〔（A×0.25／1000）／W〕×100%

　　A：樣品中凱氏氮的濃度（mg/L）

　　A'：由檢量線求得樣品溶液中氨氮的濃度（mg/L）

　　F：稀釋倍數

　　W：樣品乾重（g）

N（%）：氮含量（%）
i：一般廢棄物組成種類

八、品質管制

（一）檢量線：製備檢量線時，至少應包括五種不同濃度之標準溶液，其線性相關係數（R值）應大於或等於 0.995 以上。

（二）空白分析：每批次或每十個樣品至少應執行一個空白樣品分析（依樣品前處理步驟消化及蒸餾），空白分析值應小於二倍方法偵測極限。

（三）查核樣品分析：每批次或每十個樣品至少應執行一個查核樣品分析。選擇至少一種濃度之凱氏氮標準溶液，依樣品前處理步驟消化及蒸餾，以檢核消化及蒸餾過程之回收率。

（四）重複分析：每批次或每十個樣品至少應執行一個重複分析（依樣品前處理步驟消化及蒸餾）。

（五）添加標準品分析：每批次或每十個樣品至少應執行一個添加已知量標準溶液之樣品分析（依樣品前處理步驟消化及蒸餾）。

九、參考資料：中華民國93年12月22日環署檢字第0930094520號公告：NIEA R410.21C

十、心得與討論

_____

_____

_____

_____

_____

_____

_____

_____

_____

_____

_____

_____

第16章：硫、氯元素含量檢測方法－燃燒管法

一、相關知識

(一) 廢棄物（垃圾）中硫（S）、氯（Cl）元素

　　廢棄物（垃圾）中「可燃物」之元素分析包括有：碳（C）、氫（H）、氧（O）、氮（N）、硫（S）、氯（Cl）。可以簡式 $C_aH_bO_cN_dS_eCl_f$ 表示。

　　垃圾物理組成中可燃物包括：1. 紙類 2. 纖維布類 3. 木竹稻草類 4. 廚餘類 5. 塑膠類 6. 皮革橡膠類 7. 其他（含 5mm 以下之雜物）等類。此等可燃物（垃圾）或多或少會含有硫（S）、氯（Cl）元素，此類含硫（S）、氯（Cl）之垃圾若以焚化法處理，其所含之硫（S）、氯（Cl）常會轉化為硫氧化物（SO_X：SO_2、SO_3）與氯化氫（HCl）酸性氣體，硫氧化物與氯化氫氣體皆為空氣污染物。測定廢棄物（垃圾）中硫（S）、氯（Cl）元素含量，可推估焚化處理時所需之氧氣（空氣）量及廢氣中硫氧化物與氯化氫氣體之產生量。

(二) 廢棄物（垃圾）中硫（S）、氯（Cl）元素含量檢測方法－燃燒管法

　　「硫、氯元素含量檢測方法－燃燒管法」之組裝如圖 1 所示，係將粉碎後之（乾）廢棄物（可燃物）樣品置瓷舟內，通入足夠之氧氣，使其在 800 至 850℃密閉燃燒管中加熱燃燒，廢棄物樣品中之硫（S）、氯（Cl）可被燃燒反應為硫氧化物（SO_X：SO_2、SO_3）與氯化氫（HCl）酸性氣體，再以 3%H_2O_2（過氧化氫，即雙氧水）溶液吸收，使成硫酸（H_2SO_4）與鹽酸（HCl）水溶液。吸收液定量後經「滴定法」或「離子層析法」分析，可得硫酸根（SO_4^{2-}）與氯離子（Cl^-）產生量，即可換算求出廢棄物樣品中之硫（S）、氯（Cl）元素重量百分比。

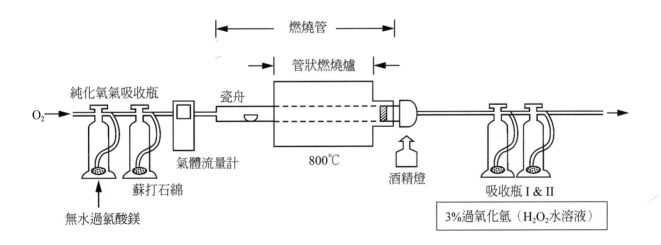

圖 1：　廢棄物中硫、氯元素含量檢測組裝範例圖

【註 1：行政院環境保護署公告之硫（S）、氯（Cl）檢測方法有（1）滴定法：參照水中氯鹽檢測方法－硝酸銀滴定法（NIEA W407），可定量吸收液中氯離子（Cl⁻）含量；排放管道中總硫氧化物檢測方法－沈澱滴定法（NIEA A405），可定量吸收液中硫酸根離子（SO_4^{2-}）含量。（2）離子層析法：參照水中陰離子檢測方法－離子層析法（NIEA W415），可同時定量吸收液中氯離子（Cl⁻）及硫酸根離子（SO_4^{2-}）含量。】

　　若（乾）廢棄物（可燃物）以 $C_aH_bO_cN_dS_eCl_f$ 表示，則所含硫（S）、氯（Cl）元素可燃燒反應為硫氧化物（SO_X：SO_2、SO_3）與氯化氫（HCl）氣體，反應式如下：

$$S_{(g)} + X/2O_{2(g)} \rightarrow SO_X (SO_2 \text{、} SO_3)_{(g)}$$
$$Cl_{2(g)} + H_{2(g)} \rightarrow 2HCl_{(g)}$$

　　產生之 SO_X、HCl 氣體以 3%H_2O_2（過氧化氫）水溶液吸收，使成硫酸（H_2SO_4）與鹽酸（HCl）水溶液（皆為強酸，於水中視為可完全解離），其可分別解離出硫酸根離子（SO_4^{2-}）與氯離子（Cl⁻），反應式如下：

$$SO_{2(g)} + H_2O_{2(l)} + SO_{3(g)} + H_2O_{(l)} \rightarrow 2H_2SO_{4(aq)}$$
$$H_2SO_{4(aq)} \rightarrow 2H^+_{(aq)} + SO_4^{2-}{}_{(aq)}$$
$$HCl_{(g)} + H_2O_{(l)} \rightarrow HCl_{(aq)}$$
$$HCl_{(aq)} \rightarrow H^+_{(aq)} + Cl^-_{(aq)}$$

(三) 廢棄物（垃圾）中硫（S）、氯（Cl）元素含量分析值計算

　　吸收液定量後經「滴定法」或「離子層析法」分析可得硫酸根（SO_4^{2-}）與氯離子（Cl⁻）產生量，即可換算求出廢棄物（可燃物）樣品中之硫（S）、氯（Cl）元素重量百分比。

　　（乾基）廢棄物（垃圾）中可燃物之硫（S）、氯（Cl）元素分析值計算如下：

$$W_S(g) = \{[SO_4^{2-}](mg/L) \times V(L) / 1000(mg/g)\} \times (32 / 96)$$
$$W_{Cl}(g) = [Cl^-](mg/L) \times V(L) / 1000(mg/g)$$
$$S(\%) = (W_S / W) \times 100\%$$
$$Cl(\%) = (W_{Cl} / W) \times 100\%$$

式中

　　W_S：硫元素重量（g）

　　[SO_4^{2-}]：由滴定法或離子層析法測得吸收液中硫酸根離子濃度（mg/L）

　　V：吸收液體積（L）

【註 2：吸收瓶Ⅰ、Ⅱ盛裝 3%H_2O_2（過氧化氫）水溶液；將吸收液蒐集並定量至一定體積（V）。】

　　W_{Cl}：氯元素重量（g）

　　[Cl⁻]：由滴定法或離子層析法測得吸收液中氯離子濃度（mg/L）

S（%）：硫元素重量百分比（%）（乾基）

Cl（%）：氯元素重量百分比（%）（乾基）

W：廢棄物樣品乾重（g）

例1：硫酸根離子（SO_4^{2-}）標準儲備溶液（Ammonium stock standard）製備

取經105℃乾燥隔夜之硫酸鉀（K_2SO_4）1.8141g，以試劑水配製成1000cc之含硫酸根離子（SO_4^{2-}）標準儲備溶液，則溶液中硫酸根離子（SO_4^{2-}）濃度為？（mg/L）

解：K_2SO_4莫耳質量＝39.10×2＋32.07＋16.00×4＝174.27（g/mole）

SO_4^{2-}莫耳質量＝32.07＋16.00×4＝96.07（gmole）

則溶液中硫酸根離子（SO_4^{2-}）濃度＝1.8141×1000×（96.07 / 174.27）＝1000.06≒1000（mg/L）

【註3：相當於此溶液 1.00 cc = 1.00mg SO_4^{2-}】

例2：硫酸根離子（SO_4^{2-}）標準溶液製備及檢量線製備【水中陰離子檢測方法－離子層析法】

分別取硫酸根離子（SO_4^{2-}）標準儲備溶液（1.00mg SO_4^{2-}/cc）：0.02、0.10、0.20、0.50、1.00cc於100cc定量瓶，再以試劑水稀釋至刻度，依【水中陰離子檢測方法－離子層析法】之步驟操作，讀取離子層析儀之訊號，結果如下表：

① 100cc定量瓶編號	1	2	3	4	5
② 取1.00mg SO_4^{2-}/cc標準儲備溶液體積（cc）	0.02	0.10	0.20	0.50	1.00
③ SO_4^{2-}含量（mg）	0.02	0.10	0.20	0.50	1.00
④ 以試劑水稀釋至（cc）	100	100	100	100	100
⑤ 稀釋後SO_4^{2-}標準溶液濃度（mg/L）	0.20	1.00	2.00	5.00	10.00
⑥ 於離子層析儀之訊號	1.938	8.920	17.625	43.934	92.565

繪製SO_4^{2-}標準溶液濃度（mg/L）（X軸）－離子層析儀之訊號（Y軸）之檢量線圖及檢量線方程式？

解：利用Microsoft Excel製作SO_4^{2-}標準溶液濃度（mg/L）（X軸）－離子層析儀之訊號（Y軸）之檢量線圖及檢量線方程式，結果如下：

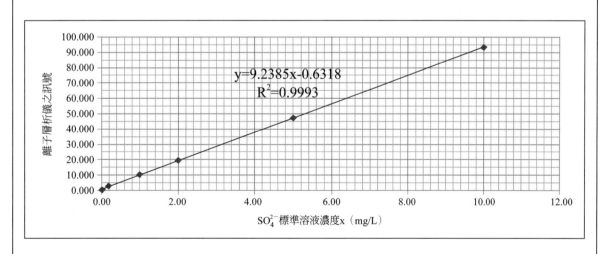

例3：氯離子（Cl^-）標準儲備溶液（Ammonium stock standard）製備

取經105℃乾燥隔夜之氯化鈉（NaCl）1.6485g，以試劑水配製成1000cc之含氯離子（Cl^-）標準儲備溶液，則溶液中氯離子（Cl^-）濃度為？（mg/L）

解：NaCl莫耳質量＝22.99＋35.45＝58.44（gmole）

則溶液中氯離子（Cl^-）濃度＝1.6485×1000×（35.45 / 58.44）＝999.99≒1000（mg/L）

【註4：相當於此溶液 1.00 cc = 1.00mg Cl^-】

例4：氯離子（Cl^-）標準溶液製備及檢量線製備【水中陰離子檢測方法－離子層析法】

分別取氯離子（Cl^-）標準儲備溶液（1.00mg Cl^-/cc）：0.02、0.10、0.20、0.50、1.00cc於100cc定量瓶，再以試劑水稀釋至刻度，依【水中陰離子檢測方法－離子層析法】之步驟操作，讀取離子層析儀之訊號，結果如下表：

① 100cc定量瓶編號	1	2	3	4	5
② 取1.00mg SO_4^{2-}/cc標準儲備溶液體積（cc）	0.02	0.10	0.20	0.50	1.00
③ SO_4^{2-}含量（mg）	0.02	0.10	0.20	0.50	1.00
④ 以試劑水稀釋至（cc）	100	100	100	100	100
⑤ 稀釋後SO_4^{2-}標準溶液濃度（mg/L）	0.20	1.00	2.00	5.00	10.00
⑥ 於離子層析儀之訊號	2.505	11.950	24.208	64.243	142.038

繪製Cl^-標準溶液濃度（mg/L）（X軸）－離子層析儀之訊號（Y軸）之檢量線圖及檢量線方程式？

解：利用Microsoft Excel製作Cl^-標準溶液濃度（mg/L）（X軸）－離子層析儀之訊號（Y軸）之檢量線圖及檢量線方程式，結果如下：

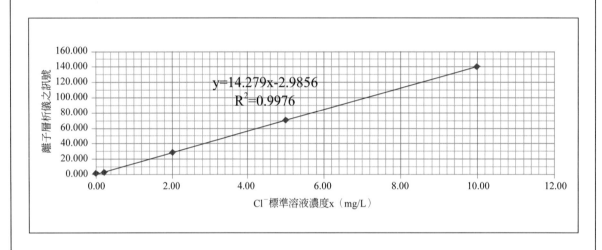

例5：垃圾中硫（S）、氯（Cl）元素含量分析值計算

某紙類樣品濕重10.856g，經破碎後置105℃烘箱乾燥2小時，於乾燥器中冷卻後秤重為5.823g

（1）試計算紙類樣品之含水量、乾固體物（重量百分比）各為？（%）

解：含水量＝〔（10.856－5.823）／10.856〕×100%＝46.36（%）

乾固體物（重量百分比）＝100%－46.36%＝53.64（%）

（2）取乾燥後（紙類）樣品0.558g入管狀燃燒爐（800~850℃）燃燒反應，產生之氣體以3%H_2O_2吸收；吸收液（體積400cc＝0.4L）；再以「離子層析法」分別測得SO_4^{2-}於離子層析儀之訊號y＝21.109、Cl^-於離子層析儀之訊號y＝45.733；試計算吸收液中〔SO_4^{2-}〕、〔Cl^-〕濃度各為？（mg/L）

解：SO_4^{2-}之檢量線方程式：y＝9.2385x－0.6318

代入：21.109＝9.2385x－0.6318

x＝2.35（mg/L）＝〔SO_4^{2-}〕

Cl^-之檢量線方程式：y＝14.279x－2.9856

代入：45.733＝14.279x－2.9856

x＝3.41（mg/L）＝〔Cl^-〕

（3）試計算（乾基）紙類樣品中硫（S）、氯（Cl）含量各為？（%）

解：SO_4^{2-}莫耳質量＝32.00＋16.00×4＝96.00（g/mole）

硫元素重量W_S＝（2.35×0.4／1000）×（32／96）＝0.000313（g）

氯元素重量W_{Cl}＝（3.41×0.4／1000）＝0.00136（g）

（乾基）硫（S）含量＝〔0.000313／0.558〕×100%＝0.056（%）

（乾基）氯（Cl）含量＝〔0.00136／0.558〕×100%＝0.244（%）

（4）試計算（濕基）紙類樣品中硫（S）、氯（Cl）含量各為？（%）

解：（濕基）硫（S）含量＝〔（10.856×53.64%×0.056%）／10.856〕×100%＝0.03（%）

（濕基）氯（Cl）含量＝〔（10.856×53.64%×0.244%）／10.856〕×100%＝0.13（%）

另解：（濕基）硫（S）含量＝0.056%×（100－46.36）／100＝0.03（%）

（濕基）氯（Cl）含量＝0.244%×（100－46.36）／100＝0.13（%）

（5）試估算欲完全燃燒反應1kg（濕）紙類中之硫（S），則理論需氧量、理論空氣量各為？（g）又會產生二氧化硫（SO_2）為？（g）【註：假設硫（S）完全燃燒反應為二氧化硫（SO_2）。】

解：SO_2莫耳質量＝32.00＋16.00×2＝64.00（g/mole）

1kg（濕）紙類中含有之硫（S）重＝1000×0.03%＝0.3（g）【或＝1000×53.64%×0.056%＝0.3（g）】

硫（S）燃燒氧化為二氧化硫（SO_2）之反應式：$S+O_2 \rightarrow SO_2$

故燃燒0.3g硫（S）所需理論需氧量

＝0.3/32.0（mole）＝0.00938（mole）＝0.00938（mole）×32.00（g/mole）＝0.30（g）

所需理論空氣量（A_0）＝0.30×（28.84／6.72）＝1.29（g）

【註5：空氣中氮（N_2）體積約占79%、氧（O_2）體積約占21%，空氣平均分子量＝0.79×28.00＋0.21×32.00＝22.12＋6.72＝28.84（g/mole）】

產生之二氧化硫（SO_2）量＝0.3/32.0（mole）＝0.00938（mole）＝0.00938（mole）×64.00（g/mole）＝0.60（g）

（6）試估算欲完全燃燒反應1kg（濕）紙類中之氯（Cl），理論產生氯化氫（HCl）量為？（g）

解：1 kg（濕）紙類中含有之氯（Cl）重＝1000×0.13%＝1.3（g）【或＝1000×53.64%×0.242%＝1.3（g）】

氯（Cl）與氫（H）燃燒反應為氯化氫（HCl）之反應式：

$Cl_{2(g)}+H_{2(g)} \rightarrow 2HCl_{(g)}$ 【註6：反應所需之氫（H）主要來自（可燃性）廢棄物中之氫元素。】

故1.3g氯（Cl）與氫（H）燃燒反應生成氯化氫（HCl）量

＝（2）×（1.3/70.90）（mole）＝0.037（mole）＝0.037（mole）×（1.01＋35.45）（g/mole）≒1.35（g）

二、適用範圍

本方法適用於廢棄物及其他基質（如燃料煤等）可由燃燒管燃燒之樣品中硫、氯等元素含量檢測。

三、干擾

（一）管狀燃燒爐不須加裝銀網，以免造成負偏差。

（二）以酒精燈加熱爐外之管壁，可防止水氣凝結，以減少造成負偏差。

四、設備及材料

（一）烘箱：附排氣設備，且能控溫在 105±5℃。

（二）乾燥器。

（三）分析天平：能精稱至 0.001 g。

（四）燃燒管：石英管，內徑約 48 mm，長度約 120 cm。

（五）管狀燃燒爐：長約 84 cm，由電力加熱，操作溫度範圍由 400 至 1000℃，並可維持 800 至 850℃之間。

（六）吸收瓶（250 mL）：如下圖例所示。

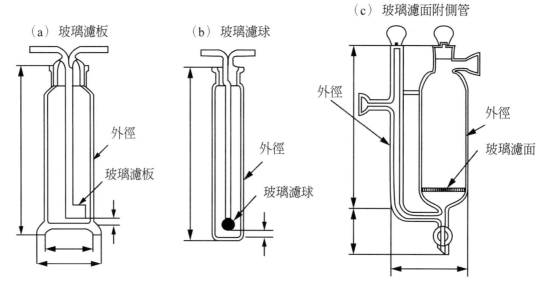

（a）玻璃濾板　（b）玻璃濾球　（c）玻璃濾面附側管

外徑　玻璃濾板　外徑　玻璃濾球　外徑　外徑　玻璃濾面

（七）純化氧氣吸收瓶。

（八）玻璃接頭。

（九）防熱橡膠導管。

（十）瓷舟（80 mm×15 mm×10 mm）或具相同功能之設備。

（十一）氣體流量計。

（十二）標準篩：0.250 mm（60 mesh）。

（十三）研磨器：以瑪瑙、氧化鋯或其他不干擾分析的材質製成。可將乾燥樣品研磨至粒徑小於 0.250 mm 且容易清理者。

（十四）定量設備：【註7：「滴定裝置」或「離子層析儀」二者擇一；本實驗擇「離子層析儀」。】

1. 滴定裝置：參照水中氯鹽檢測方法－硝酸銀滴定法（NIEA W407）及排放管道中總硫氧化物檢測方法－沈澱滴定法（NIEA A405）。

2. 離子層析儀：參照水中陰離子檢測方法－離子層析法（NIEA W415）。

五、試劑

（一）試劑水：比電阻 ≧ 16 MΩ-cm

（二）過氧化氫（H_2O_2）溶液，3%：使用前配製。量取 30% 過氧化氫溶液 50 mL，溶於試劑水，稀釋至 500 mL。貯於褐色瓶並置於暗冷處，吸收液應於採樣當日配製。

（三）無水氯化鈣（$CaCl_2$）。

（四）無水過氯酸鎂〔$Mg(ClO_4)_2$〕。

（五）蘇打石綿（NaOH on support）：粒徑為 0.8 至 1.6 mm。

（六）氧氣：純度 99.99% 以上。

六、採樣與保存

（一）樣品採集應依據「一般廢棄物（垃圾）採樣方法（NIEA R124）」或「事業廢棄物採樣方法（NIEA R118）」，採集之樣品重量應足以進行初步評估或品質管制所需的重複測試。

（二）為避免大氣濕度之干擾，樣品需妥善以乾燥器保存，實驗步驟與過程應儘量避免樣品與大氣接觸。

七、步驟、結果記錄與計算

（一）將設備及材料依圖 1 方式組裝。

（二）將已研磨粒徑小於 0.250mm 且均勻化固態樣品，於 105±5℃烘箱中乾燥 2 小時，再取出並移入乾燥器中冷卻；取瓷舟秤空重（以分析天平精稱至 0.001g），記錄之；取約 0.5 至 1.0g 樣品置於瓷舟中秤重，記錄之。（為防止爆管產生危險，秤取高熱值樣品時最好不要超過 0.15g）。

（三）將管狀燃燒爐電源開關打開，使其溫度達 800 至 850℃之間。

（四）為純化氧氣，分別以無水氯化鈣（或無水過氯酸鎂）、蘇打石綿吸收瓶串聯接於氧氣瓶及氣體流量計之間，以去除鋼瓶氧氣中之水氣和二氧化碳，失效時再予更換。

（五）在管狀燃燒爐出口處接上玻璃接頭，並於玻璃接頭下方放置酒精燈點火加熱，防止水蒸氣凝結。

（六）將兩支分別裝填 3% 過氧化氫（八分滿）的吸收瓶 I、II 串連後接上導管。

（七）打開氧氣，以氣體流量計控制流量約 1500mL/min，並以橡膠塞子將氧氣管塞在石英管前頭，並檢查整個燃燒流程是否只有最後一支吸收瓶有氣體排出，若有洩漏氣體，應設法立即排除。

（八）將含樣品之瓷舟放入燃燒管緩慢推送至管狀燃燒爐前端（350 至 400℃），著火後保持 5 至 10 分鐘，使揮發性固體物燃燒。若樣品含有高量之揮發性固體物時，為避免爆炸之虞，可考慮採以分批漸進推送方式或降低管狀燃燒爐起始燃燒溫度及緩慢升溫方式。

（九）再將含樣品之瓷舟送入管狀燃燒爐中央，樣品應會著火而氣化，再使其燃燒並通氧氣保持約 30 分鐘，以確定燃燒完全。

（十）待爐溫降至 300℃時，再將吸收瓶 I、II 卸下，將吸收液蒐集並定量至一定體積（V）。

項　目	記錄與計算	
① 廢棄物（垃圾）樣品名稱（種類）		
② （洗淨烘乾後）瓷舟空重（g）		
③ 〔瓷舟＋（乾）樣品〕重（g）		
④ （乾）樣品重W（g）		
⑤ （蒐集並定量）吸收瓶Ⅰ、Ⅱ中吸收液之體積V	（cc）	（L）

(十一) 定量分析【註8：「滴定法」或「離子層析法」二者擇一；本實驗擇「離子層析法」。】

1. 滴定法：參照排放管道中總硫氧化物檢測方法－沈澱滴定法（NIEA A405），可定量吸收液中硫酸根離子含量；水中氯鹽檢測方法－硝酸銀滴定法（NIEA W407），可定量吸收液中氯離子含量。

2. 離子層析法：參照水中陰離子檢測方法－離子層析法（NIEA W415），可同時定量吸收液中硫酸根離子及氯離子含量。

3. 水中陰離子檢測方法－離子層析法（NIEA W415）：硫酸根離子（SO_4^{2-}）標準溶液及檢量線製備

水中陰離子檢測方法－離子層析法（NIEA W415）：硫酸根離子（SO_4^{2-}）標準溶液及檢量線製備					
① 100cc定量瓶編號	1	2	3	4	5
② 取1.00mg SO_4^{2-}/cc標準儲備溶液體積（cc）					
③ SO_4^{2-}含量（mg）					
④ 以試劑水稀釋至（cc）					
⑤ 稀釋後SO_4^{2-}標準溶液濃度：x（mg/L）					
⑥ 於離子層析儀之訊號：y					
⑦ SO_4^{2-}標準溶液濃度（X軸）－離子層析儀之訊號（Y軸）之檢量線方程式：y=ax+b、R^2					

4. 手繪檢量線，於下圖將 Microsoft Excel 所得之 SO_4^{2-} 檢量線方程式 y=ax+b 繪成檢量線，選適當二點（x_1，y_1）、（x_2，y_2）即可繪成一直線：

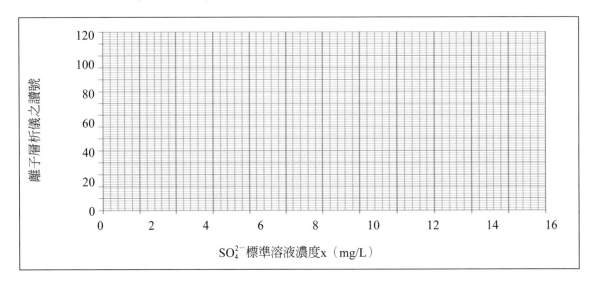

5.（乾基）廢棄物（垃圾）樣品中可燃物之硫（S）元素分析值計算

（乾基）廢棄物（垃圾）樣品中可燃物之硫（S）元素分析值計算		
① 硫酸根離子（SO_4^{2-}）檢量線方程式：y＝ax＋b		
② 吸收瓶 I 、Ⅱ中吸收液於離子層析儀之訊號：y		
③ 吸收瓶 I 、Ⅱ中吸收液之硫酸根離子 [SO_4^{2-}] 濃度：x（mg/L）		
④ （蒐集並定量）吸收瓶 I 、Ⅱ中吸收液之體積V	（cc）	（L）
⑤ 硫元素重量W_S（g） ＝{ [SO_4^{2-}]（mg/L）×V（L）/ 1000（mg/g）}×（32 / 96）		
⑥ （乾）樣品重W（g）		
⑦ （乾基）樣品中硫元素重量百分比S（%）＝（W_S / W）×100%		

6. 水中陰離子檢測方法－離子層析法（NIEA W415）：氯離子（Cl^-）標準溶液及檢量線製備

水中陰離子檢測方法－離子層析法（NIEA W415）：氯離子（Cl^-）標準溶液及檢量線製備					
① 100cc定量瓶編號	1	2	3	4	5
② 取1.00mg Cl^-/cc標準儲備溶液體積（cc）					
③ Cl^-含量（mg）					
④ 以試劑水稀釋至（cc）					
⑤ 稀釋後Cl^-標準溶液濃度：x（mg/L）					
⑥ 於離子層析儀之訊號：y					
⑦ Cl^-標準溶液濃度（X軸）－離子層析儀訊號（Y軸）之檢量線方程式：y=ax+b、R^2					

7. 手繪檢量線，於下圖將 Microsoft Excel 所得之 Cl^- 檢量線方程式 y=ax+b 繪成檢量線，選適當二點（x_1，y_1）、（x_2，y_2）即可繪成一直線：

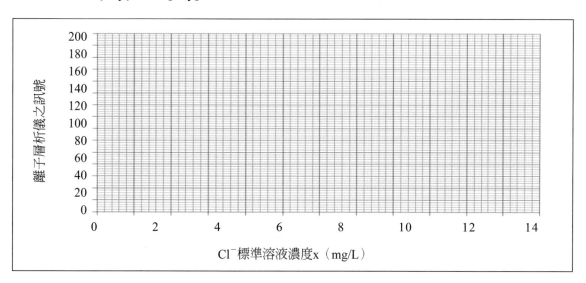

8.（乾基）廢棄物（垃圾）樣品中可燃物之氯（Cl）元素分析值計算

（乾基）廢棄物（垃圾）樣品中可燃物之氯（Cl）元素分析值計算		
① 氯離子（Cl⁻）檢量線方程式：y＝ax＋b		
② 吸收瓶Ⅰ、Ⅱ中吸收液於離子層析儀之訊號：y		
③ 吸收瓶Ⅰ、Ⅱ中吸收液之氯離子［Cl⁻］濃度：x（mg/L）		
④ （蒐集並定量）吸收瓶Ⅰ、Ⅱ中吸收液之體積V	（cc）	（L）
⑤ 氯元素重量W_{Cl}（g） ＝［Cl⁻］（mg/L）×V（L）/ 1000（mg/g）		
⑥ （乾）樣品重W（g）		
⑦ （乾基）樣品中氯元素重量百分比Cl（%）＝（W_{Cl}/ W）×100%		

八、結果處理

（一）滴定法：參照水中氯鹽檢測方法－硝酸銀滴定法（NIEA W407）及排放管道中總硫氧化物檢測方法－沈澱滴定法（NIEA A405）。

（二）離子層析法：參照水中陰離子檢測方法－離子層析法（NIEA W415）。

（三）元素含量計算：

$$W_S（g）＝\{［SO_4^{2-}］（mg/L）×V（L）/ 1000（mg/g）\}×（32 / 96）$$
$$W_{Cl}（g）＝［Cl^-］（mg/L）×V（L）/ 1000（mg/g）$$
$$S（\%）＝（W_S / W）×100\%$$
$$Cl（\%）＝（W_{Cl} / W）×100\%$$

式中

W_S：硫元素重量（g）

［SO_4^{2-}］：由滴定法或離子層析法測得吸收液中硫酸根離子濃度（mg/L）

V：吸收液體積（L）

【註2：吸收瓶Ⅰ、Ⅱ盛裝3%H_2O_2（過氧化氫）水溶液；將吸收液蒐集並定量至一定體積（V）。】

W_{Cl}：氯元素重量（g）

［Cl^-］：由滴定法或離子層析法測得吸收液中氯離子濃度（mg/L）

S（%）：硫元素重量百分比（%）（乾基）

Cl（%）：氯元素重量百分比（%）（乾基）

W：（乾）廢棄物樣品重（g）

九、品質管制

（一）重複樣品分析：每個樣品必須執行重複分析，若兩次分析的差值在15%以下，取其平均；若在15%以上，則需再進行第三次測定，若第三次測定值大於前二次平均值的

　　10% 時，則必須捨去前三次的實驗數據，重新混合樣品進行分析，若第三次的測定值小於前二次平均值的 10% 時，則取三次分析數據平均值作為該樣品之檢測結果。

（二）定量分析品質管制參照水中氯鹽檢測方法－硝酸銀滴定法（NIEA W407）、水中陰離子檢測方法－離子層析法（NIEA W415）及排放管道中總硫氧化物檢測方法－沈澱滴定法（NIEA A405）。

十、參考資料：中華民國102年6月6日環署檢字第1020047562號公告：NIEA M402. 00c

十一、心得與討論

第 17 章：焚化灰渣之灼燒減量檢測方法

一、相關知識

(一) （焚化）灰渣〔飛灰及底渣〕

依「一般廢棄物回收清除處理辦法」定義「（焚化）灰渣」爲：「指一般廢棄物於焚化過程中，由廢氣處理系統收集之『飛灰』及爐床底部排出之『底渣』。」。

廢氣處理系統收集之『飛灰』，或來自靜電集塵器、袋濾式集塵器、旋風集塵器等，多屬粒徑較微小之（有機和無機）顆粒。爐床底部排出之『底渣』，通常包含有不燃物、可燃物完全燃燒後之餘灰及可燃物之未完全燃燒部分（可燃成分）；其特性受垃圾成分（物理組成）及於焚化爐內之停留時間、燃燒溫度、攪拌方式（程度）等而有顯著之差異。

(二) 底渣之灼燒減量

依「一般廢棄物回收清除處理辦法」定義「灼燒減量」爲：「指將『底渣』經乾燥至恆重，再於 575 至 625℃之高溫爐內加熱三小時後，『底渣』減少重量與加熱前重量之百分比。」

一般廢棄物焚化後之灰渣（飛灰或底渣），利用 600±25℃高溫灼燒 3 小時，使殘留於焚化灰渣中之不穩定物質（可燃成分：即可燃物之未完全燃燒部分）再予灼燒分解，以測定灰渣中之可燃成分比例。灰渣中之可燃成分比例越高，則灼燒減量越大，焚化爐燃燒效率較差；灰渣中之可燃成分比例越低，則灼燒減量越小，焚化爐燃燒效率較好；故灼燒減量常用爲焚化爐燃燒效率指標之一。【註 1：通常測定底渣之灼燒減量。】

「焚化底渣」之灼燒減量試驗流程如圖 1 所示。

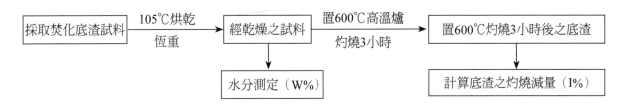

圖 1：焚化底渣之灼燒減量試驗流程

「焚化底渣」常含有多種類之「大型不燃物」，如鐵製品（鐵罐、鐵絲、鐵釘）、鋁罐、銅線、石頭、磚角、混凝土塊、陶瓷片、玻璃片等，其不利於高溫爐中進行灼燒減量試驗。故進行焚化底渣灼燒減量試驗時，步驟中常有「挑出大型不燃物」後，計算「大型不燃物比例（U%）」，再進行「去除大型不燃物之灼燒減量（I'%）」，最後再行「焚化灰渣之灼燒

減量（I%）」之計算。此間接之焚化底渣灼燒減量試驗流程如圖 2 所示。

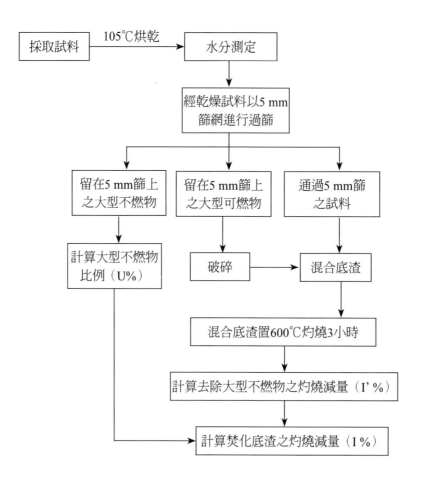

圖 2：（去除大型不燃物）焚化底渣灼燒減量試驗流程

　　焚化底渣之：水分（W%）、大型不燃物比例（U%）、去除大型不燃物之灼燒減量（I'%）、
灼燒減量（I%）之計算：

$$水分（W\%）＝〔（W_1－W_2）／ W_1〕×100\%$$

【註2：焚化底渣經爐床排出後，一般經「水」滅火冷卻，故有「水分」，需先烘乾去除之。】

　　大型不燃物比例（U%）＝（W_3／W_2）×100%

　　去除大型不燃物之灼燒減量（I'%）＝〔（W_4－W_5）／ W_4〕×100%

　　焚化底渣之灼燒減量（I%）＝I'%×（100－U）／ 100

W_1：焚化底渣試料濕重（g）

W_2：焚化底渣試料乾重（g）

W_3：留在 5 mm 篩上之大型不燃物重（g）

W_4：混合底渣送入 600℃高溫爐灼燒前試料重（g）

W_5：混合底渣經 600℃高溫爐、3 小時灼燒後試料重（g）

例1：焚化底渣之灼燒減量計算

取（濕）焚化底渣試料1.482 kg，置105℃烘箱，烘乾後重為0.954 kg，再以5 mm篩進行篩分，得殘留在篩上（大型）不燃物重為0.218 kg；另將留在篩上之可燃物破碎後與通過篩之試料混合，再取混合試料20.028 g於坩鍋，再置入600℃電爐中灼燒3小時，取出置乾燥箱降溫後，秤重得18.244 g，求

（1）焚化底渣水分（W%）為？

解：焚化底渣水分（W%）＝〔（1.482－0.954）／1.482〕×100%＝35.63%

（2）該試料之大型不燃物比例（U%）？

解：大型不燃物比例（U%）＝（0.218／0.954）×100%＝22.85%

（3）去除大型不燃物之灼燒減量（I'%）？

解：去除大型不燃物後之灼燒減量（I'%）＝〔（20.028－18.244）／20.028〕×100%＝8.91%

（4）焚化底渣之灼燒減量（I%）？

解：焚化底渣之灼燒減量（I%）＝8.91%×（100－22.85）／100＝6.87%

「一般廢棄物回收清除處理辦法」第24條：一般廢棄物焚化處理設施及作業方式，除應符合第19條規定外，並應符合下列規定：… 四、焚化灰渣之飛灰應分開貯存收集，不得與底渣混合。五、焚化底渣之灼燒減量應符合下列規定：(一)全連續式焚化處理設施：1.每日燃燒量200公噸以上者在百分之5以下。2.每日燃燒量未達200公噸者在百分之7以下。(二)準連續式焚化處理設施每日燃燒量40公噸至180公噸者在百分之7以下。(三)分批填料式焚化處理設施在百分之10以下……。

二、適用範圍

本方法以焚化後之灰渣（飛灰或底渣）為測定對象。

三、干擾

(一)可能產生爆炸或飛濺之樣品，測定時會造成誤差。

(二)為避免飛灰造成飛散，坩鍋最好加蓋（但必須注意氧氣是否充足）。

(三)樣品中石灰質所形成之碳酸鹽分解會產生負偏差。

四、設備及材料

(一)高強度剪刀、粉碎機：可將樣品切割及粉碎至1至2公分以下。

(二)烘箱：可設定105±5℃者。

(三)乾燥箱。

(四)天平：可秤重1 kg以上，精稱至0.1 g。

(五)電氣高溫爐：可設定600±25℃者。

（六）坩堝（或瓷製容器）：容積 100 mL，耐 900℃以上高溫，附蓋。

（七）金屬盤：可盛裝代測灰渣樣品 1kg 以上者。

（八）網篩：篩孔 1 公分或 2 公分。【註 3：亦可使用篩孔 5 mm 之網篩， 5 mm 網篩過篩之樣品進行測定時，分析精確度較為穩定。】

五、採樣及保存

所有樣品採樣及保存必須依環保署公告之「焚化灰渣及其固化物採樣方法」及「一般廢棄物（垃圾）檢測方法總則」執行。

六、步驟、結果記錄與計算

(一) 焚化底（灰）渣之水分（W%）測定

1. 測試前將金屬盤及坩堝洗淨後，置於烘箱中以 105±5℃烘乾 2 小時，然後移至乾燥箱冷卻備用，使用前分別稱金屬盤、坩堝空重，記錄之。

2. 取適量之（濕）焚化底（灰）渣樣品約 1kg 置於金屬盤，以天平精稱樣品重 W_1（扣除金屬盤重），將樣品置於 105±5℃ 烘箱中烘乾，再移入乾燥箱內，冷卻後稱重，重複上述烘乾、冷卻、乾燥及稱重步驟直到恆重為止（前後兩次之重量差在 0.5% 範圍內），記錄樣品重 W_2（扣除金屬盤重）。

項目〔焚化底（灰）渣之水分測定〕				結果記錄與計算
①	（烘乾後）金屬盤空重（g）			
②	（烘乾後）坩堝空重（g）			
③	〔（濕）焚化底渣樣品＋金屬盤〕重（g）			
④	（濕）焚化底渣樣品重（W_1）（g）			
⑤	〔（濕）焚化底渣樣品＋金屬盤〕置105℃烘箱，進行烘乾、冷卻、秤重，至達恆重止【前後兩次之重量差在0.5%範圍內】	第1次秤重（g）	：	
		第2次秤重（g）	：	
		第3次秤重（g）	：	
		第4次秤重（g）	：	
		第5次秤重（g）	：	
⑥	達恆重後之〔（乾）焚化底渣樣品＋金屬盤〕重（g）			
⑦	（乾）焚化底渣樣品重（W_2）（g）			
⑧	水重＝〔（濕）焚化底渣樣品重W_1－（乾）焚化底渣樣品重W_2〕（g）			
⑨	焚化底渣樣品水分（%）＝〔水重／（濕）焚化底渣樣品重〕×100%			

【註】結果計算

$$焚化底渣之水分（\%）= \frac{(W_1 - W_2)}{W_1} \times 100\%$$

W_1：送入烘箱烘乾前（濕）底渣樣品重

W_2：經$105\pm5℃$烘乾後底渣樣品重

(二) 焚化底渣之灼燒減量（I%）測定

1. 以篩孔 1 至 2cm 之網篩進行過篩。【註 4：亦可使用篩孔 5 mm 之網篩，5 mm 網篩過篩之樣品進行測定時，分析精確度較為穩定。】

2. 將殘留在網篩上之不燃物（大型不燃物）取出，以天平精稱其重 W_3。將殘留在網篩上之可燃物予以破碎再度過篩，與步驟 (二)1. 通過網篩之樣品充分混合，取出約 10 至 20 g 之混合樣品置於坩堝，以天平精稱樣品重得 W_4（扣除坩堝重）。

3. 將樣品坩堝置於預熱達 600℃之電氣高溫爐中，於 $600\pm25℃$下灼燒 3 小時。

4. 將樣品坩堝取出移入乾燥箱中冷卻至室溫，精稱其重得 W_5，計算求得焚化底渣之灼燒減量。

	項 目	第1次	第2次
①	經$105\pm5℃$烘乾後底渣樣品重（W_2）（g）		
②	（乾）底渣樣品經5㎜篩網過篩後，殘留在篩網上之不燃物重（W_3）（g）		
③	（烘乾後）坩鍋空重（g）		
④	〔坩鍋空重＋送入高溫爐灼燒前混合底渣樣品重〕（g）		
⑤	送入高溫爐灼燒前混合底渣樣品重（W_4）（g）		
⑥	〔坩鍋空重＋經600℃、3hr灼燒後底渣樣品重〕（g）		
⑦	經600℃、3hr灼燒後底渣樣品重（W_5）（g）		
⑧	大型不燃物之比例（U%）＝（W_3／W_2）×100%		
⑨	去除大型不燃物之灼燒減量 （I'%）＝〔（W_4-W_5）／W_4〕×100%		
⑩	焚化底渣之灼燒減量 （I%）＝（I'%）×〔（100－U）／100〕		
⑪	焚化底渣之灼燒減量平均值（I_{ave}%）		

【計算方法一】

(一)大型不燃物之比例（U%）

U%＝（W_3／W_2）×100%

(二)去除大型不燃物之灼燒減量（I'%）

I'%＝〔（W_4-W_5）／W_4〕×100%

(三)焚化底渣之灼燒減量（I%）

I%＝（I'%）×〔（100－U）／100〕

【計算方法二】

$$焚化底渣之灼燒減量（I\%）= \frac{(W_4 - W_5)}{W_4} \times \frac{(W_2 - W_3)}{W_2} 100\%$$

W_3：烘乾後底渣樣品W_2經篩網過篩後，殘留在篩網上之不燃物重

W_4：送入電氣高溫爐灼燒前混合底渣樣品重

W_5：經$600\pm25℃$灼燒後底渣樣品重

七、品質管制

（一）樣品重複分析：每一樣品必須執行重複分析（取兩次約 1kg 之灰渣樣品），若兩次分析的差值在 10% 以下，取其平均；若在 10% 以上，則需再進行第三次測定。

（二）若第三次測定值與前二次平均值的差值大於 5% 時，則必須捨去前三次的實驗數據，重新混合樣品進行灼燒減量的分析。

（三）若第三次測定值與前二次平均值的差值小於 5% 時，則取三次分析數據平均值作為該樣品之檢測結果。

八、參考資料：中華民國96年6月22日環署檢字第0960046607E號公告：NIEA R216.02C

九、心得與討論

第 18 章：廢棄物熱值檢測方法－燃燒彈熱卡計法

一、相關知識

(一) 廢棄物熱值（發熱量；heating value）

　　「廢棄物熱值（發熱量；heating value）檢測」係檢測廢棄物中「可燃物（例如：紙類、纖維布類、木竹稻草落葉類、廚餘類、塑膠類、皮革橡膠類、其他可燃物）」之熱值（發熱量），可提供廢棄物進行熱處理（例如：焚化法、熱解法、熔融法、熔煉法、其他熱處理法）時規劃、設計及操作之參考，如能量平衡、評估補（輔）助燃料需要量。

　　廢棄物熱值（發熱量）係將（可燃性）廢棄物視為燃料，指每單位（固體或液體）廢棄物質量（公斤、公克）完全燃燒所釋放出來的熱量（千卡、卡）。單位為：千卡／公斤（Kcal/kg）、卡／克（cal/g）或千焦耳／公斤（KJ/kg）。熱值反映了以廢棄物作為燃料燃燒特性，不同之「廢棄物燃料」於燃燒過程中化學能轉化為熱能的大小。【註 1：不燃物之熱值視為 0 cal/g。】表 1 為常見燃料熱值表。

表 1：常見燃料熱值

種類	熱值（發熱量）	種類	熱值（發熱量）
機油	8571 kcal/kg	汽油	43070 kJ（10300 kcal）/kg
石蠟	10714 kcal/kg	煤油	43070 kJ（10300 kcal）/kg
丙酮	14692 kcal/kg	柴油	42652 kJ（10200 kcal）/kg
燃料油	10000 kcal/kg	液化石油氣	50179 kJ（12000 kcal）/kg
焦炭	28435 kJ（6800 kcal）/kg	天然氣	38931 kJ（9310 kcal）/m³ 54525 kJ（13039 kcal）/kg
原油	41816 kJ（10000 kcal）/kg	氫氣	12753 kJ（3049.55 kcal）/m³ 142836 kJ（34155 kcal）/kg
燃料油	41816 kJ（10000 kcal）/kg		
【註2】 1.1 卡（cal）＝ 4.184 焦耳（Joules） 2. 資料來源：http://wiki.mbalib.com/zh-tw/%E7%87%83%E6%96%99%E7%83%AD%E5%80%BC			

(二) 廢棄物熱值（發熱量）之檢測－乾基高位發熱量

　　「廢棄物熱值檢測方法－燃燒彈熱卡計法」中之燃燒彈熱卡計示意如圖 1，係將經烘乾後之（可燃物）試料以雁皮紙包覆、鎳鉻絲纏繞後，再將鎳鉻絲兩端連接電極（棒）後，置入燃燒彈筒內之燃燒皿中，旋緊蓋子後並充灌氧氣（5 kg/cm²）於燃燒彈筒內，再將燃燒彈筒置入內筒之水浴槽中，蓋上上蓋絕熱（內有溫度計、攪拌器），經電極點火燃燒後，試料（含鎳鉻絲、輔助燃料）所釋放之燃燒熱，被燃燒彈筒、溫度計、攪拌器、內筒、外筒、水吸收，

記錄水浴槽上升之溫度，經熱平衡計算，即可求得試料之熱值（發熱量）。

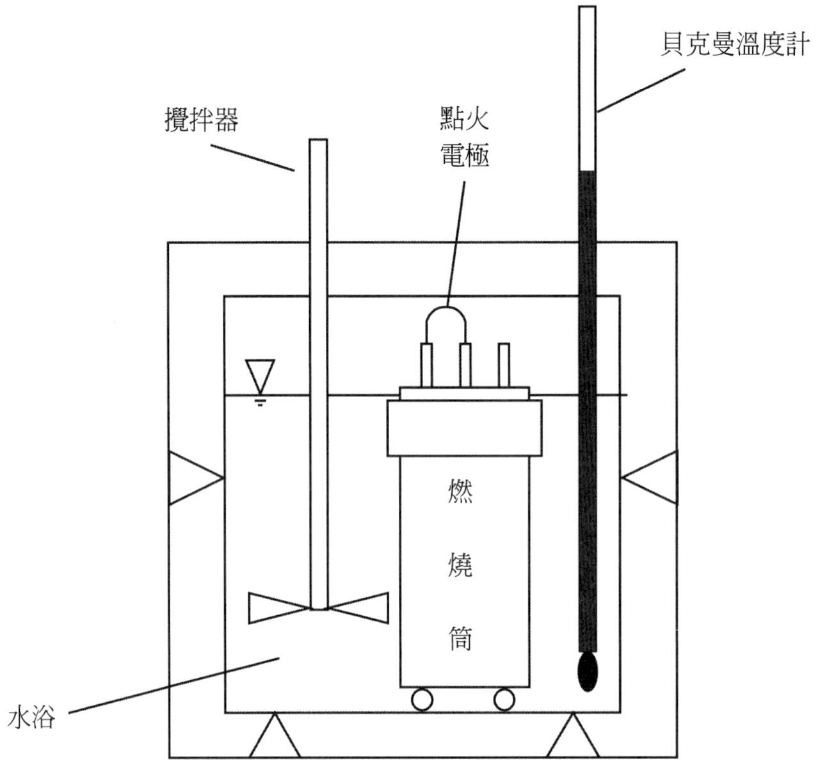

圖1：燃燒彈熱卡計示意圖

「廢棄物熱值檢測方法－燃燒彈熱卡計法」分二階段進行試驗，如下：

第一階段試驗：以已知發熱量之苯甲酸（benzoic acid，C_6H_5COOH）標準品求熱卡計之水當量

於試驗過程中，燃燒彈筒內置已知發熱量之苯甲酸（含鎳鉻絲、輔助燃料），其燃燒時所產生之熱量不僅使內筒水溫上升，熱卡計內之配件亦會吸收熱量而升溫，其所吸收之熱量需予併入熱平衡計算。所謂「水當量」係為：燃燒彈筒、溫度計、攪拌器、內筒、外筒所吸收之熱量，轉換成吸收相同熱量之水量。

取已知發熱量之苯甲酸標準品，依實驗步驟，經由熱平衡計算，可求得熱卡計之水當量（E_W），如下：

達熱平衡時，放熱＝吸熱，故

苯甲酸重量（g）× 苯甲酸發熱量（cal/g）＋發熱補正值（cal）＝（內筒水量＋ 水當量 ）（g）× 水比熱（cal/g℃）× 上升溫度（℃）

$$W_{BA} \times H_{BA} + \Delta K = (W_{H2O} + \boxed{E_W}) \times S \times \triangle T$$

整理得：$E_W = \{[(W_{BA} \times H_{BA}) + \Delta K]/(S \times \triangle T)\} - W_{H2O}$

式中

W_{BA}：苯甲酸重量（g）

H_{BA}：苯甲酸發熱量（cal/g）【註3：視廠牌規格而定，有6314或6318（cal/g），以供貨商提供為準。】

$\triangle K$：發熱補（修）正值（cal）〔因使用鎳鉻絲、雁皮紙所造成（發）熱量誤差之修正〕
＝（$W_{Ni} \times H_{Ni}$）＋（$W_P \times H_P$）

W_{Ni}：測定時所使用鎳鉻絲重量（g）或長度（cm）【註4：點火用。】

H_{Ni}：鎳鉻絲發熱量（cal/g）或（cal/cm）【註5：視廠牌規格而定，有700 cal/g、1400 cal/g、2.3 cal/cm，以供貨商提供為準。】

W_P：測定時所使用雁皮紙重量（g）【註6：雁皮紙視需要選用。】

H_P：雁皮紙發熱量（cal/g）【註7：視廠牌規格而定，有3600 cal/g，有3800～4000 cal/g，以供貨商提供為準。】

W_{H2O}：內圓筒水重量（g）

E_w：水當量（g）

S：水比熱＝1 cal/g℃

$\triangle T$：上升溫度＝〔點火後溫度（T_f）－點火前溫度（T_i）〕（℃）

　　式中發熱補正值係指鎳鉻絲（點火用）、雁皮紙（用作包裝試料或作輔助燃料；可用，亦可不用）燃燒所放出之熱量。【註8：發熱量低之試料不容易完全燃燒，應妥善選擇輔助燃料，如雁皮紙、苯甲酸，添加已知熱值之輔助燃料以便助其完全燃燒。】

例1：熱卡計之水當量計算
已知苯甲酸發熱量6318 cal/g、苯甲酸重0.994 g，鎳鉻絲發熱量2.3 cal/cm、使用之鎳鉻絲長度20 cm，雁皮紙發熱量3600 cal/g、使用之雁皮紙重0.076 g，內筒水量1500.0 g，水比熱1 cal/g℃，水溫由23.300℃上升至26.820℃，求
(1) 發熱補（修）正值（$\triangle K$）為？（cal）
解：發熱補正值（$\triangle K$）＝鎳鉻絲發熱量（cal/cm）×鎳鉻絲長度（cm）＋雁皮紙發熱量（cal/g）×雁皮紙重（g）
＝（2.3×20）＋（3600×0.076）＝278.2（cal）
(2) 熱卡計之水當量（E_w）為？（g）【註9：苯甲酸常作成圓柱形錠劑，不易被鎳鉻絲纏繞，可使用雁皮紙包覆以利被鎳鉻絲纏繞而利於點火燃燒。但亦可不使用雁皮紙。】
解：
苯甲酸重量×苯甲酸發熱量（cal/g）（g）＋發熱補正值（cal）＝（內筒水量＋水當量）（g）×水比熱（cal/g℃）×上升溫度（℃）
0.994×6318＋（2.3×20＋3600×0.076）＝（1500.0＋水當量）×1×（26.820－23.300）
水當量（E_w）＝374.9（g）
(3) 本試驗中熱卡計所吸收之熱量為？（cal）
解：熱卡計所吸收之熱量＝水當量（g）×水比熱（cal/g℃）×上升溫度（℃）
＝374.9×1×（26.820－23.300）＝1319.65（cal）

第二階段試驗：以烘乾後之（可燃物）試料試驗求乾基高位發熱量（H_i 或 H_d）

　　取烘乾後已知重量、未知發熱量之（可燃物）試料，依試驗步驟測定其發熱量，經由熱平衡計算，可求得各類（可燃物）試料之乾基發熱量（H_i）〔亦即乾基高位發熱量 H_d〕，如下：

達熱平衡時,放熱＝吸熱,故

（乾）試料重量（g）×（乾）試料發熱量（cal/g）＋發熱補正值（cal）＝（內筒水量＋水當量）（g）× 水比熱（cal/g℃）× 上升溫度（℃）

$$W_i \times \boxed{H_i} + \Delta K = (W_{H2O} + E_W) \times S \times \triangle T$$

整理得:$H_i = [(W_{H2O} + E_W) \times S \times \triangle T - \Delta K] / W_i$

式中

W_i:各類(乾)試料重量(g)〔如:紙類、纖維布類、木竹稻草落草類、廚餘類、塑膠類、皮革橡膠類、其他可燃物〕

H_i:各類試料乾基發熱量(cal/g、kcal/kg)〔此即為乾基高位發熱量 H_d〕

例2:(可燃物)試料乾基(高位)發熱量(H_i或H_d)計算

使用例1之熱卡計進行試驗,已知塑膠(袋)試料乾重0.546 g;鎳鉻絲發熱量700 cal/g、使用之鎳鉻絲0.020 g;內筒水量1500.0 g;水比熱1 cal/g℃;試驗之水溫由23.525℃上升至26.455℃;求試料之乾基(高位)發熱量(H_d)為?(cal/g)【註10:塑膠(袋)試料易被鎳鉻絲纏繞且易燃,故可不使用雁皮紙。】

解:

(乾)試料重量(g)×(乾)試料發熱量(cal/g)(+發熱補正值(cal)=(內筒水量+水當量)(g)×水比熱(cal/g℃)×上升溫度(℃)

設試料之(乾基高位)發熱量為H_i(或H_d)(cal/g),則

$(0.546 \times H_i) + (700 \times 0.020) = (1500.0 + 374.9) \times 1 \times (26.455 - 23.525)$

$H_i = 10035.6$(cal/g)

(三) 廢棄物(垃圾)中可燃物乾基總發熱量(H_{Td})、濕基高位發熱量(H_h)、濕基低位發熱量(H_l)之推估計算

1. 計算廢棄物(垃圾)中可燃物之乾基總發熱量 H_{Td}

垃圾物理組成分類中之可燃物包括了:紙類、纖維布類、木竹稻草落葉類、廚餘類、塑膠類、皮革橡膠類、其他(含 5 mm 以下之雜物、碎屑)等 7 類。須分別測定出垃圾中各類可燃物之重量百分比、乾基(高位)發熱量後,方能計算出垃圾中可燃物之乾基總發熱量 H_{Td}。如下:【註 11:不燃物之發熱量視為:0 kcal/kg。】

$$H_{Td} = \sum_{i=1}^{7}(H_i \times A_i) \Big/ \sum_{i=1}^{7} A_i$$

式中

H_{Td}:廢棄物(垃圾之可燃物)乾基總發熱量(cal/g、kcal/kg)

7:垃圾物理組成中之 7 類可燃物

H_i:各類試料乾基發熱量(cal/g、kcal/kg)〔即乾基高位發熱量 H_d〕

A_i:各類試料重量百分比(%)

2. 計算廢棄物（垃圾）中可燃物之濕基高位發熱量H_h

一般而言，實際之廢棄物（垃圾）中可燃物爲「濕」的，其自身即含有水分（重），此水分（重）須予扣除，方能得（乾）廢棄物（垃圾）中可燃物燃燒所放出之熱，此即爲（濕）廢棄物（垃圾）中可燃物之「濕基高位發熱量 H_h」。

廢棄物（垃圾）中可燃物之濕基高位發熱量 H_h 計算如下：

$$H_h ＝ H_d × (100－W) / 100$$

H_h：廢棄物（垃圾）可燃物之濕基高位發熱量（cal/g、kcal/kg）

H_d：或 H_i 廢棄物（垃圾）可燃物乾基高位發熱量（cal/g、kcal/kg）

W：廢棄物（垃圾）可燃物水分（%）

例3：由乾基（高位）發熱量H_i（或H_d）、水分（W%）計算濕基高位發熱量（H_h）
經實驗求得某廚餘試料之乾基（高位）發熱量H_i（或H_d）＝3583（kcal/kg）、水分爲71.4%，則廚餘試料之濕基高位發熱量（H_h）爲？（kcal/kg）
解：濕基高位發熱量H_h＝H_d ×（100–W）/ 100＝3583×（100－71.4）/ 100＝1024.7（kcal/kg）
另解：假設（濕）廚餘爲1kg，則水重＝1×71.4%＝0.714（kg）
乾廚餘重＝1－0.714＝0.286（kg）
則燃燒1kg（濕）廚餘放出之熱量（濕基高位發熱量）＝0.286×3583＝1024.7（kcal/kg）
【註12：乾基高位發熱量H_d＝3583（kcal/kg），表示每公斤（乾）廚餘燃燒可放出之熱量。濕基高位發熱量H_h＝1024.7（kcal/kg），表示每公斤（濕）廚餘（含水重0.714 kg、乾廚餘0.286 kg）燃燒可放出之熱量。】

---

3. 推估廢棄物（垃圾）中可燃物之濕基低位發熱量H_l

一般而言，實際之廢棄物（垃圾）中可燃物爲「濕」的，其自身即含有水分（重），另廢棄物（垃圾）中之可燃物含有氫（H）元素，氫（H）元素於高溫燃燒亦會被氧化爲水，此等「水」於燃燒時會吸收熱量爲「水蒸氣」[(常溫)水→100℃水→100℃水蒸氣]，此被「水→水蒸氣」吸收所帶走之熱量需再予扣除，即得（濕）廢棄物（垃圾）中可燃物之「濕基低位發熱量 H_l」。

廢棄物（垃圾）中可燃物之濕基低位發熱量 H_l，常以下式估算：

$$H_l ＝ H_h － 6 × (9H+W)$$

H_l：廢棄物（垃圾）中可燃物之濕基低位發熱量（cal/g、kcal/kg）

H_h：廢棄物（垃圾）中可燃物之濕基高位發熱量（cal/g、kcal/kg）

H：廢棄物（垃圾）中可燃物元素分析中氫含量（濕基）（%）

「發熱量」對於垃圾焚化處理之計算相當重要，垃圾焚化處理時，焚化爐內之水以水蒸氣型態存在，各種爐窯之排煙（氣）溫度均超過水蒸汽的凝結溫度（故水會以水蒸氣型態排出煙道），水蒸氣之凝結熱將釋放於大氣中（此熱能無法被回收利用），故於垃圾焚化處理之能源利用中，一般常以垃圾之濕基低位發熱量（H_l）作爲計算基礎。一般以 H_l=800 kcal/kg 爲垃圾自燃之界限。〔即垃圾中（濕）可燃物完全燃燒所放出之熱量，扣除垃圾中（濕）可燃物之水及氫（H）燃燒生成之水皆成爲水蒸氣所吸收之熱量，即：H_l=H_h－汽化熱〕

例4：1 atm、25℃時，加熱1 g水成為100℃水蒸氣所需熱量之計算

試計算1 atm時，1 g水欲由25℃加熱爲100℃水蒸氣，試計算所需熱量爲？（cal）（已知水比熱爲1 cal/g℃、水汽化熱爲540 cal/g）

解：

1 g水由25℃加熱至100℃所需熱量＝1（g）×1（cal/g℃）×（100－25）（℃）＝75（cal）

1 g水由100℃加熱爲100℃水蒸氣所需熱量＝1（g）×540（cal/g）＝540（cal）

1 g水由25℃加熱爲100℃水蒸氣所需熱量＝75+540＝615（cal）

【註13：可知1g之100℃水蒸氣欲冷凝至25℃之水，可釋放615 cal之熱量。】

例5：由濕基高位發熱量(H_h)、水分(W%)、氫含量(濕基)估算濕基低位發熱量(H_l)

實驗求得某廚餘試料之乾基(高位)發熱量H_i（或H_d）＝3583（kcal/kg）、水分爲71.4％、氫含量（濕基）爲1.61％，則廚餘試料之濕基低位發熱量（H_l）爲？（kcal/kg）

解：濕基高位發熱量$H_h＝H_d×$（100–W）／100＝3583×（100－71.4）／100＝1024.7（kcal/kg）

濕基低位發熱量$H_l＝H_h$－6×（9×H+W）＝1024.7－6×（9×1.61+71.4）＝509.4（kcal/kg）

【註14：濕基低位發熱量H_l＝509.4（Kcal/kg），表示每公斤（濕）廚餘焚化處理時，實際可被有效利用之熱量。〔因廢棄物（垃圾）燃燒時，除本身帶有水外，另成分中氫元素亦會被氧化爲水，其皆會汽化蒸發成水蒸氣而帶走部分熱量，此被吸收帶走之熱量需再予扣除。〕】

例6：綜合垃圾乾基發熱量(H_i)、濕基高位發熱量(H_h)、濕基低位發熱量(H_l)之計算

垃圾樣品經分析如下表，試計算【註15：不燃物之發熱量視爲0 kcal／kg】

項目			濕基重量百分比(%)	乾基重量百分比(%)	水分(%)	乾基發熱量 kcal/kg	濕基高位發熱量 kcal/kg	濕基氫含量 %	濕基低位發熱量 kcal/kg
物理組成	可燃物	紙　　　　　類	24.2	25.1	46.4	3961	2123	3.2	1672
		纖　維　布　類	2.3	2.4	46.3	5810	3120	4.2	2615
		木竹、稻草、落葉類	0.7	0.7	46.6	4137	2209	3.3	1751
		廚　　餘　　類	38.9	21.6	71.4	3583	1025	1.6	510
		塑　　膠　　類	19.1	23.7	36.1	9451	6039	3.8	5617
		皮革、橡膠類	3.3	5.4	15.6	4512	3808	5.1	3439
		其他（含5 mm以下之雜物）	1.9	3.7	0.5	2550	2537	3.4	2350
		小　　　　　計	90.4	82.6	52.9	5468	2574	2.74	2109
	不燃物	鐵　金　屬　類	5.0	9.0	7.5	0	0	0	0
		非　鐵　金　屬　類	0.4	0.7	5.8	0	0	0	0
		玻　　璃　　類	0.3	0.6	2.2	0	0	0	0
		其他不燃物（陶瓷、砂土）	3.9	7.1	5.8	0	0	0	0
		小　　　　　計	9.6	17.4	6.6	0	0	0	0
總　　　　　　　　計			100	100	48.4	4514	2327	2.48	1903

(1) 垃圾中各可燃物之濕基高位發熱量？（kcal/kg）

解：垃圾中各可燃物之濕基高位發熱量H_h＝乾基發熱量×（100–水分）／100

計算結果列於表中（以粗體加框表示者）

(2) 垃圾中各可燃物之濕基低位發熱量？（kcal/kg）

解：垃圾中各可燃物之濕基低位發熱量H_l＝濕基高位發熱量－6×（9×氫含量+水分）

計算結果列於表中（以粗體加框表示者）

(3) 綜合垃圾中可燃物之乾基發熱量？（kcal/kg）

解：設綜合垃圾（濕）＝1 kg，水分＝48.4（％）

則乾垃圾重＝1×（100－48.4）/100＝0.516（kg）

乾可燃物重＝0.516×82.6％＝0.426（kg）

乾不燃物重＝0.516－0.426（或0.516×17.4％）＝0.090（kg）

綜合垃圾中可燃物之乾基發熱量＝〔（0.516×25.1％×3961）＋（0.516×2.4％×5810）＋（0.516×0.7％×4137）＋（0.516×21.6％×3583）＋（0.516×23.7％×9451）＋（0.516×5.4％×4512）＋（0.516×3.7％×2550）〕/0.426＝5468（kcal/kg）

(4) 綜合垃圾之乾基發熱量？（kcal/kg）

解：綜合垃圾之乾基發熱量＝〔（0.426×5468）＋（0.090×0）〕/（0.426＋0.090）＝4514（kcal/kg）

(5) 綜合垃圾中可燃物之濕基高位發熱量？（kcal/kg）

解：設綜合垃圾（濕）＝1 kg，則

濕可燃物重＝1×90.4％＝0.904（kg）

濕不燃物重＝1×9.6％＝0.096（kg）

綜合垃圾中可燃物之濕基高位發熱量＝〔（1×24.2％×2123）＋（1×2.3％×3120）＋（1×0.7％×2209）＋（1×38.9％×1025）＋（1×19.1％×6039）＋（1×3.3％×3808）＋（1×1.9％×2537）〕/0.904＝2574（kcal/kg）

(6) 綜合垃圾之濕基高位發熱量？（kcal/kg）

解：綜合垃圾之濕基高位發熱量＝〔（0.904×2574）＋（0.096×0）〕/（0.904＋0.096）＝2327（kcal/kg）

(7) 綜合垃圾中可燃物之濕基低位發熱量？（kcal/kg）

解：濕基低位熱值H_1＝濕基高位熱值－6×（9×氫含量＋水分）＝H_h－6×（9H＋W）

設綜合垃圾（濕）＝1 kg

濕可燃物重＝1×90.4％＝0.904（kg）

濕不燃物重＝1×9.6％＝0.096（kg）

可燃物中之氫含量（濕基）％＝｛〔（1×24.2％×3.2％）＋（1×2.3％×4.2％）＋（1×0.7％×3.3％）＋（1×38.9％×1.6％）＋（1×19.1％×3.8％）＋（1×3.3％×5.1％）＋（1×1.9％×3.4％）〕/0.904｝×100％＝2.74％

綜合垃圾中可燃物之濕基低位發熱量＝2574－6×（9×2.74＋52.9）＝2109（kcal/kg）

(8) 綜合垃圾之濕基低位發熱量？（kcal/kg）

解：設綜合垃圾（濕）＝1 kg

綜合垃圾中之氫含量（濕基）％＝｛〔（1×24.2％×3.2％）＋（1×2.3％×4.2％）＋（1×0.7％×3.3％）＋（1×38.9％×1.6％）＋（1×19.1％×3.8％）＋（1×3.3％×5.1％）＋（1×1.9％×3.4％）〕/1｝×100％＝2.48％

綜合垃圾之濕基低位發熱量＝2327－6×（9×2.48＋48.4）＝1903（kcal/kg）

二、適用範圍

　　本方法適用於經粉碎後之可燃性廢棄物樣品及一般廢棄物（垃圾），包括垃圾中之紙類、纖維布類、木竹稻草類、廚餘類、塑膠類、皮革橡膠類及其他類粉碎樣品之熱值測定。

三、干擾

（一）所測試之樣品若含有高揮發性物質、高爆炸性物質時，將影響發熱量之測定。

（二）燃燒過程樣品濺出會造成負偏差。

（三）發熱量低之樣品不容易完全燃燒，應妥善選擇輔助燃料，如雁皮紙、苯甲酸，添加已知熱值之輔助燃料以便助其完全燃燒。

四、設備及材料

（一）烘箱：可設定 105±5℃者。

（二）分析天平：可精稱至 0.001 g。

（三）燃燒彈熱卡計（如圖 1），附有設備如下：

1. 燃燒筒。

2. 電子式溫度計或貝克曼溫度計附放大鏡，可正確讀取溫度至小數後第二位，並可以放大鏡讀取小數後第三位之估計值。

3. 鎳鉻絲（ϕ 0.1 mm×100 mm）。

（四）氧氣鋼瓶附壓力閥、氣體壓力表。若非高純度氧氣鋼瓶，必須加裝純化設備，如過濾器、吸收瓶等。

（五）定量瓶（或量筒）：容量 2 L。

（六）壓錠器。

五、試劑

（一）試劑水：適用於重金屬及一般檢測分析，其比電阻應在 10 MΩcm 以上。

（二）苯甲酸：試藥級，苯甲酸之發熱量為 6314 cal/g，通常用以測試水當量或當作輔助燃料使用。

（三）雁皮紙：其發熱量為 3800 至 4000 cal/g 之間，用作包裝樣品或當作輔助燃料。

（四）鎳鉻絲：其發熱量為 775 cal/g，一般使用約為 0.01 g。

六、採樣及保存

（一）所有樣品依循採樣計畫執行，採樣計畫必須參照環保署公告之「一般廢棄物（垃圾）採樣方法」或「事業廢棄物採樣方法」撰擬。

（二）為避免大氣濕度之干擾，樣品需妥善以乾燥箱保存，實驗分析之動作應儘速，讓樣品與大氣之接觸時間縮短。

七、步驟、結果 記錄與計算

(一) 第一階段試驗：以已知發熱量之苯甲酸（benzoic acid）標準品，求出熱卡計之水當量

1. 取一錠經烘乾且已知發熱量之苯甲酸（benzoic acid）標準品（約 1 g），以分析天平精稱其重，記錄之。

2. 將秤重後苯甲酸錠劑，以「雁皮紙」包覆，再以鎳鉻絲纏繞雁皮紙後，置入燃燒彈筒所附之（不鏽鋼製）燃燒皿中，並將鎳鉻絲兩端連接於燃燒彈筒所附之兩電極棒上，再將燃燒彈筒之頂蓋旋緊，將燃燒筒組合完成。【註 16：雁皮紙可用亦可不使用。若使用雁皮紙包覆苯甲酸錠劑，則以鎳鉻絲纏繞雁皮紙；若不使用雁皮紙，則逕以鎳鉻絲纏繞苯甲酸錠劑。】

3. 關閉燃燒彈筒上方之洩氣（壓）閥，將與氧氣鋼瓶相連之氧體導管套上並對準燃燒彈筒上之氧氣（輸入）孔，充灌壓力 25 kg/cm^2 之氧氣於燃燒彈筒內。

4. 將熱卡計之（外）蓋子打開（其下方有兩電線切勿弄斷），內置有一不銹鋼製之內筒，將燃燒彈筒置入放定位，以量筒取試劑水注入內筒，至水恰能淹沒燃燒彈筒之頂蓋止（注意：勿將水淹沒或沾濕點火電極），使成水浴槽，記錄使用之水量。將熱卡計蓋子下方之二電極插入連接於燃燒彈筒上方之電極插孔，將蓋子蓋好（含溫度計）。

5. 取橡皮環將外部之攪拌馬達與熱卡計蓋子上方之攪拌器連接，並啟動攪拌器（馬達開關），攪拌 2～3～4 分鐘直至系統內之溫度達穩定，記錄此時之水溫（至小數第 3 位，此為點火前之溫度）。【註 17：1. 利用放大鏡讀取刻度或電子式溫度計均可。2. 溫度是否達穩定，可每間隔 30～60 秒讀值記錄之，直至溫度讀值不變，即是。】

6. 按下點火電極點火，並持續觀察溫度計之溫度有否上升？若溫度有上升，即點火成功，則持續攪拌至試料（苯甲酸）完全燃燒及水和燃燒彈筒之升溫達穩定（約 10～15 分鐘）後，再記錄其溫度值（記錄至小數第 3 位）。【註 18：1. 點火後，若溫度計之溫度有未上升之情形（約在點火後數秒即可發現），表示試料點火未成功，則依步驟 7. 將熱卡計及燃燒彈筒拆開，再從步驟 2. 重新進行裝置分析。2. 點火未成功可能之原因為：（1）試料在裝置燃燒彈筒或加氣時受震動而未壓觸到鎳鉻絲。（2）在綁鎳鉻絲時未綁好。（3）鎳鉻絲燒斷時產生之火花並未和樣品相觸。（4）試料本身之可燃分不高或熱值低，不易著火。】

7. 關閉攪拌器馬達開關，取下橡皮環；打開熱卡計蓋子，並將連接燃燒彈筒之兩電極拆下，取出燃燒彈筒，將內筒之水倒掉。將燃燒彈筒之排氣閥打開以排除內部氣體，旋開燃燒彈筒蓋子，將殘餘之鎳鉻絲清除，將燃燒彈筒內壁之水滴及燃燒皿內之殘餘灰渣擦拭乾淨。

8. 結果記錄與計算：

（續下表）

項目〔熱卡計之水當量〕	結果記錄與計算								
	第1次				第2次				
① 苯甲酸發熱量（cal/g）【註19】									
② 苯甲酸重（g）									
③ 鎳鉻絲發熱量（cal/g或cal/cm）【註19】									
④ 鎳鉻絲重（g）或鎳鉻絲長度（cm）									
⑤ 雁皮紙發熱量（cal/g）【註19】									
⑥ 雁皮紙重（g）									
⑦ 發熱補正值（cal）＝（③×④）＋（⑤×⑥）									
⑧ 內筒水量（g）									
⑨ 水比熱（cal/g℃）									
⑩ 點火前（穩定）溫度（℃）									
⑪ 點火後（穩定）溫度（℃）									
⑫ 上升溫度（℃）＝（⑪－⑩）									
⑬ 熱卡計之水當量（g）【註19】									
⑭ 熱卡計之水當量平均值（g）									

【註19】
1. 苯甲酸、鎳鉻絲及雁皮紙之實際發熱量以供貨商提供為準；另雁皮紙視需要使用。
2. 苯甲酸發熱量（cal/g）×苯甲酸重（g）＋發熱補正值（cal）＝（內筒水量+水當量）（g）×水比熱（cal/g℃）×上升溫度（℃）

(二) 第二階段試驗：以經烘乾後之（可燃物）試料試驗，求出試料之乾基高位發熱量H_i或H_d

1. 將粉碎後之試料，稱取約 2 g 置於坩鍋或蒸發皿中，置入烘箱以 $105\pm5℃$ 烘乾至少 2 小時，取出置於乾燥器中冷卻至室溫後，（取約 0.5～2 g）以分析天平精稱其重，記錄之。【註 20：1. 塑膠袋及紙類可剪成長條狀不必粉碎。2. 貝克曼溫度計最高讀值為：35℃。故取試料量視其發熱量高低而定，其發熱量高則取量宜少；其發熱量低則取量宜稍多。原則以系統升溫不超過貝克曼溫度計之最高讀值。例如：塑膠袋建議取 0.5～1 g；紙類建議取 1～2～3 g。】

2. 將秤重後之試料，以「雁皮紙」包覆，再以鎳鉻絲纏繞雁皮紙後，置入燃燒彈筒所附之（不鏽鋼製）燃燒皿中，並將鎳鉻絲兩端連接於燃燒彈筒所附之兩電極棒上，再將燃燒彈筒之頂蓋旋緊，將燃燒筒組合完成。【註 21：雁皮紙可用亦可不使用。若使用雁皮紙包覆試料，則以鎳鉻絲纏繞雁皮紙；若不使用雁皮紙，則逕以鎳鉻絲纏繞試料（例如：塑膠袋、紙類）。】

3. 餘步驟同前「第一階段試驗」之步驟 3.～7.。

4. 結果記錄與計算：

項目〔乾基高位發熱量〕	結果記錄與計算			
	第1次		第2次	
① （乾）試料種類（名稱）				
② （乾）試料重（g）				
③ 鎳鉻絲發熱量（cal/g或cal/cm）【註22】				
④ 鎳鉻絲重（g）或鎳鉻絲長度（cm）				
⑤ 雁皮紙發熱量（cal/g）【註22】				
⑥ 雁皮紙重（g）				
⑦ 發熱補正值（cal）＝（③×④）＋（⑤×⑥）				
⑧ 內筒水量（g）				
⑨ 水比熱（cal/g℃）				
⑩ 點火前（穩定）溫度（℃）				
⑪ 點火後（穩定）溫度（℃）				
⑫ 上升溫度（℃）＝（⑪－⑫）				
⑬ 熱卡計之水當量（g）				
⑭ （乾）試料之乾基高位發熱量H_i（cal/g）【註22】				
⑮ （乾）試料之乾基高位發熱量平均值（cal/g）				

【註 22】
1. 鎳鉻絲及雁皮紙之實際發熱量以供貨商提供爲準；另雁皮紙視需要使用。
2. （乾）試料發熱量（cal/g）× 試料重（g）＋發熱補正值（cal）＝（內筒水量＋水當量）（g）× 水比熱（cal/g℃）× 上升溫度（℃）

八、結果處理

$$E_W = [H_{BA} \times W_{BA} / (T_U \times 1 \, cal/g℃)] - W_{H2O}$$

E_W：水當量（g）

H_{BA}：苯甲酸之發熱量（cal/g）

W_{BA}：苯甲酸重量（g）

T_U：上升溫度（℃）

W_{H2O}：內圓筒水量（g）

$$\triangle K = (H_P \times W_P + H_{Ni} \times W_{Ni})$$

$\triangle K$：發熱補正值（cal）

H_P：雁皮紙發熱量（cal/g）

W_P：測定時所使用雁皮紙重量（g）

H_{Ni}：鎳鉻絲發熱量（cal/g）

W_{Ni}：測定時所使用鎳鉻絲重量（g）

$$H_i = [T_U \times (W_{H2O} + E_W) \times 1 \, cal/g℃ - \triangle K] / W_1$$

H_i：各類樣品乾基發熱量（kcal / kg）

W_1：（乾）樣品重量（g）

$$H_{Td} = \sum_{i=1}^{7} H_i \times A_i \,/\, \sum_{i=1}^{7} A_i$$

H_{Td}：廢棄物乾基總熱值（kcal / kg）

7：七類可燃物

A_i：各類樣品重量百分比

$$H_h = \left[\,(100-W)\,/\,100\,\right] \times H_d$$

H_h：廢棄物濕基之高位發熱量（kcal / kg）

W：廢棄物水分（%）

$$H_l = H_h - 6 \times (9\,H + W)$$

H_l：廢棄物濕基之低位發熱量（kcal / kg）

H：廢棄物元素分析中氫含量（%）

九、品質管制

(一) 樣品重複分析：每一樣品必須執行重複分析，若兩次分析的差值在 10% 以下，取其平均；若在 10% 以上，需再進行第三次測定。

(二) 若第三次測定值與前二次平均值的差值大於 10% 時，則必須捨去前三次的實驗數據，重新混合樣品進行分析。

(三) 若第三次測定值與前二次平均值的差值小於 10% 時，則取三次分析數據平均值作為該樣品之檢測結果。

十、參考資料：中華民國93年11月19日環署檢字第0930084869號公告：NIEA R214.01C

十一、心得與討論

_____

_____

_____

_____

第 19 章：廢棄物閃火點測定方法－潘 - 馬氏密閉式測定法

一、相關知識

(一) 閃火點與著火點

　　「閃火點（flash point）」係指易燃（引火）性液體於受熱升溫過程中，揮發性高的輕質部份先蒸（揮）發，初始蒸發量少，隨溫度升高其蒸發速率增加，會增加蒸發量（濃度），蒸（揮）發出之氣體與周圍空氣混合，形成可燃性混合汽霧，當其達到一特定濃度，將一特定測試條件之火源（火種）快速掠過液（油）面，能夠引起閃爍起火小燃燒所需要的最低溫度（但火焰不能繼續燃燒，一閃即滅）。此閃火點僅表示易燃（引火）性液體於此溫度所產生之蒸發量（濃度），可與空氣混合成為可燃燒之氣體比例。但燃燒時會消耗可燃氣體之濃度，致使其濃度降低，無法繼續燃燒而熄滅，而產生短暫之閃火現象。「著火點（fire point）或燃點（ignition point）」係當溫度繼續上升直到易燃（引火）性液體之蒸發速率足以支持混合汽霧繼續燃燒（持續 5 秒以上）的最低溫度。

　　於閃火點時燃燒無法持續，但如果溫度繼續攀升則可能引發大火。著火點通常較閃火點略高 5～20℃。一般檢討易燃（引火）性液體之危險性以實用為目的者，常以閃火點表示，不採用著火點。閃火點之高低為易燃（引火）性液體是否安全（危險）的重要指標。易燃性物質之閃火點低於常溫時，於常溫時隨時有受火源引燃之危險；如閃火點高於常溫時，當其受熱至閃火點時，隨時有受火源引燃之危險。對於易燃（引火）性液體之安全性除了隔離火源外，另一重要事項即為儲存溫度；閃火點為重要指標。

　　易燃（引火）性液體如有機溶劑、燃料油（石化燃料）多為多種碳氫化合物之混合物。表 A. 為常見油料、有機溶劑之閃火點範圍。

表 A：常見油料、有機溶劑之閃火點範圍

試料名稱	汽油	溶劑油	煤油	輕潤滑油	重潤滑油	汽缸油料
閃火點（℃）	－18	43～46	46～66	162～204	204～260	260～330
試料名稱	丙酮	二甲苯	乙酸正丁酯	甲醇	乙醇	異丙醇
閃火點（℃）	－18	17～25	22	12	13	11.6

資料來源：
（1）http://researcher.most.gov.tw/public/jcwang/Attachment/8121715303871.pdf
（2）物質安全資料表

(二) 廢液閃火點與易燃性事業廢棄物（有害特性認定之有害事業廢棄物）

　　「有害事業廢棄物認定標準」第 4 條：有害特性認定之有害事業廢棄物種類如下：一、……。六、易燃性事業廢棄物：指事業廢棄物具有下列性質之一者：（一）廢液閃火點

小於攝氏溫度 60 度者。但不包括乙醇體積濃度小於百分之 24 之酒類廢棄物。（二）固體廢棄物於攝氏溫度 25 度加減 2 度、一大氣壓下（以下簡稱常溫常壓）可因摩擦、吸水或自發性化學反應而起火燃燒引起危害者。（三）可直接釋出氧、激發物質燃燒之廢強氧化劑。七、……。八……。

「危險物與有害物標示及通識規則」附表一指定之「危險物」包括有易燃液體中之下列物質：（一）乙醚、汽油、乙醛、環氧丙烷、二硫化碳及其他之閃火點未滿攝氏零下 30 度之物質。（二）正己烷、環氧乙烷、丙酮、苯、丁酮及其他之閃火點在攝氏零下 30 度以上未滿攝氏 0 度之物質。（三）乙醇、甲醇、二甲苯、乙酸戊酯及其他之閃火點在攝氏 0 度以上未滿攝氏 30 度之物質。（四）煤油、輕油、松節油、異戊醇、醋酸及其他之閃火點在攝氏 30 度以上未滿攝氏 65 度之物質。如表 B. 所示。

表 B：「危險物與有害物標示及通識規則」附表一指定之「危險物」中之易燃液體及閃火點範圍

閃火點範圍	「危險物與有害物標示及通識規則」附表一指定之「危險物」中之易燃液體
＜－30℃	乙醚、汽油、乙醛、環氧丙烷、二硫化碳及其他之閃火點未滿攝氏零下30度之物質
－30℃～0℃	正己烷、環氧乙烷、丙酮、苯、丁酮及其他之閃火點在攝氏零下30度以上未滿攝氏0度之物質
0℃～30℃	乙醇、甲醇、二甲苯、乙酸戊酯及其他之閃火點在攝氏0度以上未滿攝氏30度之物質
30℃～65℃	煤油、輕油、松節油、異戊醇、醋酸及其他之閃火點在攝氏30度以上未滿攝氏65度之物質

事業產出之「廢液」若含有「危險物」中之易燃液體（閃火點＜ 60℃者），則可能被判定為「有害特性認定之有害事業廢棄物－易燃性事業廢棄物」。

(三) 廢棄物閃火點測定方法－潘-馬氏密閉式測定法

行政院環境保護署公告之廢棄物閃火點測定方法有二，一為廢棄物閃火點測定方法－潘 - 馬氏密閉式測定法（Pensky-Martens Closed Cup），一為液体閃火點測定方法－密閉式快速閃火點測定儀。各適用範圍如表 C. 所示。

表 C：廢棄物閃火點測定方法之適用範圍

閃火點測定方法	適用範圍
廢棄物閃火點測定方法－潘-馬氏密閉式測定法（NIEA R210.20C） 【註A：每一量測約需至少75 mL的樣品，適用執行廢棄物（包括廢液、廢溶劑及廢油料等）閃火點測定，測定的溫度範圍為40～360℃。】	步驟甲：適用於廢棄物中燃料油（distillate fuels）〔包括柴油（diesel）、煤油（kerosene）、加熱油（heating oil）及渦輪油（turbine fuels）〕、潤滑油（lubricating oil）及其他步驟乙未含蓋之均勻液體。【註B：均勻液體，油樣加熱溫度上升速率：5～6℃/min；攪拌器轉速：90～120 rpm。】
	步驟乙：適用於測定廢棄物中殘餘燃油（residual fuel oil）、濃縮的殘餘物（cutback residual）、使用過的潤滑油（used lubricating oil）、混有固體之石化液體、於測定條件下易形成表面薄膜之液體或具動黏度（kinematic viscosity）之其他於步驟甲中之攪拌和加熱過程不易均勻加熱的液體。【註C：含懸浮固體物之液體，油樣加熱溫度上升速率：1～1.5℃/min；攪拌器轉速：250 rpm。】

（續下表）

閃火點測定方法	適用範圍
液体閃火點測定方法－密閉式快速閃火點測定儀（NIEA R211.21C） 【註D：每一量測約需至少2 mL的樣品，測定的溫度範圍為0～110℃。】	步驟甲：閃火/未閃火之測定方法。（例如於60℃時，閃火/未閃火之測定）
	步驟乙：確定閃火點之測定方法。（測定的溫度範圍為0～110℃）
	（1）係使用快速閃火點測定儀測定閃火點在0 110℃之間，於25℃時黏度低於150 St（1 St＝1cm²/s，1 cSt＝1 mm²/s，9.5 cSt 45 ≅ SUS）之液體（包括廢液）的閃火點測定。 （2）係用來測定一物質於所設定之溫度（例如60℃）是否會閃火或測定物質閃火的確定溫度（0～110℃）。 （3）於測試條件下，表面會形成薄膜或包含懸浮固體的液體物質之閃火點測定，須使用廢棄物閃火點測定方法－潘-馬氏密閉式測定儀（NIEA R210.20C）。 【註E：試樣（廢液）於所設定之溫度（例如60℃）是否會閃火？若試樣之閃火點＜60℃者，即可快速判定試樣為「有害特性認定之有害事業廢棄物－易燃性事業廢棄物」。】

　　依「廢棄物閃火點測定方法－潘 - 馬氏密閉式測定法」中所稱「閃火點」為：於固定尺寸的銅製油杯及配合的杯蓋中，將油樣在連續攪拌下，以固定且緩慢的速度加熱，於固定的升溫間隔中，將試驗火焰導入油杯，並於試驗火焰導入的瞬間停止攪拌，當試驗火焰點燃油樣上之油氣的最低溫度稱之為閃火點。

　　本實驗依「廢棄物閃火點測定方法－潘 - 馬氏密閉式測定法」，測定廢潤滑油（或各種燃料油）之閃火點，以瞭解試樣之閃火點及其揮發性質，提供易燃（引火）性液體於貯存、運輸、使用等之安全性注意事項，並判定是否為「有害特性認定之有害事業廢棄物－易燃性事業廢棄物」？提供貯存、清除、處理之參考。【註 F：應符合「事業廢棄物貯存清除處理方法及設施標準」之規定。】

（四）　環境大氣壓力與閃火點（溫度）之校正及記錄

　　閃火點（溫度）與環境大氣壓力有關，易燃（引火）性液體（如溶劑）於低環境大氣壓力時，揮發較快；於高環境大氣壓力時，揮發較慢。故測定閃火點時須檢視並記錄當時之環境大氣壓力，當環境大氣壓力和 760 mmHg（101.3 kPa）不同時，以下列公式校正閃火點：

$$校正閃火點（℃）＝ C + 0.25 \times (101.3 － K) \tag{1}$$
$$校正閃火點（℃）＝ C + 0.033 \times (760 － P) \tag{2}$$
$$校正閃火點（℉）＝ F + 0.06 \times (760 － P) \tag{3}$$

其中：

C ＝閃火點測定值，℃

F ＝閃火點測定值，℉

K ＝環境大氣壓力，kPa

P ＝環境大氣壓力，mm Hg

【註 G：Pascal（巴斯葛）簡寫為 Pa（巴），為常用壓力單位，1 Pascal ＝ 1 Pa ＝ 1 Nt/m^2 ＝ 1 牛頓 / 平方公尺，1 kPa ＝ 1000 Pa。又 1 大氣壓 ＝ 760 mm Hg ＝ 101.3 kPa。】

　　當環境大氣壓力低於 760 mmHg（101.3 kPa）時，將校正後的閃火點進位到最接近的 0.5℃（以 0.5℃為最小之火點溫度單位）並記錄之；當環境大氣壓力高於 760 mmHg（101.3 kPa）時，將校正後的閃火點退位到最接近的 0.5℃並記錄之。

　　將經校正後之閃火點填寫在檢測報告上，並註明測定方法為潘 - 馬氏密閉式閃火點測定法步驟甲或步驟乙。

例1：有害特性認定之有害事業廢棄物－易燃性事業廢棄物之判定

摩托車用廢機油（潤滑油）依「廢棄物閃火點測定方法－潘-馬氏密閉式測定法」測定閃火點，結果記錄及計算如下；試判別廢機油（潤滑油）是否為「有害特性認定之有害事業廢棄物－易燃性事業廢棄物」？

	測定方法：潘-馬氏密閉式閃火點測定法－步驟乙	第1次	第2次
1	樣品名稱	廢機油（潤滑油）	
2	環境大氣壓力K（kPa）【1大氣壓＝101.3 kPa＝760 mm Hg】	100.1（＜101.3）	100.1（＜101.3）
3	閃火點測定值C（℃）	72.5	73.0
4	校正後閃火點＝C 0.25×（101.3－K）　（℃）	72.8≒73.0	73.3≒73.5
5	校正後閃火點之平均值（℃）	73.5	

解：經環境大氣壓力校正後閃火點之平均值為73.5℃，大於60℃，故判別廢機油（潤滑油）不是「有害特性認定之有害事業廢棄物－易燃性事業廢棄物」。

二、適用範圍

（一）本方法適用於自動方式之潘 - 馬氏（Pensky-Martens）密閉式閃火點測定器執行廢棄物（包括廢液、廢溶劑及廢油料等）的閃火點測定，測定的溫度範圍為 40 至 360℃。

（二）本方法包含二種測試步驟：步驟甲適用於廢棄物中燃料油（distillate fuels）〔包括柴油（diesel）、煤油（kerosene）、加熱油（heating oil）及渦輪油（turbine fuels）〕、潤滑油（lubricating oil）及其他步驟乙未含蓋之均勻液體；步驟乙適用於測定廢棄物中殘餘燃油（residual fuel oil）、濃縮的殘餘物（cutback residual）、使用過的潤滑油（used lubricating oil）、混有固體之石化液體、於測定條件下易形成表面薄膜之液體或具動黏度（kinematic viscosity）【註 1】之其他於步驟甲中之攪拌和加熱過程不易均勻加熱的液體。

（三）本方法可用來檢測相當不易揮發或不易燃物質中，是否含有揮發性或易燃性物質的染。【註 2、註 3、註 4、註 5、註 6】

三、干擾：（略）

四、設備及材料

（一）潘 - 馬氏密閉式閃火點測定器規範：以瓦斯加熱的典型測定器組合如圖 1 所示。本測

定器必須包含符合下列規範之油杯、杯蓋及加熱爐。

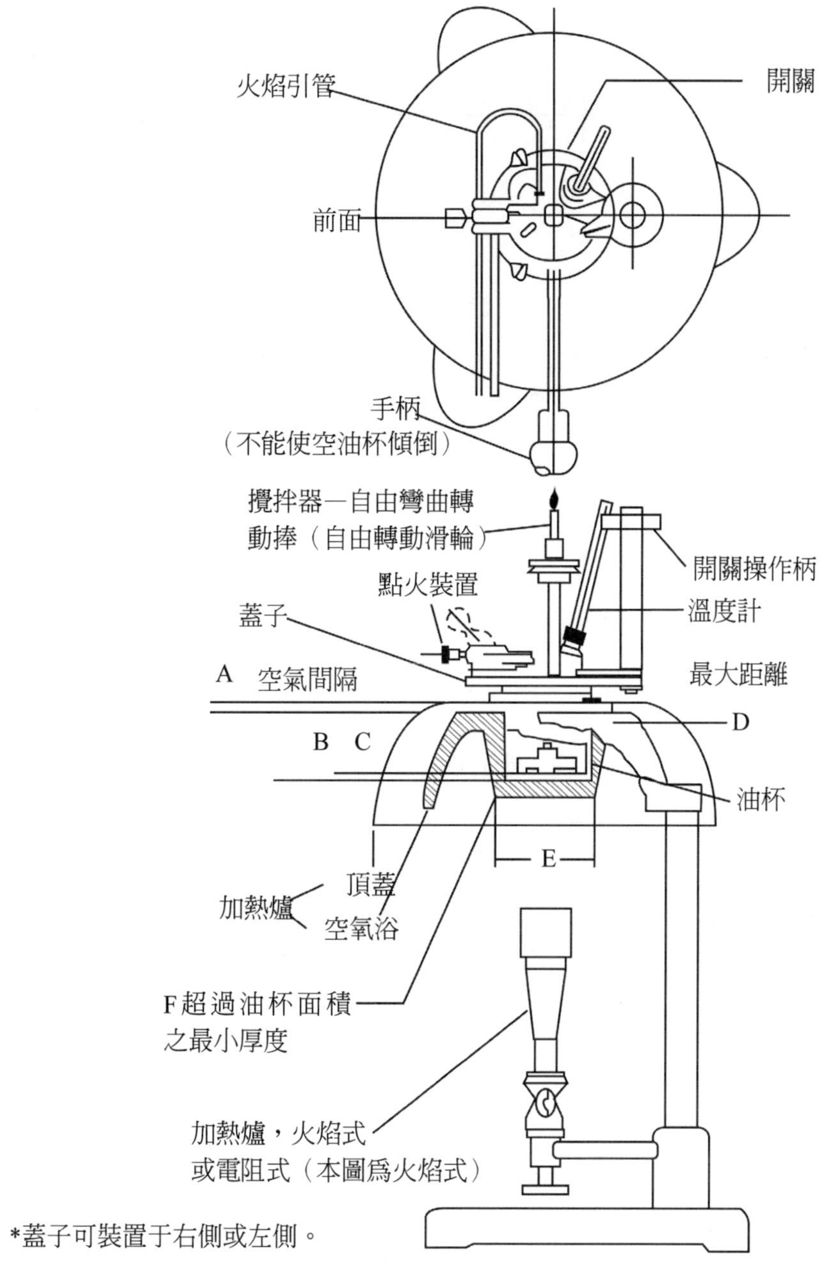

火焰引管
開關
前面
手柄
（不能使空油杯傾倒）

攪拌器－自由彎曲轉
動捧（自由轉動滑輪）
開關操作柄
點火裝置
溫度計
蓋子
A 空氣間隔
最大距離
B C
D
油杯
E
頂蓋
加熱爐 空氧浴
F超過油杯面積
之最小厚度

加熱爐，火焰式
或電阻式（本圖為火焰式）

*蓋子可裝置于右側或左側。

圖1：潘 - 馬氏密閉式閃火點測定器【註：尺寸規格略，參閱 NIEA R210.23C】

1. 油杯：油杯須由黃銅或其他具相同熱傳導性且不會生銹之金屬材質製成，而且必須符合
   圖 2 所示之尺寸規範，油杯輪緣必須具有將油杯定位在爐座上之構造，最好在油杯輪緣
   上附加手柄，但手柄不可過重以免使空油杯傾倒。

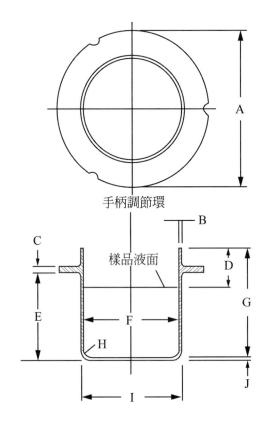

圖 2：油杯【註：尺寸規格略，參閱 NIEA R210.23C】

2. 杯蓋

(1) 杯蓋本體：杯蓋本體須由黃銅製成，且必須有一幾乎可碰到油杯輪緣的向下杯肋，如圖 3 所示。此一向下杯肋的直徑和油杯外徑的密合間隙，不可超過 0.36 mm。杯蓋上必須有定位或鎖定裝置以便和油杯上相關配件密切連接，杯蓋上的四個開口 A、B、C 和 D 如圖 3 所示，油杯的上邊緣必須和杯蓋的內面一整圈都完全密合。

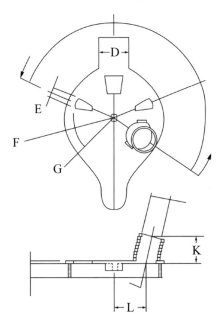

圖 3：杯蓋【註：尺寸規格略，參閱 NIEA R210.23C】

(2) 開關：杯蓋必須具備有約 2.4 mm 厚且可在杯蓋上面操縱之黃銅製的開關，如圖 4 所示，開關的設計和安裝必須使其可在杯蓋水平中心軸的兩個定點位置間移動，而當開關在其中一定點位置可完全關閉杯蓋上的 A、B、C 開口，但在另一定點位置時則可完全打開此三個開口。開關的操縱裝置必須爲彈簧式，在未啓動狀態必須能夠完全關閉此三個杯蓋開口，當開關移動到另一定點位置時，此三個杯蓋開口必須完全打開，而且試驗火焰噴出管的頂端必須可完全壓入。

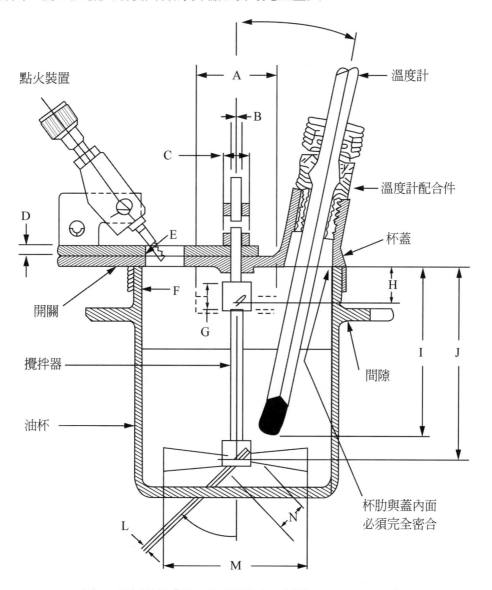

圖 4：油杯與蓋【註：尺寸規格略，參閱 NIEA R210.23C】

(3) 點火焰裝置：點火焰裝置必須有一個直徑爲 0.69 到 0.79 mm 之開口的頂端，如圖 4 所示。此頂端可由適當之金屬製成，但最好是不銹鋼製。試驗火焰噴出裝置必須具有一操作裝置，可使得當開關在「開」的位置時，可壓入頂端使得孔口的中心恰在通過大開口「A」的中心且在杯蓋本體的上下二層之間（圖 3）。亦可使用電阻式（熱電阻線）之電點火裝置，其加熱區的位置正好在杯蓋的開口處，各相關位置與瓦斯

點火裝置完全相同。

(4) 火源：本設備必須備有火源以供試驗火焰的自動重新點燃。杯蓋上可裝有直徑 4 mm 之調節珠，以便調節試驗火焰的大小，火源的頂端必須有和試驗火焰噴出裝置頂端相同大小的開口（直徑 0.69 至 0.79 mm）。

(5) 攪拌器：杯蓋必須配備有一裝在杯蓋中心且帶有二組金屬葉片的攪拌器，如圖 4 所示。下葉片以 L.M.N 表示之。此葉片從頂端到頂端距離約 38 mm，各葉片寬度為 8 mm，傾斜度為 45°。上葉片則以 A.C.G 表示之。此葉片從頂端到頂端距離約 19 mm，各葉片寬度同為 8 mm，傾斜度為 45°。此兩組葉片在攪拌器軸上的方向為從攪拌器之底往上看時，一組葉片在 0 及 180° 的位置，但是另一組葉片則在 90 及 270° 的位置，攪拌器軸可經由自由彎曲的轉動軸或適當的滑輪組合連接到馬達上。

(6) 加熱爐：必須由經適當設計的相當於空氣浴的加熱爐提供熱量至油杯，加熱爐必須包括一空氣浴和一個安置油杯輪緣的頂蓋。

(7) 空氣浴：空氣浴必須具圓柱形的內層而且符合圖 1 之尺寸規格，空氣浴可以火焰或電子加熱金屬鑄物 [參見四、(一)2、(8) 節] 或電阻元件 [參見四、(一)2、(9) 節] 加熱之，不管使用那一種方式，於測定溫度下皆不可變形。

(8) 火焰或電子加熱器：如果加熱器為火焰或電子加熱式，必須經適當設計使底部和壁面的溫度大約相等。為了能使空氣浴的內面維持在相同溫度下，除非加熱裝置的設計能使得在所有壁面和底面都有相同的熱通量密度，否則空氣浴厚度不得低於 6.4 mm。

(9) 電阻加熱器：如果加熱器為電阻式，則其構造必須可使所有內面皆能均勻加熱，除非空氣浴的壁面和所有底部至少有 80% 皆密佈電阻加熱元件，否則空氣浴的壁面和底部厚度不得小於 6.4 mm；如果加熱器的加熱元件分佈於距離加熱單元內面至少 4.0 mm 遠，則可和壁面及底部厚度至少為 1.58 mm 之空氣浴連用。

(10) 頂蓋：頂蓋必須為金屬製品，安裝時必須和空氣浴間留有空氣間隙。可用三根螺絲和間隙墊片將頂蓋安裝至空氣浴上。墊片必須有適當厚度以間隔出 4.8 mm 之空氣間隙，且其直徑不得超過 9.5 mm。

(二) 溫度計和套圈之製造標準

1. 符合特氏（Tag）密閉式閃火點測定法規範圍的低範圍溫度計，經常加裝一金屬套圈用以配合 Tag 測定器杯蓋上的軸環，此種溫度計可加裝圖 5 所示轉接頭，以適用於潘 - 馬氏之較大直徑軸環。那些軸環尺寸的差異不會影響測試結果，但常會造成製造廠商、儀器供應商和使用者間的不必要的困擾。

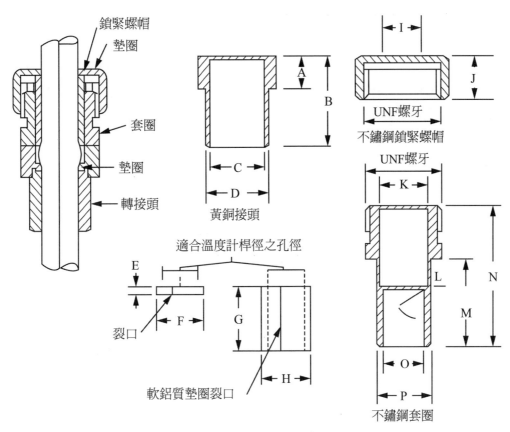

圖 5：溫度計轉接頭、套圈和墊圈之圖【註：尺寸規格略，參閱 NIEA R210.23C】

2. 尺寸規格如圖 5 所示。這些尺寸規格非強制規定，但潘 - 馬氏測定器使用者和供應商最好能配合規定。

(三) 潘 - 馬氏密閉式測定器－手動式：本裝置包含詳述於四、(一) 節中之油杯、杯蓋和開關、攪拌器、加熱器、點火裝置、空氣浴及頂蓋等。手動式測定器如圖 1 所示；油杯如圖 2 所示；杯蓋如圖 3 所示；油杯組合如圖 4 所示，圖中亦列出各設備的尺寸規格。

(四) 潘 - 馬氏密閉式測定器－自動式：本裝置為自動式閃火點測定器，能執行本方法中七、(三) 節及七、(四) 節之測定步驟。本裝置包含詳述於四、(一) 節中之油杯、杯蓋和開關、攪拌器、加熱器和點火裝置等。

(五) 溫度量測裝置：必須具備如下列的刻度範圍，且符合表 1【表 2、表 3、表 4、圖 6 (有關溫度計規範：略；參見 NIEA R210.23C】的規範之溫度計或電子式溫度量測裝置，如電阻式溫度計或熱電偶，於相同溫度下，須能顯示與水銀溫度計所顯示的溫度相同。

溫度範圍	溫度計編號	
	ASTM	IP
－ 5 至 ＋ 110 ℃	9C	15C
＋ 10 至 200 ℃	88C	101C
＋ 90 至 370 ℃	10C	16C

（六）試驗火焰：天然瓦斯火焰、桶裝瓦斯火焰或電點火裝置（熱電阻線）等皆可當作試驗火焰。如圖 4 所示之瓦斯式試驗火焰裝置需使用如四、（一）2、（3）節所述之火源；電點火裝置需爲熱電阻線型式，且其加熱區的位置正好在杯蓋的開口處，各相關位置與瓦斯點火裝置完全相同【註 7】。

（七）氣壓計：可準確至 ±0.5 kPa。

五、試劑

（一）驗證參考物質（Certified Reference Material，CRM）：是一種穩定，且純度達 99 mole% 以上之碳氫化合物，表 5 爲經 ASTM 實驗室驗證後可適用之驗證參考物質；若要使用其他的驗證參考物質，則亦必須符合經 ASTM RR：D02-1007 或 ISO Guide 34 和 35 之驗證程序，進行閃火點研究之穩定碳氫化合物或石油產品。

表 5：驗證參考物質的閃火點及範圍

名稱	純度（mole%）	閃火點（℃）	範圍（℃）
正癸烷（n – decane）	99＋	52.8	±2.3
正十一烷（n – undecane）	99＋	68.7	±3.0
正十四烷（n – tetradecane）	99＋	109.3	±4.8
正十六烷（n – hexadecane）	99＋	133.9	±5.9

（二）二級工作標準品（Secondary Working Standard，SWS）：二級工作標準品是一種穩定，且純度達 99 mole% 以上之碳氫化合物或是其他的石油產品。

（三）清潔溶劑：使用適當的溶劑將油杯中之樣品清理乾淨，並乾燥油杯及杯蓋。常用的溶劑爲甲苯和丙酮（甲苯、丙酮及許多溶劑皆易燃且會危害健康，須依安全衛生相關法規執行溶劑及廢棄物的棄置處理）。

六、採樣及保存

（一）每次測定所需之樣品以最少採量爲宜（每一量測約需至少 75 mL 的樣品），且樣品至少須填裝滿容器之 50 至 85%。

（二）如果未採取適當預防措施以避免油樣中揮發性物質的漏失，則可能得到錯誤的高閃火點。爲避免油樣中揮發性物質的漏失及可能將濕氣導入油樣中，若非必要，切勿打開盛裝油樣的容器蓋。閃火點測定時所取用之油樣，應是未測定過者，且油樣需儲存在低溫（10℃以下）狀態。

（三）由於揮發性油樣可能經由容器壁而擴散，因此不可把油樣儲存在塑膠製（聚乙烯、聚丙烯等）容器內，應將樣品保存於玻璃材質之容器內。於已洩漏容器內的樣品已不可

信,其測定結果應爲無效。

(四)若油樣爲極黏的物質,可將其加熱至適當的流動性,再進行測試。但除非必要,不要將油樣加熱。若加熱油樣時,油樣之溫度不得超過其預估閃火點之下18℃所相當的溫度。

(五)若油樣中溶入水分或含有游離水,可用氯化鈣去水或以定性用濾紙過濾,或經乾燥的吸收綿除去水分。油樣於處理過程中雖可加熱,但時間不能太長,且油溫不能超過其預估閃火點之下18℃所相當的溫度【註8】。

七、步驟、結果記錄與計算

(一) 測定器的準備

1. 將手動式或自動式測定器放置於水平且穩定的實驗檯上。
2. 執行測定時需要在不通風的室內或隔間內操作,可在實驗室之抽風櫃內或任何不通風的區域進行測定【註9、註10】。
3. 依手動式或自動式測定器之製造廠商所提供的說明書來校正、調整及操作測定器【註7】。
4. 進行測定前,需將油杯及所有相關附件徹底清洗乾淨並乾燥之,確定清理測定器所使用的溶劑皆已去除。

(二) 測定器之確認

1. 依製造廠商的說明書來調整自動式閃火點測定系統。
2. 依製造廠商的說明書調校溫度測定裝置。
3. 每年至少須量測驗證參考物質(如表5所示)的閃火點一次,以確認手動或自動儀器之性能是否正常。驗證參考物質的量測方法係依本方法七、步驟(三)步驟甲之步驟測試,所量測到的閃火點必須依八、結果處理之方式校正大氣壓,其檢測結果值必須落在驗證參考物質之範圍內。實驗室須將相關資料建檔備查。【註11】
4. 除上述需每年確認儀器的性能是否正常外,每一批次樣品測試前須量測二級工作標準品來確認儀器的準確度,而二級工作標準品的管制方法,除可依據標準品說明書(CoA)之管制範圍管制外,若無管制範圍,則可利用統計方式建立平均的閃火點及管制範圍(3倍標準偏差)進行管制。
5. 若驗證參考物質或二級工作標準品的測值未落在合格範圍內,則須詳細檢查儀器的設定及操作條件是否符合四、(一)節中所述規範,尤其需注意杯蓋〔參見四、(一)2、(2)節〕是否密合,開關的運作是否正常,試驗火焰的位置是否適當〔參見四、(一)2、(3)節〕以及溫度量測裝置的角度及位置是否適當〔參見四、(一)2、(4)節〕。重新調整至正常狀況後,須重新進行測定器之確認測定,測定時需特別注意方法中所述的細節步驟。

(三) 步驟甲：廢棄物中燃料油（distillate fuels）〔包括柴油（diesel）、煤油（kerosene）、加熱油（heating oil）及渦輪油（turbine fuels）〕、潤滑油（lubricating oil）及其他步驟乙未含蓋之均勻液體

1. 手動式測定器

(1) 將試料油樣裝入油杯中至內部之標線，油杯及油樣的溫度不得超過油樣之預估閃火點之下 18℃所相當的溫度。若油杯中加入過多的油樣，則以注射針或類似的設備將多餘的油樣抽出。將油樣冷卻至 15±5℃，或低於油樣之預估閃火點 18℃所相當的溫度，將油杯加蓋並將其置於測定器中，放置的位置須與鎖緊裝置正好嚙合，插入溫度測定裝置。

(2) 點燃火源，並調整火焰的直徑為 3.2 至 4.8 mm，或開啟電子式點火裝置，依製造廠商之說明書來調整電流強度【註 7、註 12、註 13、註 14】。

(3) 將油樣加熱，使由溫度測定裝置上所顯示之油溫的上升速率為每分鐘 5 至 6℃。

(4) 啟動攪拌器，轉速為 90 至 120 轉／分（rpm），以向下的方向轉動。

(5) 試驗火焰的導入【註 15】

    a. 若油樣的預估閃火點在 110℃或以下，則當油溫升至其預估閃火點之下 23±5℃時，即需導入試驗火焰，然後油溫每升高 1℃，試驗火焰引火一次，導入試驗火焰時須轉動杯蓋上的控制件，該控制件可控制杯蓋之啟閉，使試驗火焰以 0.5 秒之時間間隔進入油杯上之蒸氣空間，停留於其中 1 秒鐘後，迅速昇起並離開油杯。在導入試驗火焰期間，不要攪動樣品。

    b. 若油樣的預估閃火點超過 110℃，當油溫升到其預估閃火點之下 23±5℃時，則按前述方法，油溫每升高 2℃，試驗火焰引火一次。

(6) 當用來測定油樣是否含有揮發性　染物時，並不需要嚴守七、(三) 1、(5) 節中所述，有關開始導入試驗火焰之溫度界限。

(7) 若不知油樣的閃火點，將油樣及測定器的溫度定在 15±5℃，當油溫升到起始溫度之上至少 5℃時，按前述方法導入試驗火焰【註 16】。

(8) 當導入試驗火焰時，油杯內產生顯著的閃火之際，記錄此時溫度測定裝置的溫度即為閃火點【註 17】。

(9) 當導入試驗火焰時，在到達真正的閃火點之前，可能會在火焰四周形成藍色暈輪或變成較大的火焰，勿誤解為閃火點。

(10) 當第一次導入試驗火焰時，即得到閃火點，此時即須停止測定，測得的結果須廢棄，重新以新鮮的油樣再進行測定，此時導入試驗火焰時的油樣溫度應比第一次測定時的油樣溫度至少低 18℃。

(11) 當測定器冷卻至低於 55℃的可安全碰觸的溫度時，將杯蓋及油杯取出，依製造廠商的建議步驟清理測定器【註 18】。

(12) 結果記錄與計算於下表：

測定方法：潘-馬氏密閉式閃火點測定法（手動式）－步驟甲	第1次	第2次
① 樣品名稱		
② 環境大氣壓力K（kPa）【1大氣壓＝101.3 kPa】		
③ 環境大氣壓力P（mm Hg）【1大氣壓=760 mm Hg】		
④ 閃火點測定值C（℃）		
⑤ 校正後閃火點＝C＋0.25×（101.3－K）（℃）		
⑤ 校正後閃火點＝C＋0.033×（760－P）（℃）		
⑥ 校正後閃火點之平均值（℃）		

2. 自動式測定器

(1) 自動式測定器須能執行七、（三）1、節之各步驟，包含升溫速率的控制、油樣的攪拌、試驗火焰的導入、閃火點的測定及閃火點的記錄等。

(2) 將試料油樣裝入油杯中至內部之標線，油杯及油樣的溫度不得超過油樣之預估閃火點之下 18℃所相當的溫度。若油杯中加入過多的油樣，則以注射針或類似的設備將多餘的油樣抽出。將油樣冷卻至 15±5℃，或低於油樣之預估閃火點 18℃所相當的溫度，將油杯加蓋並將其置於測定器中，放置的位置須與鎖緊裝置正好嚙合，將溫度測定裝置自側上方插入。

(3) 點燃火源，若需要，調整火焰的直徑為 3.2 至 4.8 mm【註 7、註 12、註 13、註 14】。

(4) 依製造廠商之說明書操作自動式測定器，需依七、（三）1、（3）至七、（三）1、（8）節所述之詳細步驟執行測定。

(5) 結果記錄與計算於下表：

測定方法：潘-馬氏密閉式閃火點測定法（自動式）－步驟甲	第1次	第2次
① 樣品名稱		
② 環境大氣壓力K（kPa）【1大氣壓＝101.3 kPa】		
③ 環境大氣壓力P（mm Hg）【1大氣壓=760 mm Hg】		
④ 閃火點測定值C（℃）		
⑤ 校正後閃火點＝C＋0.25×（101.3－K）（℃）		
⑤ 校正後閃火點＝C＋0.033×（760－P）（℃）		
⑥ 校正後閃火點之平均值（℃）		

（四）步驟乙：廢棄物中殘餘燃油（residual fuel oil）、濃縮的殘餘物（cutback residual）、使用過的潤滑油（used lubricating oil）、混有固體之石化液體、於測定條件下易形成表面薄膜之液體或具動黏度之其他於步驟甲中之攪拌和加熱過程不易均勻加熱的液體

1. 手動式測定器

(1) 將試料油樣裝入油杯中至內部之標線，油杯及油樣的溫度不得超過油樣之預估閃火點之下 18℃所相當的溫度。若油杯中加入過多的油樣，則以注射針或類似的設備將多餘的油樣抽出。將油樣冷卻至 15±5℃，或低於油樣之預估閃火點 18℃ 所相當的

溫度，將油杯加蓋並將其置於測定器中，放置的位置須與鎖緊裝置正好嚙合，將溫度測定裝置自側上方插入。

(2) 點燃火源，並調整火焰的直徑為 3.2 至 4.8 mm，或開啟電子式點火裝置，依製造廠商之說明書來調整電流強度【註 7、註 12、註 13、註 14】。

(3) 啟動攪拌器，轉速為 250±10 轉 / 分（rpm），以向下的方向轉動。

(4) 將油樣加熱，使由溫度測定裝置上所顯示之油溫的上升速率為每分鐘 1 至 1.5℃。

(5) 除攪拌器轉速及油溫加熱速率須依上述七、（四）1、（3）節及七、（四）1、（4）節之規定外，其餘則依七、（三）節步驟執行之。

(6) 結果記錄與計算於下表：

測定方法：潘-馬氏密閉式閃火點測定法（手動式）－步驟乙	第1次	第2次
① 樣品名稱		
② 環境大氣壓力K（kPa）【1大氣壓＝101.3 kPa】		
③ 環境大氣壓力P（mm Hg）【大氣壓=760 mm Hg】		
④ 閃火點測定值C（℃）		
⑤ 校正後閃火點＝C＋0.25×（101.3－K）　（℃）		
校正後閃火點＝C＋0.033×（760－P）　（℃）		
⑥ 校正後閃火點之平均值（℃）		

2. 自動式測定器

(1) 自動式測定器須能執行七、（四）1、節之各步驟，包含升溫速率的控制、油樣的攪拌、試驗火焰的導入、閃火點的測定及閃火點的記錄等。

(2) 將試料油樣裝入油杯中至內部之標線，油杯及油樣的溫度不得超過油樣之預估閃火點之下 18℃所相當的溫度。若油杯中加入過多的油樣，則以注射針或類似的設備將多餘的油樣抽出。將油樣冷卻至 15±5℃，或低於油樣之預估閃火點 18℃所相當的溫度，將油杯加蓋並將其置於測定器中，放置的位置須與鎖緊裝置正好嚙合，將溫度測定裝置自側上方插入。

(3) 點燃火源，若需要，調整火焰的直徑為 3.2 至 4.8 mm【註 7、註 12、註 13、註 14】。

(4) 依製造廠商之說明書操作自動式測定器，需依七、（四）1、（3）至七、（四）1、（5）節所述之詳細步驟執行測定。

(5) 結果記錄與計算於下表：

測定方法：潘-馬氏密閉式閃火點測定法（自動式）－步驟乙	第1次	第2次
① 樣品名稱		
② 環境大氣壓力K（kPa）【1大氣壓＝101.3 kPa】		
③ 環境大氣壓力P（mm Hg）【大氣壓=760 mm Hg】		
④ 閃火點測定值C（℃）		
⑤ 校正後閃火點＝C＋0.25×（101.3－K）　（℃）		
校正後閃火點＝C＋0.033×（760－P）　（℃）		
⑥ 校正後閃火點之平均值（℃）		

八、結果處理

（一）檢視並記錄在測定當時之環境大氣壓力【註 14】，當環境大氣壓力和 760 mmHg（101.3 kPa）不同時，以下列公式校正閃火點【註 19】。

校正閃火點＝ C ＋ 0.25×（101.3－K）　　　　　　　　　　　　　　（1）

校正閃火點＝ C ＋ 0.033×（760－P）　　　　　　　　　　　　　　（2）

校正閃火點＝ F ＋ 0.06×（760－P）　　　　　　　　　　　　　　（3）

其中：

C ＝閃火點測定值，°C

F ＝閃火點測定值，°F

K ＝環境大氣壓力，kPa

P ＝環境大氣壓力，mmHg

（二）當環境大氣壓力低於 760 mmHg 時，將校正後的閃火點進位到最接近的 0.5℃（以 0.5℃ 為最小之火點溫度單位）並記錄之；當環境大氣壓力高於 760 mmHg 時，將校正後的閃火點退位到最接近的 0.5℃ 並記錄之。

（三）將經校正後之閃火點填寫在檢測報告上，並註明測定方法為潘 - 馬氏密閉式閃火點測定法步驟甲或步驟乙。

九、品質管制

（一）每一樣品均須執行二重複分析，二次測值之差須不大於 2℃，以重複二次測值的平均值作為報告值。

（二）每一批次樣品測試前須量測二級工作標準品來確認儀器的準確度。

註1	於40℃時黏度小於5.5 mm² / s（cSt）之液體、不含懸浮固體之液體、於測定條件下不形成表面薄膜之液體，可依「特氏（Tag）密閉式閃火點測定法」測定之。
註2	本方法可能涉及到危險性之材料、操作和設備，但本方法之重點不在詳述所有有關使用時須注意之安全問題，分析員有責任於執行本方法前，先行建立適當的安全及衛生操作規範，並確定本方法的適用範圍須符合法規管制之規定。
註3	閃火點是量測油樣在實驗室控制條件下，和空氣混合形成易燃混合物之傾向，為評估一物質之整體易燃性危害所必須考慮的各項性質之一。
註4	於運輸和安全法規中，閃火點可用來定義物質為可燃物或易燃物，對於各分類類別的詳細定義，必須參考相關的特殊法規。
註5	美國交通部（U.S. Department of Transportation, DOT）及勞工部（U.S. Department of Labor, OSHA）規定，針對於37.8℃時黏度大於或等於5.8 mm² / s或於25℃時黏度大於或等於9.5 mm² / s之液體、或含懸浮固體之液體、或於測定條件下易形成表面薄膜之液體等物質，依據本測定方法所得之閃火點低於37.8℃者，則此類液體為易燃物。這二部門亦訂定依據本測定方法所執行之液體的其他類閃火點測定的相關規定。

（續下表）

註6	本方法可用來量測或描述材質或組合品於控制的實驗條件下，對熱和試驗火焰所產生之反應的性質，但不可用來描述或評估其對真實燃燒情況之燃燒危害性或燃燒危險性。然而，對於需將所有因素皆考慮進去之評估燃燒危害性的特殊用途，本方法的測試結果可當做是評估燃燒危險性的一個評估因子。
註7	供應本裝置所需之瓦斯壓力不得超過300 mm水柱壓力。
註8	若懷疑油樣中有揮發性污染物質，則不能用六、（四）及六、（五）節之步驟處理油樣。
註9	為避免油杯上的樣品蒸氣受到氣流干擾，可用46公分平方，61公分高的擋風板，或其他適合的尺寸，將三面圍起，前面留一開口。
註10	若干油樣於熱裂解後會生成有害的蒸氣或產物，則可將測定器周圍加裝擋風板後，置於抽風櫃中。測定時，調整抽風櫃的通風至適當風速，於預估閃火點下18℃之溫度區間升溫期間內，可將有害蒸氣抽離，但不會使油杯上產生氣流。
註11	這些驗證參考物質經壓力校正後，其閃火點和其限制範圍描述如表五。對於現在產品的的每一種物質，驗證參考物質可提供來描述其閃火點的管制範圍值。對於其他驗證參考物質限制範圍的計算測試方式所得之再現性值扣除實驗室內影響再乘以0.7。相關研究可參考ASTM RR：S15 - 1008之說明。表五所聲明的這些驗證參考物質、純度、閃火點及其管制範圍是依據ASTM實驗室計劃所發展出來的，可用於決定在閃火點的測試方法中經驗証後液態樣品之適用性；若使用其他的物質、純度、閃火點，但必須符合經ASTM RR：D02 - 1007或ISO Guide 34和35之驗證程序得到，在使用這些物質前必須先參考其性能證明書，因閃火點會隨著每一批驗證參考物質之組成而有變化，相關證明文件須存檔備查。
註12	使用瓦斯火焰時，需特別注意。若火源熄滅則無法點燃油杯中的蒸氣，而且，油杯中的蒸氣若擾入點然火源的瓦斯，則會影響測定結果。
註13	分析員於導入試驗火焰時應執行適當的安全防護措施，因油樣中若含有低閃火點的物質，當開始導入試驗火焰於油杯中時，會引起極強烈的閃火。
註14	分析員依本方法進行測定時，需有適當的安全防護措施，本測定方法的最高溫度可達370℃，此高溫是相當具危害性。
註15	必須詳加注意所有有關試驗火焰噴出裝置、試驗火焰的大小或電子式點火裝置的電流強度、升溫速率、試驗火焰伸入油樣蒸氣中之速率等諸細節，以便得到良好的測定結果。
註16	於"未知閃火點操作模式"下所測得的閃火點，應視為估計值。當新鮮油樣於"標準閃火點操作模式"下進行測定時，此估計值可用來當做是預估的閃火點。
註17	當產生火焰時，瞬間即傳開並涵蓋樣品的整個表面，即視為閃火。
註18	當清理及放置油杯及杯蓋組合時需小心，不要使閃火點測定系統或溫度測定裝置受到損壞或使其移位。參見製造廠商有關適當維護及保養的說明。
註19	於本計算所使用之環境大氣壓力必須是在測定當時實驗室內之環境大氣壓力，由於氣象台、航空站等所得到的數值都已預先校正到海平面水準讀數，因此在本方法測定中不可使用。

十、參考資料：中華民國98年6月11日環署檢字第0980050864號分告：NIEA R210. 23C

十一、心得與討論

第 20 章：廢棄物之氫離子濃度指數（pH 值）測定方法－電極法

一、相關知識

(一) 氫離子濃度指數（pH值）之概述

任何水溶液中皆含有氫離子（H^+）及氫氧根離子（OH^-），且其濃度值通常很小，為方便表示及使用，丹麥化學家 Sorensen 提出「氫離子濃度指數（hydrogen ion index）：pH」來表示氫離子之容積莫耳濃度〔H^+〕（mole/L），即

$$pH = -\log〔H^+〕；pOH = -\log〔OH^-〕$$

【註 A：pH 沒單位；一般常用 pH，不常用 pOH】

由精密實驗得知 25℃時水之離子積（K_w）：

$$K_w = 〔H^+〕〔OH^-〕= 1.0 \times 10^{-14}$$

可得：$pK_w = pH + pOH = 14$【註 B：$pK_w = -\log K_w = -\log(1.0 \times 10^{-14}) = 14$。】

純水中〔H^+〕=〔OH^-〕= 1.0×10^{-7}（mole/L），故純水之 pH = $-\log〔1.0 \times 10^{-7}〕= 7$

當〔H^+〕> 1.0×10^{-7}（mole/L）時，pH < 7，為酸性溶液。

當〔H^+〕< 1.0×10^{-7}（mole/L）時，pH > 7，為鹼性溶液。

表 1. 列出 25℃時，水溶液之〔H^+〕、〔OH^-〕與 pH、pOH 之關係及酸鹼性。

表 1：25℃時，水溶液之〔H^+〕、〔OH^-〕與 pH、pOH 之關係及酸鹼性

〔H^+〕mole/L	10^{-1}	10^{-2}	10^{-3}	10^{-4}	10^{-5}	10^{-6}	10^{-7}	10^{-8}	10^{-9}	10^{-10}	10^{-11}	10^{-12}	10^{-13}	10^{-14}
〔OH^-〕mole/L	10^{-13}	10^{-12}	10^{-11}	10^{-10}	10^{-9}	10^{-8}	10^{-7}	10^{-6}	10^{-5}	10^{-4}	10^{-3}	10^{-2}	10^{-1}	10^{0}
pH	1	2	3	4	5	6	7	8	9	10	11	12	13	14
pOH	13	12	11	10	9	8	7	6	5	4	3	2	1	0
酸鹼性	酸性 〔H^+〕較高 ←						中性	鹼性 → 〔OH^-〕較高						

例1：**[H⁺] 轉換為pH**	例2：**pH轉換為[H⁺]**
25℃，若水溶液之〔H^+〕= 1.58×10^{-3}（mole/L），則其 （1）pH為？ 解：pH = $-\log〔H^+〕= -\log(1.58 \times 10^{-3}) = 2.80$ （2）pOH為？ 解：因〔H^+〕〔OH^-〕= K_w = 1.0×10^{-14} 則 $1.58 \times 10^{-3} ×$〔OH^-〕= 1.0×10^{-14} 〔OH^-〕= 6.33×10^{-12}（mole/L）	25℃，若水溶液之pH = 8.90，則其 （1）〔H^+〕為？（mole/L） 解：pH = $-\log〔H^+〕$ $8.90 = -\log〔H^+〕$ 〔H^+〕= $10^{-8.90} = 1.26 \times 10^{-9}$（mole/L） （2）〔$OH^-$〕為？（mole/L） 解：因〔$H^+$〕〔$OH^-$〕= K_w = 1.0×10^{-14} 則 $1.26 \times 10^{-9} ×$〔OH^-〕= 1.0×10^{-14}

$pOH=-\log~[OH^-]=-\log~(6.33\times10^{-12})=$ 11.20 另解：$pH+pOH=14$ 則　$2.80+pOH=14$ $pOH=11.20$	$[OH^-]=7.94\times10^{-6}$（mole/L） 另解：$pH+pOH=14$ 則　$8.90+pOH=14$ $pOH=5.10$ $5.10=-\log~[OH^-]$ $[OH^-]=10^{-5.10}=7.94\times10^{-6}$（mole/L）
例3：25℃，若水溶液之pH＝2.00，則其 （1）$[H^+]$爲？（mole/L） 解：$pH=-\log~[H^+]$ $2.00=-\log~[H^+]$ $[H^+]=10^{-2.00}=1.00\times10^{-2}$（mole/L） （2）$[OH^-]$爲？（mole/L） 解：因 $[H^+][OH^-]=K_w=1.0\times10^{-14}$ 則　$1.00\times10^{-2.00}\times[OH^-]=1.0\times10^{-14}$ $[OH^-]=1.00\times10^{-12}$（mole/L） 另解：$pH+pOH=14$ 則　$2.00+pOH=14$ $pOH=12.00$ $12.00=-\log~[OH^-]$ $[OH^-]=10^{-12.00}=1.00\times10^{-12}$（mole/L）	例4：25℃，若水溶液之pH＝12.50，則其 （1）$[H^+]$爲？（mole/L） 解：$pH=-\log~[H^+]$ $12.50=-\log~[H^+]$ $[H^+]=10^{-12.50}=3.162\times10^{-13}$（mole/L） （2）$[OH^-]$爲？（mole/L） 解：因 $[H^+][OH^-]=K_w=1.0\times10^{-14}$ 則　$3.162\times10^{-13}\times[OH^-]=1.0\times10^{-14}$ $[OH^-]=3.162\times10^{-2}$（mole/L） 另解：$pH+pOH=14$ 則　$12.50+pOH=14$ $pOH=1.50$ $1.50=-\log~[OH^-]$ $[OH^-]=10^{-1.50}=3.162\times10^{-2}$（mole/L）

(二) 腐蝕性事業廢棄物及反應性事業廢棄物與pH值之關係

1. 腐蝕性事業廢棄物與pH值之關係

「有害事業廢棄物認定標準」第 4 條：有害特性認定之有害事業廢棄物種類如下：………。五、腐蝕性事業廢棄物：指事業廢棄物具有下列性質之一者：（一）廢液氫離子濃度指數（pH 值）大於等於 12.5 或小於等於 2.0；或………。（二）固體廢棄物於溶液狀態下氫離子濃度指數（pH 值）大於等於 12.5 或小於等於 2.0；或………。

(1) 廢液之氫離子濃度指數（pH 值）≧ 12.5 者，多爲含有強鹼性之物質，例如：氫氧化鈉（NaOH）、氫氧化鉀（KOH）、氫氧化鈣 [Ca（OH）$_2$]。

(2) 廢液之氫離子濃度指數（pH 值）≦ 2.0 者，多爲含有強酸性之物質，例如：鹽酸（HCl）、硫酸（H$_2$SO$_4$）、硝酸（HNO$_3$）、過氯酸（HClO$_4$）、氫碘酸（HI）、氫溴酸（HBr）。

例5：25℃時，某事業廢棄物含氫氧化鈉（NaOH）廢液經測定pH＝12.50，則其含NaOH濃度爲？（g/L）
解：$pH=-\log~[H^+]=12.50$
$[H^+]=1.0\times10^{-12.50}$（mole/L）
因 $[H^+][OH^-]=K_w=1.0\times10^{-14}$
則$1.0\times10^{-12.50}\times[OH^-]=1.0\times10^{-14}$
$[OH^-]=1.0\times10^{-1.50}=3.162\times10^{-2}$（mole/L）
氫氧化鈉（NaOH）爲強鹼（強電解質），於水中視爲完全解離，即
$NaOH_{(aq)}\rightarrow Na^+_{(aq)}+OH^-_{(aq)}$
故平衡時，溶液之 $[OH^-]=[Na^+]=3.162\times10^{-2}$（mole/L）$[H_2O$解離之$[OH^-]=1.0\times10^{-7}M$，可忽略不計]
則其含NaOH濃度＝$3.162\times10^{-2}\times$（$22.99+16.0+1.01$）＝1.265（g/L）
【註C：即廢液中若含有氫氧化鈉（NaOH）≧1.265g/L，其pH≧12.5，爲腐蝕性事業廢棄物。】

例6：25℃時，某事業廢棄物含鹽酸（HCl）廢液經測定pH＝2.00，則

(1) 廢液含HCl濃度為？（g/L）

解：$pH = -\log [H^+] = 2.00$

$[H^+] = 1.0 \times 10^{-2.00} = 0.010$（mole/L）

鹽酸（HCl）為強酸（強電解質），於水中視為完全解離，即

$HCl_{(aq)} \rightarrow H^+_{(aq)} + Cl^-_{(aq)}$

故平衡時，溶液之$[H^+] = [Cl^-] = 1.0 \times 10^{-2}$（mole/L）

則其含HCl濃度$= 1.0 \times 10^{-2} \times (1.01 + 35.45) = 0.365$（g/L）

【註D：水之解離極小，其$[OH^-] = 1.0 \times 10^{-7}M$，於此可忽略不計。】

(2) 假設濃鹽酸重量百分濃度為36%，廢液含濃鹽酸為？（g/L）

解：設廢液含濃鹽酸為W（g/L），則

$W \times 36\% = 0.365$（g/L）

$W = 1.014$（g/L）

【註E：即廢液中若含有36%濃鹽酸≥ 1.014g/L，其pH≤ 2.00，為腐蝕性事業廢棄物。】

例7：25℃時，某事業廢棄物含硫酸（H_2SO_4）廢液經測定pH＝2.00，則

(1) 廢液含硫酸（H_2SO_4）濃度為？（g/L）

解：$pH = -\log [H^+] = 2.00$

$[H^+] = 1.0 \times 10^{-2.00} = 0.010$（mole/L）

因硫酸（H_2SO_4）為強酸（強電解質，2質子酸），於水中視為完全解離，即

$H_2SO_{4(aq)} \rightarrow 2H^+_{(aq)} + SO^{2-}_{4(aq)}$

故平衡時，溶液之$[H^+] = 2 \times [SO^{2-}_4] = 1.0 \times 10^{-2.00}$（mole/L）

$[SO^{2-}_4] = 0.005$（mole/L）

則其含H_2SO_4濃度$= 0.005 \times (1.01 \times 2 + 32.07 + 16.00 \times 4) = 0.4905$（g/L）

(2) 假設濃硫酸重量百分濃度為98%，廢液含濃硫酸為？（g/L）

解：設廢液含濃硫酸為W（g/L），則

$W \times 98\% = 0.4905$（g/L）

$W = 0.5005$（g/L）

【註F：即廢液中若含有98%濃硫酸≥ 0.5005g/L，其pH≤ 2.00，為腐蝕性事業廢棄物。】

2. 反應性事業廢棄物與pH值之關係

「有害事業廢棄物認定標準」第 4 條：有害特性認定之有害事業廢棄物種類如下：………。七、反應性事業廢棄物：指事業廢棄物具有下列性質之一者：………。（三）含氰化物且其氫離子濃度指數（pH 值）於 2.0 至 12.5 間，會產生 250 mg HCN／kg 以上之有毒氣體者。（四）含硫化物且其氫離子濃度指數（pH 值）於 2.0 至 12.5 間，會產生 500 mg H_2S／kg 以上之有毒氣體者………。

(1) 含氰化物且其氫離子濃度指數（pH 值）於 2.0 至 12.5 間，會產生 250 mg HCN／kg 以上之有毒氣體者。

氰化物（CN^-）如氰化鉀（KCN）、氰化鈉（NaCN）遇酸（H^+）將反應生成氰化氫（HCN，hydrogen cyanide），反應如下：

$CN^-_{(aq)} + H^+_{(aq)} \rightarrow HCN_{(g)} \uparrow$

氰化氫常溫常壓時為氣體，易燃、劇毒且致命，無色而苦，並有杏仁氣味，可致眼、皮膚灼傷，吸收引起中毒。氰化氫易溶於水，稱氫氰酸，是一種無色，有毒液體，為弱酸，沸

點 26℃（79°F）略高於室溫。表 2. 為氰化氫之危害辨識資料。

表 2：氰化氫之危害辨識資料〔資料來源：物質安全資料表（節錄）〕

最重要危害與效應	健康危害效應：高濃度暴露數分鐘內即可致死。
	環境影響：對水中生物具有毒性。
	物理性及化學性危害：蒸氣及液體極易燃。蒸氣可能造成閃火。可能產生危害性聚合。火場中容器可能破裂或爆炸。
	特殊危害：與水會產生反應。
主要症狀：衰弱、頭痛、頭昏眼花、困惑、焦慮、噁心、嘔吐、喪失意識、抽筋、麻木、喉嚨緊、持續性流鼻水、腹痛、嗅覺和味覺改變、肌肉抽筋、體重減輕、臉紅、甲狀腺腫大、視神經受損。	
物品危害分類：6.1（毒性物質），3（易燃液體）	

(2) 含硫化物且其氫離子濃度指數（pH 值）於 2.0 至 12.5 間，會產生 500 mg H_2S/kg 以上之有毒氣體者。

硫化物（S^{2-}）如遇酸（H^+）將反應生成硫化氫（H_2S，hydrogen sulfide），反應如下：

$$S^{2-}_{(aq)} + 2H^+_{(aq)} \rightarrow H_2S_{(g)} \uparrow$$

例如：

$$FeS + 2HCl_{(aq)} \rightarrow FeCl_2 + H_2S_{(g)} \uparrow$$
$$FeS + H_2SO_{4(aq)} \rightarrow FeSO_4 + H_2S_{(g)} \uparrow$$

硫化氫是一種無機化合物，常溫常壓時為無色、極易燃的酸性氣體，低濃度時帶惡臭，氣味如臭蛋；高濃度時會麻痹嗅覺神經使嗅覺鈍化。硫化氫具急性劇毒，吸入少量高濃度硫化氫可於短時間內致命，低濃度的硫化氫對眼、呼吸系統及中樞神經都有影響。硫化氫溶於水〔0.25 g/100 mL（40℃）〕，稱氫硫酸，為弱酸，受熱時，硫化氫氣體又從水中逸出。表 3. 為硫化氫（H_2S）氣體之相對濃度危險度。表 4. 為硫化氫之危害辨識資料。

表 3：硫化氫（H_2S）氣體之相對濃度危險度

濃度（單位：ppm）	反應
1000～2000（0.1～0.2%）	短時間內死亡
600	一小時內死亡
200～300	一小時內急性中毒
100～200	嗅覺麻痺
50～100	氣管刺激、結膜炎
0.41	嗅到難聞的氣味
0.00041	人開始嗅到臭味

資料來源：維基百科 http://zh.wikipedia.org/wiki/%E7%A1%AB%E5%8C%96%E6%B0%AB

表4：硫化氫之危害辨識資料〔資料來源：物質安全資料表（節錄）〕

最重要 危害與效應	健康危害效應：刺激呼吸系統，濃度高時可能引起肺水腫，甚至死亡。可能造成眼睛失明。
	環境影響：對水中生物具高毒性。
	物理性及化學性危害：易燃，氣體比空氣重，易積聚在低窪處，遇火源可能造成回火。
	特殊危害：若吸入會危害人體、呼吸道、皮膚與眼睛的刺激、血液受損。

主要症狀：
眼睛：引起刺激眼睛、流淚、視力模糊。
皮膚：刺激、呼吸困難。
吸入：引起刺激、嘔吐、消化失調、心律不整、頭痛、困倦、頭昏眼花、神志迷亂、窒息、視力模糊、肺充血、血氣失調、腦部受損、抽筋、昏迷。
食入：不大可能食入有害氣體。

物品危害分類：2.1（易燃氣體），2.3（毒性氣體）

(三) 廢棄物之氫離子濃度指數（pH值）測定方法－電極法

本實驗將廢棄物樣品與試劑水混合後，利用 pH 計之電極測定樣品之氫離子濃度指數（pH 值）。如果廢棄物樣品之水相含量大於總體積 20% 時，可利用過濾或離心取得水相層，直接測定水相層之 pH 值。

二、適用範圍

本方法適用於固體（含飛灰、底渣或灰渣及固化物等）、底泥或非水性液體等廢棄物樣品之 pH 值測定。

三、干擾

（一）樣品之 pH 值太高或太低均容易造成測定值的誤差，當樣品的 pH 值大於 10 時，測定值容易偏低，可用低鈉誤差（Low-sodium error）電極來降低誤差。樣品之 pH 值小於 1 時，則測定值容易偏高。

（二）溫度對 pH 測定之影響：pH 計之電極電位輸出隨溫度而改變，可由溫度補償裝置校正；水解離常數及電解質之離子平衡隨溫度而異，樣品 pH 值因而改變，故測定時應同時記錄水溫。

（三）當電極被雜質披覆時，將造成測定誤差。如電極被油脂類物質披覆而不易沖洗掉，可以使用（1）超音波洗淨機洗淨、（2）用清潔劑洗淨後再用清水沖洗數次，使電極底部三分之一部份浸泡於 1：10 鹽酸溶液中，最後再用水完全潤濕、（3）依製造廠商之說明清洗。

四、設備及材料

（一）pH 測定儀：具有自動溫度或手動溫度補償功能，可讀至 0.01。

（二）電極可使用下列任一種（電極應依照儀器操作手冊之說明進行保存及維護）：

1. 分離式電極：

    (1) 玻璃電極：指示用電極。

    (2) 參考電極：銀–氯化銀或其他具有固定電位差之參考電極。

    (3) 溫度補償探棒：熱電阻、熱電偶或其他電子式溫度探棒，用以測量溶液溫度以補償因溫度不同而產生的電位差變化。

2. 組合式電極（Combination electrodes）：由玻璃電極、參考電極及（或）溫度補償探棒組合而成，使用較為方便。

（三）燒杯。

（四）標準溫度計：刻度 0.1℃，校正溫度探棒，使用於自動溫度補償 pH 測定儀。

（五）一般溫度計：刻度不可大於 0.5℃，測定樣品溫度，使用於手動溫度補償 pH 測定儀。

（六）分析天平，可精秤至 0.1 mg。

（七）分析天平，可精秤至 0.1 g。

（八）電磁攪拌器。

（九）過濾裝置或離心機。

（十）恒溫水浴設備：可維持樣品於 25±0.5℃。

五、試劑

（一）試劑水：比電阻值 ≧ 1 MΩ-cm。

（二）標準緩衝溶液：可以標準級〔由美國國家標準與技術局（NIST）或對等單位取得〕之緩衝鹽類依「附表」自行配製，或使用市售之商品溶液。自行配製之標準緩衝溶液，須與具有能追溯至國家標準或同等級以上之標準溶液比較並確認其效能；市售之標準緩衝溶液須有追溯至國家標準或同等級以上之證明文件（如 Certificate of Analysis）。緩衝溶液容器上標示之保存期限為未開封下之最長期限，開封後應標示開封日期並另訂定適當之使用期限。

（三）工作緩衝溶液：由標準緩衝溶液分裝之緩衝溶液，應標示分裝日期及使用期限（不得超過 7 天）。

六、採樣與保存

（一）所有樣品之採集必須使用正確之採樣計畫，參考「一般廢棄物（垃圾）採樣方法」或

「事業廢棄物採樣方法」採樣一節。

（二）樣品必須於採集後儘快分析；4℃冷藏下須於 7 天內完成分析。

七、步驟、結果記錄與計算

（一）pH 測定儀校正：

1. 依使用之 pH 測定儀型式及所設定之校正模式選用正確緩衝溶液。

2. 檢查電極狀況是否良好，必要時打開鹽橋封口，再依 pH 測定儀和附屬設備使用手冊規定進行校正。

3. pH 測定儀應先以 7.0±0.5 之中性緩衝溶液進行零點校正，再以相差 2 至 4 個 pH 值單位之酸性或鹼性緩衝溶液進行斜率校正，此二校正點宜涵蓋欲測樣品之 pH 值，若樣品 pH 值不在校正範圍時，可採以下方式處理：

    (1) 如 pH 測定儀可進行第三點校正且能涵蓋樣品 pH 值時，則進行三點校正。

    (2) 如 pH 測定儀只能進行二點校正，應使用另一能涵蓋欲測範圍之標準緩衝溶液查核，其測定值與參考值之差應在 0.05 個單位以內。

4. 市售 pH 測定儀，依其功能可分為自動溫度補償、手動溫度補償及自動校正或手動校正，其進行步驟如下：

    (1) 溫度補償與校正：pH 測定儀具自動溫度補償功能時，可直接測定溫度後，自動校正至該溫度下緩衝溶液之 pH 值；溫度探棒須每 3 個月進行校正（同工作溫度計之校正方式），誤差不得大於 ±0.5℃，並記錄之。採用手動溫度補償時，則以經校正之溫度計先測定溫度，於設定 pH 測定儀之溫度補償鈕至該溫度後，分別調整零點電位及斜率調整鈕至該溫度下緩衝溶液之 pH 值。

    (2) 確認：選擇 pH 值在校正範圍內之緩衝溶液進行確認，測值與緩衝溶液在該溫度下之 pH 差值不得大於 ±0.05。

（二）樣品製備及 pH 值測定

1. 取至少 50 g 通過 9.5 mm 標準篩網之混合均勻樣品，再將樣品顆粒減小至粒徑小於 1 mm 後，秤取其中 20±0.2 g 置於適當體積（如 100 cc）之燒杯內，加入 20 mL 試劑水，蓋上錶玻璃，持續攪拌混合液 5 分鐘，若含有吸水性的廢棄物或鹽類等複雜基質，可適度分次加入試劑水至可測量 pH 值為止，並記錄加入之試劑水量。

2. 靜置混合液約 15 分鐘，使混合液的大部分固體沉澱，以直接、過濾、離心或利用其他方式取得水相層，測定水相層之 pH 值，並記錄溫度。

3. 如果混合液是多相，倒出油相後再測定水相的 pH 值，如果電極被油相覆蓋，必須徹底清除。

（三）當樣品 pH 測值介於 12.20 至 12.80 時（接近有害事業廢棄物認定標準），須以九、品質管制（三）方式執行檢測。

（四）量測 pH 值時應注意下述事項：

1. 確認使用正確的緩衝溶液。
2. 注意執行溫度補償及溫度探棒校正。
3. 調整電極在架上的位置，使玻璃電極和參考電極皆浸在樣品的水相層中；使用組合式電極時，將玻璃圓頭部份及參考電極之液接介面浸入樣品的水相層中，以建立良好的電導接觸。
4. 需均勻緩慢攪拌達到平衡後，再記錄 pH 值。
5. 測定標準緩衝溶液及樣品時，兩者溫度差值不得大於 0.5℃。
6. pH 計使用之校正參數〔零點電位、零電位 pH 值、斜率%靈敏度〕，須符合下列管制範圍

①	E_0零點電位(mV)	應介於-25～25 mV之間
②	pH_0零電位pH值	應介於6.55～7.45之間
③	斜率(-mV/pH)	應介於-56～-61(mV/pH)之間
④	%靈敏度	應介於95～103%之間

【註】有關校正參數之定義及計算，參見【註2：校正參數定義及計算之(1)、(2)、(3)】

7. pH 計使用之校正參數〔零點電位、零電位 pH 值、斜率 %靈敏度〕，記錄及計算如下：

項目 【pH計之校正參數：零點電位、零電位pH值、斜率、靈敏度】	記錄與計算	範例
① 25℃時，使用第1種緩衝液之pH_1		7.00
② 25℃時，使用第2種緩衝液之pH_2		10.01
③ 校正時溫度：T(℃)		20.0
④ T℃時，第1種緩衝液，測得之電位值mV_1(mV)		2
⑤ T℃時，第2種緩衝液，測得之電位值mV_2(mV)		-170
⑥ T℃時，第1種緩衝液之pH_1【可由緩衝液之包裝瓶查得】		7.02
⑦ T℃時，第2種緩衝液之pH_2【可由緩衝液之包裝瓶查得】		10.06
⑧ T℃時之斜率(mV/pH) $S_T=(mV_2-mV_1)/(pH_2-pH_1)$ 【記錄至小數點第一位】		$S_{20}=(-170-2)/(10.06-7.02)=-56.6$
⑨ 25℃時之斜率(mV/pH) $S_{25}=S_T\times(273.15+25)/(273.15+T)$		$S_{25}=(-56.6)\times(273.15+25)/(273.15+20.0)=-57.5$
⑩ %靈敏度$=(-S_{25}/59.2)\times100\%$		%靈敏度$=(57.5/59.2)\times100\%=97.1\%$
⑪ (第1種)緩衝液在T℃時之測定電位：mV_T(mV)		2
⑫ (第1種)緩衝液在T℃時之pH值：pH_T		7.02
⑬ 零點電位(mV)，$E_0=mV_T-(pH_T-7.00)\times S_T$ 【記錄至個位數】		$E_0=2-(7.02-7.00)\times(-56.6)=3$
⑭ 零電位pH值，$pH_0=pH_T-[(mV_T-0)/S_T]$ 【記錄至小數點第二位】		$pH_0=7.02-[(2-0)/(-56.6)]=7.06$

八、結果處理

　　檢測結果以廢棄物在水中＿＿＿℃溫度下 pH 值表示，並於報告上註明添加之試劑水量，數值出具至小數點第 2 位。如下表：

廢棄物（樣品）種類		□固體（飛灰、底渣、灰渣、固化物）〔說明：　　　　　　　　　　〕			
		□底泥〔說明：　　　　　　　　　　　　　　　　　　　　　　　〕			
		□非水性液體〔說明：　　　　　　　　　　　　　　　　　　　　〕			
		□多相混合液〔說明：　　　　　　　　　　　　　　　　　　　　〕			
檢測結果	項目	廢棄物樣品重（g）	添加之試劑水量（cc）	廢棄物在水中溫度（℃）	水相（層）pH值（至小數點第2位）
	第1次				
	第2次				
	平均值	略	略	略	
備註					

九、品質管制

（一）每一樣品均須執行重複分析，兩次測值差異應小於 ±0.2 pH 單位，並以平均值出具報告。

（二）校正參數須符合下列管制範圍：

1. (1) 零點電位：應介於－25～25 mV 之間。

　　(2) 零電位 pH 值：應介於 6.55～7.45 之間。

2. (1) 斜率：應介於－56～－61（mV／pH）之間。

　　(2) % 靈敏度：應介於 95～103% 之間。

（三）當樣品 pH 測值介於 12.20 至 12.80 時（接近有害事業廢棄物認定標準），須以下列方式執行檢測：

1. 恒溫水浴控制溫度愈接近 25℃愈好，差值不得大於 0.5℃。

2. 以 pH 值 12.45（25℃值）之緩衝溶液確認，讀值應介於 12.41 至 12.49 之間。

3. 兩重複樣品應各量測 5 次，並各計算其平均值，兩重複樣品平均值之差值須小於 ±0.2 pH 單位，以 10 次量測之平均值出具報告，並列出 10 次量測之標準差。

【註 1】本方法之廢液依一般無機廢液處理。

【註 2】校正參數定義及計算：

(1) **零點電位或零電位 pH 值**：溶液 pH 值等於 7.00 時，以 pH 計所測得之電位（mV）稱爲零點電位，而測得電位（mV）爲 0 時溶液之 pH 值稱爲零電位 pH 值。理論上 pH 值等於 7.00 時電位值爲 0 mV，實際上則因電極狀況及溫度而異，故 pH 計須以 pH 值接近 7.00 之緩衝液校正零點。一般 pH 計校正後會顯示零點電位或零電位 pH 值，如無此功能時，可採用緩衝液在校正溫度下之 pH 值、測定電位及求得之斜率值計算。

$$E_0 = mV_T - (pH_T - 7.00) \times S_T$$

$$pH_0 = pH_T - \frac{(mV_T - 0)}{S_T}$$

E_0：零點電位（mV），記錄至個位數

pH_0：零電位 pH 值，記錄至小數點第二位

pH_T：緩衝液在校正溫度 T℃下之 pH 值

mV_T：緩衝液在校正溫度 T℃下之測定電位

S_T：校正溫度 T℃下之斜率（mV／pH）

(2) **斜率或 % 靈敏度**：斜率爲 pH 值改變 1.00 時電位之改變量，此爲溫度之函數，25℃時理論值爲 −59.2 mV／pH，實際上則因電極狀況及溫度而異，故 pH 計須以第二種緩衝液校正斜率並由此補償校正與樣品測定溫度不同所造成之電位差異；% 靈敏度則爲電極實際斜率與理論值之 % 比值。一般 pH 計校正後會顯示斜率或 % 靈敏度，如無此功能時，可由已知 pH 值的兩種緩衝液和其測得之電位計算求得校正溫度下之斜率，再轉換爲 25℃值，25℃斜率除以理論值−59.2×100% 即得 % 靈敏度。

$$S_T = \frac{mV_2 - mV_1}{pH_2 - pH_1}$$

$$S_{25} = \frac{S_T \times (273.15 + 25)}{273.15 + T}$$

$$\% \text{靈敏度} = \frac{-S_{25}}{59.2} \times 100\%$$

S_T：校正溫度 T℃下之斜率（mV／pH），記錄至小數點第一位

S_{25}：25℃下之斜率（mV／pH）

mV_1：緩衝液一測得之電位（mV）

mV_2：緩衝液二測得之電位（mV）

pH_1：緩衝液一在校正溫度 T℃下之 pH 值

pH_2：緩衝液二在校正溫度 T℃下之 pH 值

T：校正溫度（℃）

(3) **計算實例**：

某實驗室 pH 計之校正結果爲：

使用緩衝液：7.00、10.01

校正溫度：20℃

（續下表）

測得電位值：緩衝液 7.00 為 2 mV，緩衝液 10.01 為－170 mV

則校正參數計算如下：

由緩衝液包裝瓶或COA查得在20℃下緩衝液之pH值為7.02及10.06。

$$S_T = \frac{mV_2 - mV_1}{pH_2 - pH_1} = \frac{-170 - 2}{10.06 - 7.02} = -56.6\,(mV/pH)$$

$$S_{25} = \frac{S_T \times (273.15 + 25)}{273.15 + T} = \frac{-56.6 \times (273.15 + 25)}{273.15 + 20} = -57.5\,(mV/pH)$$

$$\%靈敏度 = \frac{-S_{25}}{59.2} \times 100\% = \frac{57.5}{59.2} \times 100\% = 97.3\,(\%)$$

$$E_0 = mV_T - (pH_T - 7.00) \times S_T$$
$$= 2 - (7.02 - 7.00) \times (-56.6) = 3\,(mV)$$

$$pH_0 = pH_T - \frac{mV_T - 0}{S_T} = 7.02 - \frac{2 - 0}{-56.6} = 7.06$$

附表：pH 標準緩衝溶液配製表

標準緩衝溶液	在 25 ℃的 pH值	在25℃每1000mL水溶液所需要之化學物重量
主要標準緩衝溶液		
飽和酒石酸氫鉀緩衝溶液（potassium hydrogen tartrate））	3.557	＞7 g無水酒石酸氫鉀（KHC$_4$H$_4$O$_6$）*
檸檬酸二氫鉀緩衝溶液（potassium dihydrogen citrate）	3.776	11.41 g無水檸檬酸二氫鉀（KH$_2$C$_6$H$_5$O$_7$）
苯二甲酸鹽緩衝溶液（potassium hydrogen phthalate）	4.004	10.12 g無水苯二甲酸氫鉀（KHC$_8$H$_4$O$_4$）
磷酸鹽緩衝溶液（potassium dihydrogen phosphate＋disodium hydrogen phosphate）	6.863	3.387 g無水磷酸二氫鉀（KH$_2$PO$_4$）＋3.533 g 無水磷酸氫二鈉（Na$_2$HPO$_4$）**
磷酸鹽緩衝溶液（potassium dihydrogen phosphate＋disodium hydrogen phosphate）	7.415	1.179 g無水磷酸二氫鉀（KH$_2$PO$_4$）＋ 4.303 g無水磷酸氫二鈉（Na$_2$HPO$_4$）**
四硼酸鈉（硼砂）緩衝溶液（sodium borate decahydrate）（borax）	9.183	3.80 g 10分子結晶水四硼酸鈉（Na$_2$B$_4$O$_7$・10 H$_2$O）
碳酸鹽緩衝溶液sodium bicarbonate＋sodium carbonate	10.014	2.092 g無水碳酸氫鈉（NaHCO$_3$）＋2.640 g 無水碳酸鈉（Na$_2$CO$_3$）
次要標準緩衝溶液		
季草酸鉀緩衝溶液（potassium tetroxalate dehydrate）	1.679	12.61 g 2分子結晶水季草酸鉀（KH$_3$C$_4$O$_8$・2H$_2$O）
飽和氫氧化鈣緩衝溶液（Calcium hydroxide）	12.454	＞2 g氫氧化鈣〔Ca（OH）$_2$〕*
*剛超過溶解度之量 **使用剛煮沸（freshly boiled）並經冷卻後之蒸餾水配製即為（不含二氧化碳）配製水		

十、參考資料：中華民國97年9月18日環署檢字第09170071940A號公告：NIEA R208. 04C

十一、心得與討論

第 21 章：污泥廢棄物中總固體、固定性及揮發性固體含量檢測方法

一、相關知識

　　「污泥廢棄物」主要來源有：（自來水）淨水廠（化學）混凝沉澱池產生之沉澱污泥、廢（污）水處理廠生物處理單元產生之生物污泥、廢水處理廠化學沉降（澱）池產生之含重金屬污泥、水肥處理場（化糞池）產生之污物（泥）、化學品貯槽及油槽（庫）底部之沉澱物、油泥等。

　　「污泥廢棄物」中固體物之形式依不同溫度留存，可分為：總固體量、固定性固體量及揮發性固體量。如圖 1 所示。

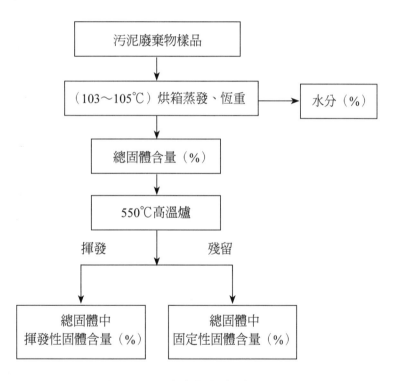

圖1：污泥廢棄物中固體物之形式

　　將攪拌均勻之污泥廢棄物樣品置於已知重量之蒸發皿中，移入 103～105℃之烘箱續烘至恆重，扣除蒸發皿之重量其所增加之重量即為「總固體含量（％）」。再將此蒸發皿移入 550℃之高溫爐高溫（燃燒）灰化至恆重，所減少之重量即為「揮發性固體含量（％）」，殘餘之重量為「固定性固體含量（％）」。相關計算如下：

　　污泥之水分（％）

　　＝（濕污泥之水重 / 濕污泥重）×100％

　　＝〔（C－A）/（C－B）〕×100％

　　（濕污泥中）總固體含量（％）

$$= \left[經\,105℃烘乾後之污泥（總固體）乾重／（濕）污泥重\right] \times 100\%$$

$$= \left[（A-B）／（C-B）\right] \times 100\%$$

（總固體中）揮發性固體含量（%）

$$= \left[樣品經\,550℃燃燒後所減少（揮發性）固體重／經\,103℃烘乾後之污泥（總固體）乾重\right] \times 100\%$$

$$= \left[（A-D）／（A-B）\right] \times 100\%$$

（總固體中）固定性固體含量（%）

$$= \left[樣品經\,550℃燃燒後剩餘（固定性）固體重／經\,103℃烘乾後之污泥（總固體）乾重\right] \times 100\%$$

$$= \left[（D-B）／（A-B）\right] \times 100\%$$

式中

A：樣品乾燥後之（總）固體及蒸發皿之重（g）

B：蒸發皿之重（g）

C：樣品之原（濕）重及蒸發皿之重（g）

D：樣品經 550℃燃燒後剩餘固體及蒸發皿之重（g）

例1：污泥廢棄物中水分、總固體含量、總固體中固定性與揮發性固體含量之計算

取污泥曬乾床之污泥樣品2個，經測試水分、總固體含量及總固體中固定性與揮發性固體含量，結果記錄如下：

項　目	第1個樣品	第2個樣品
① 蒸發皿（或乾堝）重B（g）	45.582	44.860
② （蒸發皿＋濕污泥重）C（g）	77.842	77.228
③ （濕）污泥重（C－B）（g）	32.260	32.368
④ 經105℃烘乾後之〔蒸發皿＋污泥（固體）乾重〕A（g）	48.330	47.681
⑤ 經105℃烘乾後之污泥（固體）乾重（A－B）（g）	2.748	2.821
⑥ （濕）污泥之水重（C－A）（g）	29.512	29.547
⑦ （濕）污泥之水分（%）	91.5	91.3
⑧ （濕）污泥之水分平均值（%）	91.4	
⑨ （濕）污泥之總固體重（A－B）（g）	2.748	2.823
⑩ （濕）污泥中之總固體含量（%）	8.5	8.7
⑪ （濕）污泥中之總固體含量平均值（%）	8.6	
⑫ 樣品經550℃燃燒後（剩餘固體＋蒸發皿之重）D（g）	46.794	46.167
⑬ 樣品經550℃燃燒後剩餘（固定性）固體重（D－B）（g）	1.212	1.307
⑭ （總固體中）固定性固體含量（%）	44.1	46.3
⑮ （總固體中）固定性固體含量平均值（%）	45.2	
⑯ （總固體中）揮發性固體含量（%）	55.9	43.7
⑰ （總固體中）揮發性固體含量平均值（%）	54.8	

試計算【註1：本計算例僅計算第1個樣品；第2個樣品請讀者自行演算。】

(1) 污泥樣品之水分為？（%）

解：污泥之水分（%）＝（濕污泥之水重／濕污泥重）×100%

＝〔（C－A）／（C－B）〕×100%

＝〔（77.842－48.330）／（77.842－45.582）〕×100%

＝91.5（%）

（2）污泥樣品之總固體含量為？（%）

解：（濕污泥中）總固體含量（%）＝〔經105℃烘乾後之污泥（固體）乾重／（濕）污泥重〕×100%

＝〔（A－B）／（C－B）〕×100%

＝〔（48.330－45.582）／（77.842－45.582）〕×100%

＝8.5（%）

另解：總固體含量（%）＝100%－水分（%）＝100%－91.5%＝8.5%

（3）總固體中固定性與揮發性固體含量各為？（%）

解：（總固體中）固定性固體含量（%）＝〔樣品經550℃燃燒後剩餘（固定性）固體重／經105℃烘乾後之污泥（固體）乾重〕×100%

＝〔（D－B）／（A－B）〕×100%

＝〔（46.794－45.582）／（48.330－45.582）〕×100%

＝44.1（%）

（總固體中）揮發性固體含量（%）＝〔樣品經550℃燃燒後所減少（揮發性）固體重／經105℃烘乾後之污泥（固體）乾重〕×100%

＝〔（A－D）／（A－B）〕×100%

＝〔（48.330－46.794）／（48.330－45.582）〕×100%

＝55.9（%）

另解：（總固體中）揮發性固體含量（%）＝100%－（總固體中）固定性固體量（%）＝100%－44.1%＝55.9%

（4）若污泥有1公噸，推估含有之水重、總固體重、固定性固體重、揮發性固體重各為？（g）

【註2：本計算例取2個樣品平均值計算。】

解：1公噸＝1000公斤（kg），則

水重＝1000×91.4%＝914（kg）

總固體重＝1000×8.6%＝86（kg）

固定性固體重＝86×45.2%＝38.872（kg）

揮發性固體重＝86×54.8%＝47.128（kg）【或：86－38.872＝47.128（kg）】

例2：水分98%之污泥1000 kg，試計算：

(1) 污泥所含之水重及乾固體物各為？（kg）

解：設污泥所含水重為X（kg），則

98%＝（X／1000）×100%

X＝980（kg）…水重

乾固體物重＝1000－980＝20（kg）

(2) 欲將此污泥乾燥脫水至水分85%，須去除之水重為？（kg）

解：設水分85%之污泥中水重為Y（kg），則

85%＝〔Y／（Y＋20）〕×100%

Y＝113.3（kg）

須去除之水重＝980－113.3＝866.7（kg）

「事業廢棄物貯存清除處理方法及設施標準」第13條：（第1項）清除事業廢棄物之車輛、船舶或其他運送工具於清除過程中，應防止事業廢棄物飛散、濺落、溢漏、惡臭擴散、爆炸等污染環境或危害人體健康之情事發生。（第2項）污泥於清除前，應先脫水或乾燥至

含水率百分之 85 以下；未進行脫水或乾燥至含水率百分之 85 以下者，應以槽車運載。

　　第 20 條：下列有害事業廢棄物除再利用或中央主管機關另有規定外，應先經中間處理，其處理方法如下：一、含氰化物：以氧化分解法或熱處理法處理。……九、含有毒重金屬廢棄物：以固化法、穩定法、電解法、薄膜分離法、蒸發法、熔融法、化學處理法或熔煉法處理。廢棄物中可燃分或揮發性固體所含重量百分比達百分之 30 以上者，得採熱處理法處理。……。

二、適用範圍

　　本方法適用於污泥廢棄物中總固體含量及總固體中固定性與揮發性固體含量之測定。

三、干擾

（一）分析樣品中的總固體及揮發性固體含量將會於乾燥過程中因含有碳酸銨及揮發性物質而造成負誤差。

（二）污泥廢棄物樣品中若含有大量鈣、鎂、氯化物或硫酸鹽，易受潮解，故需要較長之乾燥時間、適當的乾燥保存方法及快速的稱重。

（三）有機物含量較多之樣品需要較長之灰化時間。

（四）　樣品經由乾燥及燃燒後相當具有吸濕性，應減少開啟乾燥器之次數，並儘快分析。

四、設備及材料

（一）蒸發皿（附上蓋）：100 mL，材料可為下列三種之一。

1. 陶瓷。

2. 鉑金。

3. 硼矽玻璃或同級品（僅用於總固體含量 103～105℃分析）。

（二）橡膠手套。

（三）水浴設備。

（四）乾燥器。

（五）烘箱：能控溫在 103～105℃。

（六）高溫爐：能控制溫度在 550±25℃。

（七）分析天平：能精稱至 10 mg。

五、試劑

試劑水：蒸餾水或去離子水。

六、採樣及保存

採樣時須依據「事業廢棄物採樣方法 NIEA R118」，樣品使用抗酸性之玻璃瓶或塑膠瓶保存於 4±2℃之暗處。採樣後儘速檢測，最長保存期限為 7 天。

七、步驟、結果記錄與計算

(一) 蒸發皿之準備

1. 將洗淨之蒸發皿置於 550±25℃高溫爐中空燒 1 小時，若僅需分析總固體含量，則放入 103～105℃的烘箱加熱 1 小時。
2. 將蒸發皿移入乾燥器內冷卻備用，使用前秤重，記錄之。

項目	結果記錄與計算
① 準備好之蒸發皿空重（g）【蒸發皿編號： 】	

【註3】若僅需分析總固體含量，蒸發皿放入 103～105℃烘箱加熱 1 小時。若需分析固定性及揮發性固體含量，蒸發皿置於 550±25℃高溫爐中空燒 1 小時。

(二) 總固體含量測定【註4：若樣品中含有大量有機物或臭味，建議將水浴、烘箱及高溫爐設備置於抽風櫃中測定。】

1. 若樣品為具有流動性則須將之混合攪拌均勻；若樣品為固態，如污泥餅之類，則須先穿戴乾淨橡膠手套將樣品撥碎。
2. 取 25～50 g 之樣品置於蒸發皿，並秤重，記錄之。
3. 具流動性之樣品，須先進行水浴蒸發至近乾，再將之移入 103～105℃烘箱內烘至少 24 小時（固態樣品，如污泥餅之類，秤取樣品後於 103～105℃烘箱內烘至少 24 小時），之後移入乾燥器內，冷卻至溫度平衡後秤重，記錄之。
4. 將蒸發皿重覆烘乾（1 小時）、冷卻、乾燥及秤重步驟直到恆重為止（前後兩次之重量差須在 50 mg 範圍內或小於前樣品重之 4%），記錄之。
5. 結果記錄與計算：

項目	結果記錄與計算
① 準備好之蒸發皿空重（g）【蒸發皿編號： 】	

（續下表）

	項目			結果記錄與計算
②	〔（濕）污泥廢棄物樣品＋蒸發皿〕重（g）			
③	（濕）污泥廢棄物樣品重（g）			
④	〔（濕）污泥廢棄物樣品＋蒸發皿〕置103～105℃烘箱，至達恆重止【前後兩次之重量差須在50mg範圍內或小於前樣品重之4%】	第1次秤重（g）	：	
		第2次秤重（g）	：	
		第3次秤重（g）	：	
		第4次秤重（g）	：	
		第5次秤重（g）	：	
⑤	達恆重後之〔（乾）污泥廢棄物樣品＋蒸發皿〕重（g）			
⑥	（乾）污泥廢棄物樣品重（g）			
⑦	（濕）污泥水重＝（濕）污泥廢棄物樣品重－（乾）污泥廢棄物樣品重（g）			
⑧	污泥廢棄物樣品水分（%）＝〔水重／（濕）污泥廢棄物樣品重〕×100%			
⑨	污泥廢棄物樣品總固體含量（%）＝〔（乾）污泥廢棄物樣品重／（濕）污泥廢棄物樣品重〕×100%			

(三) 固定性及揮發性固體含量測定

1. 將經過總固體含量分析之蒸發皿置於 550±25℃高溫爐中燃燒至少 1 小時。
2. 若分析燃燒之樣品數量多時須要延長燃燒時間。
3. 重複上述燃燒（至少 30 分鐘）、冷卻、乾燥及秤重步驟直到恆重為止，記錄之。（前後兩次之重量差須在 50 mg 範圍內或小於前樣品重之 4%）。
4. 結果記錄與計算：

	項目			結果記錄與計算
①	經550℃高溫爐燃燒1小時、乾燥冷卻後之蒸發皿空重（g）【蒸發皿編號：　】			
②	前經總固體含量分析達恆重後之〔（乾）污泥廢棄物樣品＋蒸發皿〕重（g）			
③	（乾）污泥廢棄物樣品重（g）			
④	〔（乾）污泥廢棄物樣品＋蒸發皿〕置550℃高溫爐，至達恆重止【前後兩次之重量差須在50 mg範圍內或小於前樣品重之4%】	第1次秤重（g）	：	
		第2次秤重（g）	：	
		第3次秤重（g）	：	
		第4次秤重（g）	：	
⑤	達恆重後之〔（乾污泥廢棄物樣品中）剩餘（固定性）固體物＋蒸發皿〕重（g）			
⑥	（乾污泥廢棄物樣品中）剩餘（固定性）固體物重（g）			
⑦	（總固體中）固定性固體體含量（%）＝〔樣品經550℃燃燒後剩餘（固定性）固體重／經103℃烘乾後之污泥（總固體）乾重〕×100%			
⑧	（乾污泥廢棄物樣品中）揮發性固體物重（g）			
⑨	（總固體中）揮發性固體含量（%）＝〔樣品經550℃燃燒後所減少（揮發性）固體重／經103℃烘乾後之污泥（總固體）乾重〕×100%＝100%－（總固體中）固定性固體量（%）			

(四) 污泥廢棄物中之水分、總固體、固定性及揮發性固體含量檢測之結果記錄與計算：

項目	結果記錄與計算	
	第1次	第2次
① 蒸發皿空重B（g）〔蒸發皿編號：　　　　　　、　　　　　　〕		
② （蒸發皿＋濕污泥重）C（g）		
③ （濕）污泥重（C－B）（g）		
④ 經105℃烘乾後之〔蒸發皿＋污泥（固體）乾重〕A（g）		
⑤ 經105℃烘乾後之污泥（固體）乾重（A－B）（g）		
⑥ （濕）污泥之水重（C－A）（g）		
⑦ （濕）污泥之水分（%）		
⑧ （濕）污泥之總固體重（A－B）（g）		
⑨ （濕）污泥中之總固體含量（%）		
⑩ 樣品經550℃燃燒後（剩餘固體＋蒸發皿之重）D（g）		
⑪ 樣品經550℃燃燒後剩餘（固定性）固體重（D－B）（g）		
⑫ （總固體中）固定性固體含量（%）		
⑬ （總固體中）固定性固體含量平均值（%）		
⑭ （總固體中）揮發性固體含量（%）		
⑮ （總固體中）揮發性固體含量平均值（%）		

【註】結果計算

污泥之水分（%）＝〔（C－A）／（C－B）〕×100%

（濕污泥中）總固體含量（%）＝〔（A－B）／（C－B）〕×100%

（總固體中）固定性固體含量（%）＝〔（D－B）／（A－B）〕×100%

（總固體中）揮發性固體含量（%）＝〔（A－D）／（A－B）〕×100%

A：樣品103～105℃乾燥後之固體及蒸發皿重（g）

B：蒸發皿重（g）

C：樣品之原（濕）重及蒸發皿重（g）

D：樣品經 550±25℃燃燒後剩餘固體及蒸發皿重（g）

八、品質管制

　　每十個樣品或每一批樣品至少應執行一次重複樣品分析，其相對差異百分比應在 5% 以內。

九、參考資料：中華民國103年11月5日環署檢字第1030092883號公告：NIEA R212. 02C

十、心得與討論

第 22 章：廢棄物中總銅檢測方法－火焰式原子吸收光譜法

一、相關知識

(一) 製程有害事業廢棄物中與有毒重金屬總銅（銅及其化合物）之關係

「廢棄物中總銅檢測方法－火焰式原子吸收光譜法」可檢測廢棄物（例如：銅二次熔煉之排放控制之集塵灰或污泥、廢料回收產生之酸性廢液或污泥、廢電線電纜粉碎分選回收產生之集塵灰、電鍍製程之廢水處理污泥。）中總銅（銅及其化合物）之濃度（含量）。

「有害事業廢棄物認定標準」第 3 條：列表之有害事業廢棄物種類如下：一、製程有害事業廢棄物：指附表一所列製程產生之廢棄物。二、混合五金廢料……。三、生物醫療廢棄物……。

附表一：製程有害事業廢棄物－製程產生之廢棄物（節錄）

行業別	製程產生之廢棄物	成分		危害性
		中文	英文	
其他非鐵金屬基本工業及其他具有右列製程產生之廢棄物之行業	一、鉛、鎳、汞、鎘、銅二次熔煉之排放控制之集塵灰或污泥	六價鉻、鉛、鎘、汞、鎳、銅	hexavalent，chromium，lead，cadmium，mercury，nickel，**copper**	（T）
廢棄物處理業及其他具有右列製程產生之廢棄物之行業	三、廢料回收產生之酸性廢液或污泥	銅、鉛、鎘、鉻	**copper**，lead，cadmium，chromium	（T）
	四、廢電線電纜粉碎分選回收產生之集塵灰	銅、鉛	**copper**，lead	（T）
其他具有右列製程產生之廢棄物之行業	一、電鍍製程之廢水處理污泥，但下述製程所發生者除外： (一)鋁之硫酸電鍍 (二)碳鋼鍍錫。 (三)碳鋼鍍鋁。 (四)伴隨清洗或汽提之碳鋼錫、鋁。 (五)鋁之蝕刻及研磨。	鎘、六價鉻、鎳、氰化物（錯合物）、銅	cadmium，hexavalent chromium，nickel，cyanide（complexed），**copper**	（T）

【註1】：危害性表示：（I）：易燃性；（C）：腐蝕性；（R）反應性；（T）：毒性。

(二) 廢棄物中總銅檢測方法－火焰式原子吸收光譜法

廢棄物中總銅檢測包括有：水溶液樣品、固相樣品及含油、油脂或蠟廢棄物樣品之製備。

1. 廢棄物樣品（水溶液樣品、固相樣品）經濃硝酸及過氧化氫迴流消化後，並經稀釋至定體積，以火焰式原子吸收光譜儀（波長選在 324.7nm 處）測定其總銅濃度。

2. 檢驗含油、油脂或蠟之廢棄物樣品中總銅之濃度時，將代表性樣品置於凱氏瓶（KjeldahlBottle）或類似之量瓶內，加入濃硫酸、濃硝酸和過氧化氫將樣品消化後，加以稀釋至定體積，然後以火焰式原子吸收光譜儀測定其總銅濃度。

例1：製備銅儲備溶液（稀釋時每1 L水中應含有1.5 mL濃硝酸）

溶解0.100 g銅金屬於2 mL濃硝酸，加入10 mL濃硝酸，以試劑水稀釋至1000 mL。則其銅濃度為？（mg/L）？（mg/ mL）？（μg/L）？（μg/ mL）

解：銅濃度＝[（0.100×10^3） / （1000/1000）] mg/L＝100 mg/L＝100 mg/1000 mL＝0.1mg/ mL＝100×10^3 μg/L＝100000 μg/1000 mL＝100 μg/ mL（即溶液中1.00 mL＝0.1 mg銅＝100 μg銅）

例2：銅標準溶液製備

如何以銅儲備溶液（0.1mg銅/1.00 mL）配製濃度為：1.0、2.0、5.0、10.0、15.0、25.0 mg/L之銅標準溶液？

解：以100 mL定量瓶配製

銅儲備溶液1.00 mL＝0.1 mg銅【即：0.1mg Cu/ mL】						
①	100 mL定量瓶編號	1	2	3	4	5	6
②	加入銅儲備溶液體積V（mL）	1.0	2.0	5.0	10.0	15.0	25.0
③	銅含量（mg）	0.1	0.2	0.5	1.0	1.5	2.5
④	稀釋	6支100 mL定量瓶，分別以試劑水稀釋至100 mL					
⑤	銅標準溶液濃度（mg/L）	1.0	2.0	5.0	10.0	15.0	25.0

【註2】銅標準溶液濃度（mg/L）之計算例：
定量瓶編號3 銅標準溶液濃度＝（5.0×0.1） / （100/1000）＝5.0（mg/L）

例3：銅檢量線製備

配製銅標準溶液濃度為：1.0、2.0、5.0、10.0、15.0、25.0 mg/L，分別測其吸光度（Cu中空陰極燈管，波長324.7nm），結果如下表：

銅（Cu）濃度：x（mg/L）	1.0	2.0	5.0	10.0	15.0	25.0
吸光度（Abs.）：y	0.034	0.058	0.143	0.263	0.394	0.649

以銅標準溶液濃度（mg/L）為X軸，吸光度為Y軸，繪製銅（Cu）檢量線圖，求迴歸線方程式：y＝ax＋b 及R^2？

解：利用Microsoft Excel求得，檢量線方程式（不過原點）：y＝0.0256x＋0.0094，R^2＝0.9998。如下圖：

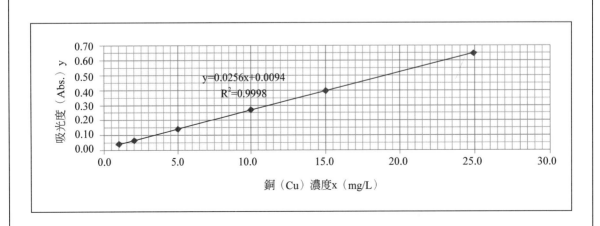

例4：固體（廢棄物）樣品中總銅濃度【經儀器分析時，水溶液未經稀釋】
秤取經乾燥及充分粉碎、混合均勻後之固體（廢棄物）樣品1.545g，依實驗步驟進行固相樣品之製備，經前處理後以去離子水定量至100 mL；經儀器分析時，水溶液未經稀釋，測吸光度為0.445，則該固體（廢棄物）樣品中總銅濃度為？（mg/kg）
解：經前處理後以去離子水定量至100 mL，經儀器分析〔水溶液未經稀釋〕測吸光度（Abs.）為0.445，
代入：y＝0.0256x＋0.0094
0.445＝0.0256x＋0.0094
x＝17.0（mg Cu/L）…（水溶液中總銅濃度）
得：固體（廢棄物）樣品中總銅濃度＝〔17.0×（100／1000）×1〕／（1.545／1000）＝1100.3（mg Cu/kg）

例5：固體（廢棄物）樣品中總銅濃度【經儀器分析時，水溶液再經稀釋】
秤取經乾燥及充分粉碎、混合均勻後之固體（廢棄物）樣品1.545g，依實驗步驟進行固相樣品之製備，經前處理後以去離子水定量至100 mL；經儀器分析時，水溶液再經稀釋2倍後，測吸光度為0.445，則該固體（廢棄物）樣品中總銅濃度為？（mg/kg）
解：經前處理後以去離子水定量至100 mL，經儀器分析〔水溶液再經稀釋2倍〕測吸光度（Abs.）為0.445，
代入：y＝0.0256x＋0.0094
0.445＝0.0256x＋0.0094
x＝17.0（mg Cu/L）
水溶液中總銅濃度＝17.0（mg Cu/L）×2＝34.0（mg Cu/L）
固體（廢棄物）樣品中總銅濃度＝〔17.0×2×（100／1000）〕／（1.545／1000）＝2200.6（mg Cu/kg）

例6：含水溶液及固體共存之廢棄物樣品中總銅濃度
某含水溶液及固體共存之污泥廢棄物樣品，經真空過濾分離出水溶液相為10.795g、固相為2.146g，並分別處理及經儀器分析（水溶液皆未經稀釋）得：水溶液相銅金屬含量為13.5mg/L、固相銅金屬含量為22.1mg/L，則此廢棄物樣品之銅金屬元素濃度為？（mg/kg）
解：污泥廢棄物分相後，水溶液相重＝10.795g、固相重＝2.146g
污泥廢棄物分相後，水溶液相銅金屬含量（濃度）＝13.5（mg/L）＝13.5（mg/kg）【假設水溶液相比重為1.0】
固相銅金屬含量（濃度）＝〔22.1×（100／1000）×1〕／（2.146／1000）＝1029.8（mg/kg）
故污泥廢棄物樣品之銅金屬元素濃度
＝｛〔（10.795/1000）×13.5〕＋〔（2.146/1000）×1029.8〕｝／〔（10.795＋2.146）/1000〕
＝182.0（mg Cu/kg）

二、適用範圍

　　本方法適用於檢驗廢棄物中總銅的濃度。所有樣品在分析前均須經過適當的消化處理，此方法對消化後樣品之最適當偵測濃度範圍為 0.2 至 5 mg/L。

三、干擾

（一）若懷疑有干擾時，可參考廢棄物檢測方法總則－原子吸收光譜法（NIEAM101.00T）作適當校正。

（二）由於在選定的分析波長處可能有一些非特定的吸收和散射等干擾，可試用背景校正器校正之。某些儀器的氫或氖燈管所發出 324.7 nm 紫外光的光源強度太弱，校正時可能會有一些困難，此時可參閱儀器原始資料作適當校正。

（三）樣品中若鹼族金屬含量較標準品多時，可能產生離子化干擾，可於樣品及標準溶液中加入抑制劑（如 KCl）。

四、設備

（一）原子吸收光譜儀：波長選在 324.7nm 處及使用空氣和乙炔燃料。

（二）銅元素燈管：使用中空陰極燈管、無電極放電燈管（ElectrodelessDischargeLamp）或多元素燈管均可。

（三）排氣口：在燃燒頭上端 15～30 公分處置排氣口，抽氣以除去火焰中的薰煙及蒸氣。

（四）電熱板或適當加熱裝置。

（五）300 mL 凱氏瓶附有磨口玻璃蓋，並以酸預洗過。

（六）300 mm 球型（Allihin）冷凝管，用 6-mm 玻璃珠填充至 50 mm，並以酸預洗過。

（七）磨碎機。

（八）離心機。

五、試劑

（一）去離子水。

（二）所有標準液之配製及樣品處理時所使用之酸液，其純度必須為試藥級以上者。

1. 濃鹽酸。

2. 鹽酸（1＋1）：加 500 mL 濃鹽酸於 400 mL 去離子水中，再以去離子水稀釋至 1 L。

3. 濃硝酸。

4. 硝酸（1＋1）：加 500 mL 濃硝酸於 400 mL 去離子水中，再以去離子水稀釋至 1 L。

（三）過氧化氫（30%）：須先分析其中所含待測元素的含量，若測出有相當含量時，應作試劑空白試驗校正。

（四）銅儲備溶液：精秤 1.000 g 銅金屬（分析試劑級）置於 1000 mL 量瓶內，加去離子水使之溶解後，再加入硝酸酸化之，再以去離子水稀釋至刻度。或使用同等級的藥品，用去離子水或稀硝酸（如 0.2%（V/V）配製 1000 ppm 之銅儲備溶液（即 1.00 mL ＝ 1.00 mgCu）。

（五）銅標準溶液：取適量之銅儲備溶液分別稀釋和配製檢量線上各點之標準溶液，配製此標準溶液所用之酸液必須與配製樣品時相同。

六、樣品保存及處理

（一）所有樣品均應依採樣計畫採取。

（二）所有盛裝樣品之容器，必須經過清潔劑、酸及去離子水等一系列的清洗步驟，玻璃或塑膠容器均可適用。

（三）水溶液樣品須經硝酸酸化，使其 pH 值小於 2，並於 4 ℃冷藏。

（四）非水溶液樣品須於 4℃冷藏並儘速分析。

（五）油、油脂和蠟之樣品應在未稀釋狀態及室溫下保存，並儘速處理分析。

七、步驟、結果記錄與計算

(一) 樣品製備

　　若廢棄物樣品中有兩相以上共存時，應先分離各相，並分別處理及分析銅金屬之含量，各相所得之濃度分別乘以各相之重量百分率，並以所得之和報告之。

1. 水溶液樣品之製備

　　（1）取適量已酸化之樣品置於燒杯中，加入 3 mL 濃硝酸，緩慢加熱至近乾（樣品不可沸騰，亦不可全乾）。冷卻後再加入 5 mL 濃硝酸，蓋上錶玻璃，加熱迴流，視需要再加入濃硝酸至消化完全（呈透明或繼續迴流時外觀不再改變），蒸發至近乾。

　　（2）將樣品冷卻後，加入 10 mL（1 ＋ 1）鹽酸及 15 mL 去離子水，微熱燒杯 15 分鐘，將沈澱及殘餘物溶解。

　　（3）待樣品冷卻後，用去離子水清洗錶玻璃及燒杯內壁然後將樣品過濾去除不溶物（以免阻塞霧化器），以去離子水稀釋至 100 mL（或適當已知體積）即可進行儀器分析。

2. 固相樣品之製備

　　（1）秤取經 105±1℃乾燥至恆重及充分粉碎（粒徑大小需小於 20mesh）、混合均勻後之固體樣品 1.00～2.00g（精確至小數點第二位），放入圓錐形燒瓶中。

　　（2）加入 10 mL（1 ＋ 1）硝酸，蓋上錶玻璃後，緩慢加熱至 95℃，在不沸騰之溫度下，先迴流 10 至 15 分鐘，待冷卻後，再加入 5 mL 濃硝酸，蓋上錶玻璃再迴流 30 分鐘，注意勿使此溶液體積少於 5 mL。

　　（3）將上述迴流後之樣品冷卻後，再加入少量（如 2 mL）去離子水和 3 mL30％過氧化氫，蓋上錶玻璃，緩慢加熱，進行氧化反應，此時需小心操作勿產生激烈之冒泡現象，以免將樣品漏失，直到冒泡平息後，將燒杯冷卻。

　　（4）每次以 1 mL 的量繼續加入 30％過氧化氫；直至冒泡減至最低程度，或樣品的外觀不再改變為止（累計所添加過氧化氫之總體積勿超過 10 mL）。待冷卻後，用去離子水清洗錶玻璃及燒杯內壁，將樣品過濾或用離心方式去除不溶物後，再以去離子水定量至 100 mL（或合適的已知體積）即可進行儀器分析。

3. 含油、油脂或蠟廢棄物樣品之製備

（1）秤取 2.00g 廢棄物樣品置於凱氏瓶中，加入 10 mL 濃硫酸和少許 6-mm 玻璃珠後，搖動使之混合均勻。

（2）將凱氏瓶緩慢加熱，直至白色濃煙出現及溶液沸騰為止。經由冷凝管上端小心逐滴加入 1 mL 的濃硝酸，使有機物質氧化。當硝酸被蒸發完且濃白煙再出現時，可再依上述步驟逐滴加入 1 mL 濃硝酸繼續消化。每次以 1 mL 的量，繼續加入濃硝酸直至混合物之消化液呈淺稻草色（straw-color）為止，此時顯示大部分的有機物已被氧化。

（3）將凱氏瓶稍微冷卻後，逐滴加入 0.5 mL 30% 過氧化氫，然後加熱直至濃白煙出現，趁沸騰時，小心逐滴加入 1 mL 濃硝酸。當硝酸被蒸完、濃白煙再出現時，需重覆前述加入過氧化氫和濃硝酸的步驟[步驟 3.(3)]，直至混合物之消化液變成無色，表示所有的有機物已被氧化完全。通常重覆四次已足夠。

（4）將凱氏瓶冷卻後，用少量的去離子水（約 5 mL）沖洗冷凝管，將混合液繼續加熱，直至濃白煙出現為止。

（5）再將凱氏瓶冷卻，若有沈澱物生成時，可加入 2 mL 濃鹽酸。若沈澱物仍然存在，則可將溶液過濾或使用離心方式以除去沈澱物。最後以去離子水定量至 25 mL 即可進行儀器分析。

(二) 儀器分析〔火焰式原子吸收光譜儀（波長選在324.7nm處）〕

1. 依儀器操作手冊設定操作條件。並在儀器穩定後才能進行操作。
2. 以銅標準溶液製作檢量線，並測定樣品中總銅濃度。
3. 檢量線結果記錄、計算於下表：【註 4：使用 100 mL 定量瓶配製銅標準溶液。】

銅儲備溶液1.00 mL＝0.1 mg銅【即：0.1mg Cu/ mL】							
①	100 mL定量瓶編號	試劑空白	1	2	3	4	5
②	加入銅儲備溶液體積V（mL）	0					
③	銅含量＝V×0.1（mg Cu）	0					
④	稀釋後體積（L）	6支100 mL定量瓶，分別以試劑水稀釋至100 mL＝0.1L					
⑤	銅標準溶液濃度x＝③/④（mg/L）	0					
⑥	吸光度（Abs.）：y						
⑦	使用Microsoft Excel繪圖，得銅標準濃度曲線（檢量線）方程式，結果為： y＝ax＋b：＿＿＿＿＿＿＿＿＿＿＿＿＿＿＿＿＿＿＿＿＿＿＿，R^2＝＿＿＿＿＿＿＿＿＿＿＿＿＿＿＿＿。						

4. 手繪檢量線，於下圖將 Microsoft Excel 所得之銅（Cu）檢量方程式 y=ax+b 繪成檢量線，選適當 2 點（x_1，y_1）、（x_2，y_2），即可繪出該直線：

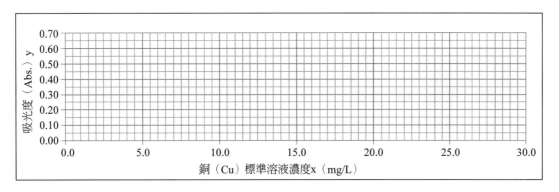

5. 結果記錄、計算於下表：

項　目		結果記錄與計算
⑦	廢棄物樣品種類（名稱）：_____	□水溶液、□固相、□含油、□油脂、□含蠟：廢棄物樣品之製備
⑧	廢棄物樣品重量W（g）	
⑨	樣品最後定量之體積L（L）	
⑩	儀器分析時，水溶液稀釋倍數：D	
⑪	廢棄物樣品（消化後）水溶液（稀釋後）之吸光度（Abs.）	
⑫	試劑空白之吸光度（Abs.）	
⑬	扣除試劑空白後廢棄物樣品（消化後）水溶液（稀釋後）之吸光度（Abs.）：y	
⑭	吸光度（Abs.）對應之總銅濃度：A（mg/L）【由檢量線（方程式）求得】	
⑮	廢棄物樣品（消化後）水溶液之總銅濃度＝D×A（mg/L）	
⑯	廢棄物樣品中總銅濃度（mg/kg）	

八、結果處理

(一) 必須扣除試劑空白值。

(二) 若經稀釋之樣品，必須乘以適當之稀釋倍數。

(三) 數據以 mg/kg 報告之。

1. 廢棄物中總銅濃度（mg/kg）

$$= \frac{A(mg/L) \times L \times D \times 1000(g/kg)}{W(g)}$$

　　A：以標準溶液作檢量線所測得並已扣除試劑空白之樣品中銅濃度，mg/L

　　W：樣品重，g

　　D：稀釋倍數

　　L：樣品最後定量之體積，L

2. 兩相以上廢棄物樣品之分析結果依下式平均之

$$銅金屬元素濃度 = \frac{\sum_i W_i \times C_i}{\sum_i W_i}$$

W_i：廢棄物分相後各相之重量（g）

C_i：廢棄物分相後各相所測得之濃度（mg/kg）

九、品質管制

（一）所有品質管制資料均應妥為保管，便於提供參考與查證。

（二）樣品之濃度若大於檢量線之最高點濃度時，應將樣品稀釋後再行測定。

（三）每批樣品或每隔 15 個樣品，至少要做一個完整操作程序步驟的空白試驗，以檢查樣品是否遭受污染或記憶效應存在。

（四）每批樣品或每隔 15 個樣品，應使用不同來源製備之查核標準溶液以檢查檢量線之適用性。

（五）每批樣品或每隔 10 個樣品，至少應選一樣品做一次添加分析，以檢驗回收率和準確度，此重複添加樣品必須經過與樣品相同之處理及分析步驟。添加物可選用已經確認的標準參考品。

（六）針對每批樣品及一批含有新基質的樣品時，至少必須選一樣品使用標準添加法方法，以驗證檢量線的適用性。

（七）基質複雜之樣品，可能不適用於標準檢量線，需使用標準添加法分析樣品。

（八）每批樣品或每隔約 10% 的樣品，至少需選一樣品做重覆分析，以檢驗本方法的精密度。

十、參考資料：中華民國100年12月15日環署檢字第1000110029號公告：NIEA R305. 21C

十一、心得與討論

_____

_____

_____

_____

_____

_____

第 23 章：乾電池鉛含量檢測方法

一、相關知識

(一)（廢）乾電池

　　依「廢棄物清理法」第 15 條第 2 項公告之表一，「（廢）乾電池」定義為：以化學能直接轉換成電能，組裝前單只（cell）重量小於 1 公斤，密閉式之小型電池，包括一次（primary）電池及二次（rechargeable）電池，若以形狀區分，包括筒型（圓筒及方筒）、鈕釦型（button cell）及組裝型（battery pack）。但不包括鉛蓄電池及需另行添加電解液或其他物質始能產生電能者。「（廢）乾電池」具不易清除、處理及含有害物質成分性質，屬有嚴重污染環境之虞者，為應回收物品。（廢）乾電池可能含有汞、鉛、鎘、銀、鎳、錳、鋅、鐵等重金屬及鋰，表 1 為單一實驗室電池同類型不同顆數之重金屬〔汞（Hg）、鉛（Pb）及鎘（Cd）〕分析結果。

表 1：單一實驗室電池同類型不同顆數之分析結果

電池種類	汞（Hg）平均值（μg/g）	鉛（Pb）平均值（μg/g）	鎘（Cd）平均值（μg/g）
氧化銀電池（GP-357）	6190（n=3）	34.1（n=3）	N.D
鈕釦鹼錳電池（LR-54）	3490（n=3）	54.5（n=3）	N.D
鈕釦鹼錳電池（G3-A）	3690（n=3）	39.9（n=3）	N.D
鈕釦鋰電池（CR-1220）	N.D（n=6）	N.D（n=6）	N.D（n=6）
鈕釦鋰電池（CR-1616）	N.D（n=6）	N.D（n=6）	N.D（n=6）
鈕釦鋰電池（CR-2025）	N.D（n=6）	N.D（n=6）	N.D（n=6）

【註 1】資料來源：乾電池汞、鎘、鉛含量檢測方法 NIEA R315.02B

　　鉛及鉛化合物一般難溶於水，且容易被吸附沈澱，鉛具有累積、代謝性毒性。（廢）乾電池若含鉛（Lead，Pb），進入空氣（燃燒）、土壤或水環境中，會造成環境中鉛含量增加。「鉛」對腎臟、神經系統造成危害，對兒童具高毒性；對動物之致癌性已被證實，對人體能否引發腫瘤之證據仍不足夠。

(二)（廢）乾電池鉛含量檢測及計算

　　「乾電池鉛含量檢測方法」為先將乾電池切割後，以 2：1 鹽酸 / 硝酸混合液萃取、消化 18 小時，經過濾及定量至一定體積後成為待測液，測定鉛時，使用火焰式原子吸收光譜法（FLAA）檢測。鉛之分析（參考 NIEA M111）：取樣品待測液或經 2：1 之鹽酸 / 硝酸稀釋液稀釋之消化液，以火焰式原子吸收光譜儀以波長 283.3nm 測定樣品待測液中鉛濃度。

　　乾電池中鉛含量之檢驗數據可用電池重量百分比含量（如：0.0001%）或 ppm 含量（即待測物重 / 電池重，mg/g），最多以三位有效數字，最小表示至小數點以下二位方式報告之。

$$電池中鉛含量 ppm（\mu g/g）＝ C \times V \times F \times 1000 ／ W$$

其中

C ＝由檢量線得到之鉛濃度（mg/L）

V ＝乾電池樣品待測液的定容體積（L）

F ＝乾電池樣品待測液的稀釋倍數

W ＝乾電池重量（g）

例1：濃度1000mgPb/L之鉛儲備標準溶液配製（Pb＝1000mg/L＝1.00mg/cc）

如何配製1000mg Pb/L之鉛儲備標準溶液1000cc？

解：硝酸鉛〔Pb（NO$_3$）$_2$〕莫耳質量＝207.2＋（14.01＋16.00×3）×2＝331.22（g/mole）

設需取硝酸鉛〔Pb（NO$_3$）$_2$〕（一級試藥）為x（mg），則

1000＝x×（207.2／331.22）

x≒1598.6（mg）＝1.5986（g）

溶解1.5986g硝酸鉛〔Pb（NO$_3$）$_2$〕於約200cc試劑水，加入1.5cc濃硝酸，移入1000cc定量瓶內，以試劑水稀釋至刻度即得（Pb＝1000mg/L＝1.00mg/cc或1.00cc＝1.00mg Pb）。

例2：濃度100mgPb/L之鉛標準溶液配製（Pb＝100mg/L＝0.10mg/cc）

如何以Pb＝1000mg/L＝1.00mg/cc之鉛儲備標準溶液，配製100mg Pb/L之鉛標準溶液100cc？

解：設取1.00mg Pb/cc之鉛儲備溶液xcc，則

100×100/1000＝x×1.00

x＝10.0（cc）

取1.00mg Pb/cc之鉛儲備溶液10cc於100cc定量瓶內，以0.15%硝酸溶液定量至100cc即得（Pb＝100mg/L＝0.10mg/cc或1.00cc＝0.10mg Pb）。

例3：鉛檢量線製備

分別取鉛標準溶液（1.00cc＝0.10mg Pb）：2.00、6.00、10.00、20.00、24.00cc於100cc定量瓶，再以2：1之鹽酸/硝酸稀釋液定量至刻度，依【火焰式原子吸收光譜法NIEA M111.01C】之步驟操作，以波長283.3nm測定讀取吸光度，結果如下表：

		1	2	3	4	5
①	100cc定量瓶編號	1	2	3	4	5
②	取鉛標準溶液（1.00cc＝0.10mg Pb）體積（cc）	2.00	6.00	10.00	20.00	24.00
③	鉛含量（mg）	0.20	0.60	1.00	2.00	2.40
④	以2：1之鹽酸/硝酸稀釋液定量至100cc	100	100	100	100	100
⑤	鉛標準溶液濃度：x（mg/L）	2.0	6.0	10.0	20.0	24.0
⑥	吸光度（Abs.）：y	0.010	0.040	0.070	0.137	0.162

【註2】2：1鹽酸/硝酸稀釋液：取20cc濃鹽酸/10cc濃硝酸，以試劑水定量至1000cc。

繪製鉛（Pb）標準溶液濃度（mg/L）（X軸）－吸光度（Y軸）之檢量線圖及檢量線方程式？

解：利用Microsoft Excel製作鉛（Pb）標準溶液濃度（X軸）－吸光度（Y軸）之檢量線圖及檢量線方程式，結果如下：

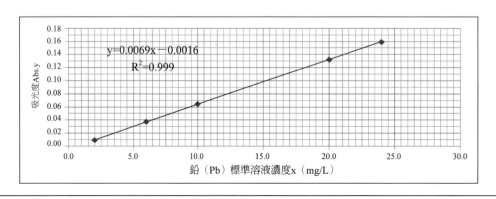

例4：（廢）乾電池中鉛含量之檢測數據計算

乾電池樣品重W＝23.000g，依「乾電池鉛含量檢測方法」測定鉛含量，得經（2：1之鹽酸/硝酸稀釋液）稀釋之消化液（乾電池樣品待測液）定容體積V＝250cc，於火焰式原子吸收光譜儀以波長283.3 nm測定得吸光度為0.082（已知乾電池樣品待測液稀釋倍數F＝2倍）；則：

（1）由檢量線得到之鉛濃度C為？（mg/L）

解：代入：$y＝0.0069x－0.0016$

$0.089＝0.0069x－0.0016$

$x≒13.13$（mgPb/L）…由檢量線得到之鉛濃度C

（2）電池中鉛含量為？（ppm或 μ g/g）【註3：$1\mu g＝1×10^{-6}g＝1×10^{-3}mg$】

解：電池中鉛含量＝C×V×F×1000／W

＝13.13×（250/1000）×2×1000／23.000＝285.43（ppm或 μ g/g）

得電池中鉛含量為：285.43ppm（或285.43 μ gPb/g乾電池）

（3）電池中鉛重量百分比含量為？（%）【註4：$1\ ppm＝1／1000000＝1／10^{6}$】

解：電池中鉛重量百分比＝285.43ppm＝285.43×（1／1000000）＝0.028543（%）

二、適用範圍

本方法適用於以化學能直接轉換成電能，組裝前單只（cell）重量小於一公斤，密閉式之小型電池，包括一次（primary）電池及二次（rechargeable）電池，若以形狀區分，包括筒型（圓筒及方筒）、鈕釦型（button cell）、及組裝型（battery pack）（但不包括鉛蓄電池及需另行添加電解液或其他物質始能產生電能者）之乾電池中鉛含量之檢驗。

三、干擾

(一) 乾電池因種類型式廠牌不同，消化後含大量樣品基質。基質會影響檢量線之斜率，且基質濃度愈高干擾程度愈大。

(二) 鉛分析時的干擾效應，可參考原子吸收光譜法（NIEA M111）作適當校正。

四、設備

(一) 火焰式原子吸收光譜儀：設備及功能需求，請參考「火焰式原子吸收光譜法」（NIEA M111）規定。測定鉛時波長建議分別選用 283.3nm。

(二) 分析天平：可精秤至 0.1mg。

(三) 乾電池切割拆解工具：固定座、剪鉗、尖嘴鉗或其他適當工具。

(四) 過濾設備。

(五) 濾紙：Whatman50 號濾紙或同級品。

(六) 玻璃器皿：硼矽玻璃製品，包括燒杯、錶玻璃、定量瓶、定量吸管、量筒及漏斗等。

五、試劑

（一）試劑水：比電阻 ≧ 16MΩ–cm 以上不含待測元素之試劑水。

（二）濃鹽酸：低汞試藥級鹽酸。

（三）濃硝酸：低汞試藥級硝酸。

（四）2：1 鹽酸 / 硝酸混合液：二份體積濃鹽酸與一份體積濃硝酸之混合液，使用前配製。

（五）2：1 鹽酸 / 硝酸稀釋液：取 20mL 濃鹽酸 /10mL 濃硝酸，以試劑水定量至 1000mL。

（六）高錳酸鉀：低汞試藥級。

（七）5% 高錳酸鉀溶液：取 50g 低汞含量之高錳酸鉀溶解於試劑水中，稀釋定容至 1000mL。

（八）氯化鈉–硫酸羥胺溶液：以水溶解 120g 氯化鈉（NaCl）與 120g 硫酸羥胺〔$(NH_2OH)_2 \cdot H_2SO_4$〕，稀釋至 1L。亦可使用鹽酸羥胺（$NH_2OH \cdot HCl$）取代硫酸羥胺。

（九）鉛儲備溶液：使用市售經確認濃度之 1000mg/L 標準溶液或依照下述方式配製。

　　鉛儲備溶液：溶解 1.598g 硝酸鉛〔$Pb(NO_3)_2$〕於約 200mL 試劑水，加入 1.5mL 濃硝酸，移入 1000mL 量瓶內，以試劑水稀釋至刻度（1.00mL ＝ 1.00mg Pb）。

（十）鉛標準溶液 100mg/L：取 10mL 鉛儲備溶液，以 0.15% 硝酸溶液定量至 100mL。

六、採樣與保存

　　採集具有代表性之樣品，並記錄所採取乾電池之廠牌、種類、型號，每一型號最少取得 5 顆樣品。樣品以室溫下乾燥保存，最長保存時間以樣品有效日期前一個月止。

七、步驟、結果記錄與計算

　　所有儲存乾電池消化後樣品液之容器必須先用清潔劑、酸及試劑水洗淨後使用。

(一) 乾電池秤重及切割

1. 秤量並記錄整個乾電池重量。

①	電池廠牌		種類		型號	
②	樣品編號	1	2	3	4	5
③	乾電池重量 W（g）					

2. 以剪鉗、斜口鉗及鑷子或其他適當工具將乾電池金屬外殼完全拆解，並將拆解後之塑膠外膜、金屬外殼及其內容物全部置於（依乾電池大小及消化液用量選用之）適當體積燒

杯中。拆解時須小心避免樣品漏失及切割工具對樣品造成污染，且切割工具在每次使用前須以試劑水及紙巾清潔乾淨。

3. 部份鋰電池以金屬鋰作電極材料，會與無機酸發生劇烈反應，並產生著火，鋰二次電池可能含有機電解液，故拆解時可能產生火花及冒出煙霧狀異味氣體，均必須在抽氣櫃中操作，並遠離高溫、易燃物質之場所，以避免發生火災；拆解後，先在冰浴下添加少量試劑水，金屬鋰會與水反應產生氫氣，俟反應完後再緩慢加 2：1 鹽酸 / 硝酸混合液。

4. 部分鹼錳電池在拆解時會噴、流出電解液，應在抽氣櫃中將乾電池以剪鉗或尖嘴拆解工具 1 至 2 小孔，並以燒杯小心接取由孔中噴、流出之電解液，以免樣品漏失，俟電解液不再噴、流出後以剪鉗或尖嘴鉗予以完全拆解。

(二) 乾電池之消化萃取：必須在抽氣櫃中操作

　　【註 5：濃硝酸及濃鹽酸具有中度的毒性及強腐蝕性，且極容易刺激皮膚與黏膜。盡可能在抽氣櫃中使用，若眼睛或皮膚接觸到這些試劑，則以大量水沖洗。操作這些試劑時，隨時戴著安全眼鏡或眼睛防護罩。】

1. 2：1 鹽酸 / 硝酸混合液加入量及消化後體積定容方式依照下表執行，2：1 鹽酸 / 硝酸混合液須能蓋滿整個乾電池及內容物，併將乾電池金屬部分完全溶解。【註 6：2：1 鹽酸 / 硝酸混合液酸加至電池時，立即會有猛烈反應，應避免反應溫度過高（＞ 90℃），造成汞氣化逸失。加酸方式應在冰浴下先一滴一滴加入至反應泡沫停止後，再加入剩餘酸量。】

乾電池重量（g）	2：1 鹽酸 / 硝酸混合液（mL）	消化後體積定容（mL）	市售代表性電池型號
＞ 150	a（註 7）	a（註 7）	a（註 7）
80～150	400	1000	D
35～80	200	500	C
15～35	100	250	AA
5～15	80	200	AAA
2～5	40	100	
＜ 2	20	50	

【註 7】a：電池重量大於 150g 者，依比例添加 2：1 鹽酸 / 硝酸混合液消化液，最後以試劑水並稀釋至定量體積。

2. 蓋上錶玻璃在室溫下放置於抽氣櫃內 18 小時。

3. 以 Whatman 50 號濾紙過濾，將濾液收集於定量瓶中（定量瓶之體積如上表中消化後定容之體積）。取適量之試劑水洗滌燒杯、過濾器及濾紙，並將洗液併入定量瓶中，最後加試劑水至定量瓶刻度。此溶液即為電池待測液。

4. 依消化萃取程序製備空白樣品分析，但不加乾電池。

(三) 鉛檢量線製備：

1. 精取適當量之鉛標準溶液，由低濃度至高濃度序列，稀釋成至少五種不同濃度之檢量線製備用溶液（不含空白），例如：取 0.5、 1.0、 2.0、 3.0、 4.0、 5.0 mL 鉛標準溶液（100 mg/L）置入 100 mL 定量瓶中，以 2：1 之鹽酸／硝酸稀釋液定量至 100 mL。最後濃度為 0.5、1.0、2.0、3.0、4.0、5.0 mg/L，以火焰式原子吸收光譜法測定，並製備檢量線。

①	100cc定量瓶編號	試劑空白	1	2	3	4	5
②	取鉛標準溶液（1.00cc＝0.10mg Pb）體積（cc）						
③	鉛含量（mg）						
④	以（2：1之鹽酸/硝酸稀釋液）定量至100cc						
⑤	鉛標準溶液濃度：x（mg/L）						
⑥	吸光度（Abs.）：y						
⑦	使用Microsoft Excel繪圖，得鉛檢量線方程式：y=ax+b：＿＿＿＿＿＿＿＿＿，R^2＝＿＿＿＿＿						
【註8】2：1鹽酸／硝酸稀釋液：取 20 cc濃鹽酸 /10 cc濃硝酸，以試劑水定量至 1000 cc。							

2. 手繪檢量線，於下圖將 Microsoft Excel 所得之鉛（Pb）檢量線方程式 y=ax+b 繪成檢量線，選適當二點 (x_1 , y_1)、(x_2 , y_2) 即可繪成一直線。

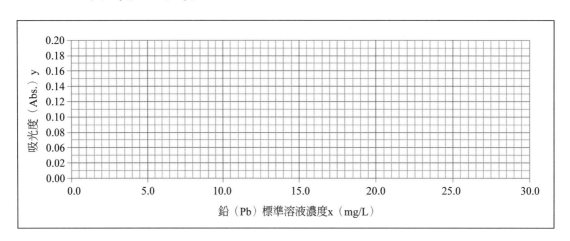

(四) 樣品待測液之分析及乾電池中鉛含量之檢測數據計算〔電池重量百分比含量或ppm（mg/g）含量〕

鉛之分析（參考 NIEA M111）：取樣品待測液或經 2：1 之鹽酸／硝酸稀釋液稀釋之消化液，以火焰式原子吸收光譜儀以波長 283.3 nm 測定樣品待測液中鉛濃度。

①	電池廠牌、種類、型號					
②	樣品編號	1	2	3	4	5
③	乾電池重量W（g）					

（續下表）

④	鉛（Pb）檢量線方程式：y＝ax＋b；R^2				
⑤	樣品待測液吸光度（Abs.）：y				
⑥	由檢量線（方程式）得到之鉛濃度x＝C（mg/L）				
⑦	乾電池樣品待測液的定容體積V（L）				
⑧	乾電池樣品待測液的稀釋倍數F				
⑨	電池中鉛含量ppm（或 μg/g） ＝C×V×F×1000／W				
⑩	電池中鉛重量百分比（%）＝ppm／10000				

八、結果處理

　　乾電池中鉛含量之檢驗數據可用電池重量百分比含量（如：0.0001%）或 ppm 含量（即待測物重／電池重，mg/g），最多以三位有效數字，最小表示至小數點以下二位方式報告之。

$$電池中鉛含量\ ppm\ (\mu g/g) = \frac{C \times V \times F \times 1000}{W}$$

　　其中
　　C ＝由檢量線得到之鉛濃度（mg/L）
　　V ＝乾電池樣品待測液的定容體積（L）
　　F ＝乾電池樣品待測液的稀釋倍數
　　W ＝乾電池重量（g）

九、品質管制

（一）檢量線：每次樣品分析前應重新製作檢量線，其線性相關係數（r 值）應大於或等於0.995。檢量線製作完成應即以第二來源標準品配製接近檢量線中點濃度之標準品確認，汞的相對誤差值應在 ±20% 以內；鎘、鉛的相對誤差值應在 ±10% 以內。

（二）檢量線查核：每批次或每 10 個樣品分析結束時，再執行一次檢量線查核，以檢量線中間濃度附近的標準溶液進行，汞的相對誤差值應在 ±20% 以內，鎘、鉛的相對誤差值應在 ±10% 以內。

（三）空白樣品分析：每批次或每 10 個樣品至再少執行一次以 2:1 之鹽酸／硝酸稀釋液製備之空白樣品分析，空白樣品分析值應小於二倍方法偵測極限。

（四）重複樣品分析：每批次或每 10 個樣品至少再執行一個同類型不同顆樣品之重複樣品分析，其相對差異百分比應在 30% 以內。

（五）查核樣品分析：每批次或每 10 個樣品至少再執行一次以 2:1 之鹽酸／硝酸混合液作為基質，製備與樣品相同前處理程序之查核樣品分析，其回收率應在80～120% 範圍內。

（六）添加樣品分析：每批次或每 10 個樣品的待測液至少再執行一個添加樣品分析，添加

分析為單個電池消化定容後，取部分待測液添加已知量重金屬，再測定其添加回收率，其添加回收率應在 75～125% 範圍內。（電池待測液原液中汞，因酸度與檢量線不同，吸收值會受到抑制，所以添加汞標準液後，上機前以 2:1 之鹽酸–硝酸稀釋液稀釋 10 倍）

十、參考資料：中華民國98年10月12日環署檢字第0980092514A號公告：NIEA R315.02B

十一、心得與討論

_____
_____
_____
_____
_____
_____
_____
_____
_____
_____
_____
_____
_____
_____
_____
_____
_____
_____
_____
_____
_____
_____
_____
_____
_____

第 24 章：事業廢棄物毒性特性溶出程序 —（1）半 / 非揮發性（無機）成分之萃取

一、相關知識

(一) 溶出毒性事業廢棄物與毒性特性溶出程序溶出標準

「有害事業廢棄物認定標準」第 4 條：有害特性認定之有害事業廢棄物種類如下：
一、……… 二、溶出毒性事業廢棄物：指事業廢棄物依使用原物料、製程及廢棄物成分特性之相關性選定分析項目，以毒性特性溶出程序（Toxicity characteristic leaching procedure，TCLP）直接判定或先經萃取處理再判定之萃出液，其成分濃度超過"附表四"之標準者。
三、……… 。

附表四：毒性特性溶出程序溶出標準

分析項目	英文名稱	溶出試驗標準（毫克／公升）
一、農藥污染物		
(一) 有機氯劑農藥	Organic Chloride pesticides	0.5
(二) 有機磷劑農藥	Organic Phosphorous pesticides	2.5
(三) 氨基甲酸鹽農藥	Carbamates pesticides	2.5
二、有機性污染物		
(一) 六氯苯	Hexachlorobenzene	0.13
(二) 2,4-二硝基甲苯	2,4-Dinitrotoluene	0.13
(三) 氯乙烯	Vinyl chloride	0.2
(四) 苯	Benzene	0.5
(五) 四氯化碳	Carbon tetrachloride	0.5
(六) 1,2-二氯乙烷	1,2-Dichloroethane	0.5
(七) 六氯-1,3-丁二烯	Hexachlorobutadiene	0.5
(八) 三氯乙烯	Trichloroethylene	0.5
(九) 1,1-二氯乙烯	1,1-Dichloroethylene	0.7
(十) 四氯乙烯	Tetrachloroethylene	0.7
(十一) 2-（2,4,5三氯酚丙酸）	2-（2,4,5-TP）（Silvex）	1.0
(十二) 2,4,6-三氯酚	2,4,6-Trichlorophenol	2.0
(十三) 硝基苯	Nitrobenzene	2.0
(十四) 六氯乙烷	Hexachloroethane	3.0
(十五) 吡啶	Pyridine	5.0
(十六) 氯仿	Chloroform	6.0
(十七) 1,4-二氯苯	1,4-Dichlorobenzene	7.5
(十八) 2,4-二氯苯氧乙酸	2,4-Dichlorphenoxyacetic Acid	10.0

（續下表）

分析項目	英文名稱	溶出試驗標準（毫克／公升）
(十九) 氯苯	Chlorobenzene	100.0
(二十) 五氯酚	Pentachlorophenol	100.0
(二十一) 總甲酚	Cresol	200.0
(二十二) 丁酮	Methyl ethyl ketone	200.0
(二十三) 2,4,5-三氯酚	2,4,5-Trichlorophenol	400.0
三、有毒重金屬		
(一) 汞及其化合物（總汞）	Mercury and Mercury compounds	0.2
(二) 鎘及其化合物（總鎘）	Cadmium and Cadmium compounds	1.0
(三) 硒及其化合物（總硒）	Selenium and Selenium compounds	1.0
(四) 六價鉻化合物	Hexavalent chromium	2.5
(五) 鉛及其他合物（總鉛）	Lead and Lead compounds	5.0
(六) 鉻及其化合物（總鉻）（不包含製造或使用動物皮革程序所產生之廢皮粉、皮屑及皮塊）	Chromium and Chromium compounds	5.0
(七) 砷及其化合物（總砷）	Arsenic and Arsenic compounds	5.0
(八) 銀及其化合物（總銀）（僅限攝影沖洗及照相製版廢液）	Silver and Silver compounds	5.0
(九) 銅及其化合物（總銅）（僅限廢觸媒、集塵灰、廢液、污泥、濾材、焚化飛灰或底渣）	Copper and Copper compounds	15.0
(十) 鋇及其化合物（總鋇）	Barium and Barium compounds	100.0

(二) 毒性特性溶出程序溶出標準中之非揮發性（無機）成分、半揮發性成分及揮發性（有機）成分

　　「毒性特性溶出程序溶出標準（附表四）」於「毒性特性溶出程序（TCLP）」操作時有所謂「非揮發性（無機）成分」、「半揮發性成分」及「揮發性（有機）成分」，說明如下：

1. 非揮發性（無機）成分：附表四之有毒重金屬，包括：汞及其化合物（總汞）、鎘及其化合物（總鎘）、硒及其化合物（總硒）、六價鉻化合物、鉛及其他合物（總鉛）、鉻及其化合物（總鉻）、砷及其化合物（總砷）、銀及其化合物（總銀）、銅及其化合物（總銅）、鋇及其化合物（總鋇）。

2. 半揮發性成分（半揮發性有機物，Semi-Volatile Organic Compounds，SVOCs）：附表四之農藥污染物〔有機氯劑農藥（Organic Chloride pesticides）、有機磷劑農藥（Organic Phosphorous pesticides）、氨基甲酸鹽農藥（Carbamates pesticides）〕及有機性污染物中之六氯苯（Hexachlorobenzene）、2,4- 二硝基甲苯（2,4-Dinitrotoluene）、2-（2,4,5 三氯酚丙酸）〔2-（2,4,5-TP）（Silvex）〕、2,4,6- 三氯酚（2,4,6-Trichlorophenol）、硝基苯（Nitrobenzene）、吡啶（Pyridine）、2,4- 二氯苯氧乙酸（2,4-Dichlorphenoxyacetic Acid）、五氯酚（Pentachlorophenol）、總甲酚（Cresol）、2,4,5- 三氯酚（2,4,5-Trichlorophenol）。

3. 揮發性（有機）成分（Volatile Organic Compounds，VOCs）：附表四有機性污染物中之氯乙烯（Vinyl chloride）、苯（Benzene）、四氯化碳（Carbon tetrachloride）、1,2- 二氯乙烷（1,2-Dichloroethane）、六氯 -1,3- 丁二烯（Hexachlorobutadiene）、三氯乙烯（Trichloroethylene）、1,1- 二氯乙烯（1,1-Dichloroethylene）、四氯乙烯（Tetrachloroethylene）、六氯乙烷（Hexachloroethane）、氯仿（Chloroform）、1,4- 二氯苯（1,4-Dichlorobenzene）、氯苯（Chlorobenzene）、丁酮（甲基乙基酮，Methyl ethyl ketone）。

　　於「毒性特性溶出程序（TCLP）」進行溶出試驗操作時，有關「非揮發性（無機）成分」及「半揮發性成分」之萃取及過濾，係分別使用「瓶式萃取容器（Bottle Extraction Vessel）」及「（高壓）過濾器」操作；有關「揮發性（有機）成分」之萃取及過濾，係使用「零空間萃取容器（Zero-Headspace Extraction Vessel，ZHE，參見第 25 章之圖 2）」操作，於零空間萃取容器中可將固、液相有效分離並排除剩餘空間，不需打開此裝置即可進行廢棄物的初步固、液相分離及萃取後之萃取液過濾。

【註 A：「揮發性有機物（VOCs）」於學理上並無明確之定義。惟基於管制需要，美國環保署有關揮發性有機物的定義為：20℃、1 atm 時，蒸氣壓大於 0.1 mmHg 以上或沸點低於 150℃的有機物，但不包括甲烷、一氧化碳、二氧化碳、碳酸、碳化物、碳酸鹽、碳酸銨等化合物。歐盟環保指令（Council Directive 2004/42/EC）的定義為：於 101.325 kPa 標準氣壓時，具有低於或等於 250℃之初始沸點之有機化合物。依我國環保署「揮發性有機物空氣污染管制及排放標準」定義「揮發性有機物」為：指在 1 大氣壓下，測量所得初始沸點在 250℃以下有機化合物之空氣污染物總稱。但不包括甲烷、一氧化碳、二氧化碳、二硫化碳、碳酸、碳酸鹽、碳酸銨、氰化物或硫氰化物等化合物。「半揮發性有機物（SVOCs）」：一般指在 20℃、760 mm Hg 時，其蒸氣壓介於 0.0000001～0.1 mm Hg 之有機化合物。但我國環保署尚未定義半揮發性有機物。】

(三) 毒性特性溶出程序－方法概要

1. 「毒性特性溶出程序」係為配合「有害事業廢棄物認定標準」附表四之毒性特性溶出程序溶出標準所訂程序，若事業廢棄物經總量分析顯示其中不含待測物或待測物之濃度低於溶出標準【註 B：液相廢棄物總量分析值（mg/kg）逕與溶出標準值（mg/L）比較；固相廢棄物部分則與溶出標準之 20 倍比較。低於此標準之廢棄物樣品經過溶出程序所得萃出液亦將低於溶出標準。】，則不必操作本溶出程序；操作步驟中任一部分萃出液任一待測物之濃度高於此標準，或以瓶式萃取所得之任一揮發性成分濃度高於此標準時，則不須繼續進行其他萃取步驟或萃出液分析。

2. 乾固體含量小於 0.5% 之液體廢棄物，經由 0.6～0.8 μm 之玻璃纖維濾紙過濾所得之濾液，即視為 TCLP 之萃出液，俟分析後得待測物之濃度。

3. 含液相之廢棄物，其乾固體含量大於或等於 0.5% 時，將廢棄物過濾分離後，得含液相廢

棄物之濾液，保存待分析；固相則視需要將顆粒減小後，以 20 倍重的萃取液萃取；萃取液之選擇依廢棄物固相酸鹼性而定，測試揮發性待測物時，須使用特殊的萃取容器（零空間萃取容器）。萃取後以 0.6～0.8 μm 之玻璃纖維濾紙過濾，濾液視為 TCLP 之萃出液。

4. 固相廢棄物經萃取所得之萃出液與液相濾液若無任一待測物濃度超過溶出標準時，則個別分析後，將結果以體積權重計算平均濃度，得待測物之濃度。

例1：製備銅儲備溶液

溶解0.100 g銅金屬（分析試劑級）於2 mL濃硝酸，加入10 mL濃硝酸，以試劑水稀釋至1000 mL。則其銅濃度為？（mg/L）？（mg/mL）？（μg/L）？（μg/mL）

解：銅濃度＝[（0.100×103）/（1000/1000）] mg/L＝100 mg/L＝100 mg/1000mL＝0.1 mg/mL＝100×103 μg/L＝100000 μg/1000mL＝100 μg/mL（即溶液中1.00 mL＝0.1 mg銅＝100 μg銅）

例2：銅標準溶液製備

如何以銅儲備溶液（0.1 mg銅/1.00 mL）配製濃度為：1.0、2.0、5.0、10.0、15.0、25.0 mg/L之銅標準溶液？

解：以100 mL定量瓶配製

銅儲備溶液1.00 mL＝0.1 mg銅【即：0.1 mg Cu/mL】						
1	100 mL定量瓶編號	1	2	3	4	5	6
2	加入銅儲備溶液體積V（mL）	1.0	2.0	5.0	10.0	15.0	25.0
3	銅含量（mg）	0.1	0.2	0.5	1.0	1.5	2.5
4	稀釋	6支100 mL定量瓶，分別以試劑水稀釋至100 mL					
5	銅標準溶液濃度（mg/L）	1.0	2.0	5.0	10.0	15.0	25.0

【註C】銅標準溶液濃度（mg/L）之計算例：
定量瓶編號3銅標準溶液濃度＝（5.0×0.1）/（100/1000）＝5.0（mg/L）

例3：銅檢量線製備

配製銅標準溶液濃度為：1.0、2.0、5.0、10.0、15.0、25.0 mg/L，分別測其吸光度（Cu中空陰極燈管，波長324.7nm），結果如下表：

銅（Cu）濃度：x（mg/L）	1.0	2.0	5.0	10.0	15.0	25.0
吸光度（Abs.）：y	0.034	0.058	0.143	0.263	0.394	0.649

以銅標準溶液濃度（mg/L）為X軸，吸光度為Y軸，繪製銅（Cu）檢量線圖，求迴歸線方程式：y＝ax＋b 及R^2？

解：利用Microsoft Excel求得，檢量線方程式：y＝0.0256x＋0.0094，（R^2＝0.9998）。如下圖：

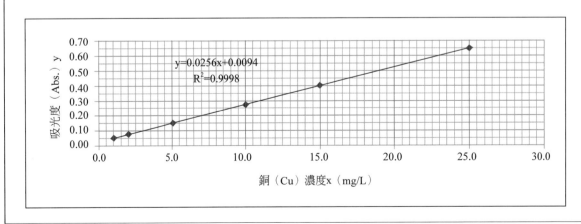

例4：廢棄物樣品為「液體」或「不含顯著量固體〔（乾）固體含量百分比＜0.5%〕」—非揮發性（無機）成分之萃取例—銅及其化合物（總銅）

【註E：銅及其化合物（總銅）溶出試驗標準：15.0 mg/L。僅限廢觸媒、集塵灰、廢液、污泥、濾材、焚化飛灰或底渣。】

某廢液樣品經TCLP初步評估之固體含量測定為：0.36%〔（乾）固體含量百分比＜0.5%，為液體或不含顯著量固體〕。秤取100.00 g之樣品，將固液相分離，棄置固相，其濾液即定義為TCLP萃出液。秤量濾液（液相）之重為99.64 g，測其pH為3.85；若此濾液經分析「銅」濃度，吸光度為0.578，試判別此廢液之有害性？

解：代入檢量線方程式：$y＝0.0256x＋0.0094$

$0.578＝0.0256x＋0.0094$

$x＝22.2$（mg Cu/L）〔即濾液（液相）中銅濃度〕＞〔銅及其化合物（總銅）溶出試驗標準：15.0 mg/L〕

此濾液（液相）中銅濃度超過溶出試驗標準，則此廢棄物屬有害性。

故判定此廢液樣品是為「有害特性認定之有害事業廢棄物—溶出毒性事業廢棄物」。

【註F：若待測物（銅）濃度已超過溶出試驗標準，則可認定該廢棄物屬有害性；但反之，並不能認定其為無害。】

例5：廢棄物樣品為「固體（無液相）」—非揮發性（無機）成分之萃取例—銅及其化合物（總銅）

【註G：銅及其化合物（總銅）溶出試驗標準：15.0 mg/L；僅限廢觸媒、集塵灰、廢液、污泥、濾材、焚化飛灰或底渣。】

某集塵灰樣品經TCLP初步評估之固體含量測定為：固體（即在壓力過濾下，明顯無濾液流出：無液相）。秤取100.00 g之樣品，並經減小固體顆粒粒徑，試計算

(1) 計算萃取液之用量為？（g）

解：萃取液之用量＝〔20×固體含量百分比（%）×樣品重量〕（g）

萃取液之用量＝〔20×100%×100.00〕＝2000.00（g）

(2) 將固體顆粒、萃取液置入萃取容器中，於旋轉裝置進行萃取（30 rpm、18小時、室溫23℃），萃取完成後，使用新的玻璃纖維濾紙過濾（依固體含量測定步驟），分離固相及液相，並收集濾液（液相），即為萃出液，萃出液經分析「銅」濃度，吸光為0.578；試判別此廢液之有害性？

解：代入檢量線方程式：$y＝0.0256x＋0.0094$

$0.578＝0.0256x＋0.0094$

$x＝22.2$（mg Cu/L）〔即濾液（萃出液）中銅濃度〕＞〔銅及其化合物（總銅）溶出試驗標準：15.0mg/L〕

此濾液（萃出液）中銅濃度超過溶出試驗標準，則此廢棄物屬有害性。

故判定此集塵灰樣品是為「有害特性認定之有害事業廢棄物—溶出毒性事業廢棄物」。

【註H：若待測物（銅）濃度已超過溶出試驗標準，則可認定該廢棄物屬有害性；但反之，並不能認定其為無害。】

例6：廢棄物樣品為「固液相共存〔多層固液相，（乾）固體含量＞0.5%〕」—非揮發性（無機）成分之萃取例—銅及其化合物（總銅）

【註I：銅及其化合物（總銅）溶出試驗標準：15.0mg/L；僅限廢觸媒、集塵灰、廢液、污泥、濾材、焚化飛灰或底渣。】

某含水溶液及固體共存之污泥廢棄物樣品，經TCLP初步評估之固體含量測定得：固體含量＝60.68%。秤取100.00 g之樣品（並經減小固體顆粒），依固體含量測定步驟，將固液相分離，得滯留濾紙上之物質（固相）為60.68 g，濾液為39.32 g（體積為39.10 cc）；濾液另經分析「銅」濃度，得吸光度為0.245。

(1) 將樣品之固相（固體顆粒）與濾紙一併置入萃取容器中，計算萃取液之用量為？（g）

解：萃取液之用量＝〔20×固體含量百分比（%）×樣品重量〕（g）

萃取液之用量＝〔20×60.68%×100.00〕＝1213.6（g）

【註J：假設萃取液之比重為1.00，則體積為1213.6cc。】

(2) 濾液之「銅」濃度為？（mg/L）是否超過「銅及其化合物（總銅）溶出試驗標準：15.0 mg/L」？

解：濾液經分析「銅」濃度，吸光度為0.245；

代入檢量線方程式：y＝0.0256x＋0.0094

0.245＝0.0256x1＋0.0094

x1＝9.2（mg Cu/L）＝C1〔即濾液中銅濃度〕＜〔銅及其化合物（總銅）溶出試驗標準：15.0 mg/L〕

即：濾液之「銅」濃度未超過「銅及其化合物（總銅）溶出試驗標準：15.0 mg/L」。

(3) 將固體顆粒、萃取液置入萃取容器中，於旋轉裝置進行萃取（30 rpm、18小時、室溫23℃），萃取完成後，使用新的玻璃纖維濾紙過濾，分離固相及液相，並收集濾液（液相），即為萃出液，萃出液經分析「銅」濃度，得吸光度為0.348，

萃出液之「銅」濃度為？（mg/L）是否超過「銅及其化合物（總銅）溶出試驗標準：15.0 mg/L」？

解：（固相）萃出液經分析「銅」濃度，吸光度為0.348

代入檢量線方程式：y＝0.0256x＋0.0094

0.348＝0.0256x2＋0.0094

x2＝13.2（mg Cu/L）＝C2〔即（固相）萃出液中銅濃度〕＜〔銅及其化合物（總銅）溶出試驗標準：15.0 mg/L〕

即：（固相）萃出液之銅濃度未超過「銅及其化合物（總銅）溶出試驗標準：15.0 mg/L」。

（4）此污泥廢棄物樣品溶出試驗之銅濃度檢驗值為？（mg/L）

解：最終待測物（銅）濃度＝〔（C1×V1）＋（C2×V2）〕／（V1＋V2）（mg/L）

污泥廢棄物樣品溶出試驗之銅濃度檢驗值＝〔（9.2×39.10/1000）＋（13.2×1213.6/1000）〕／〔（39.10＋1213.6）/1000〕≒13.1（mg/L）

即：污泥廢棄物樣品溶出試驗之銅濃度檢驗值＝13.1（mg/L）＜〔銅及其化合物（總銅）溶出試驗標準：15.0 mg/L〕

此污泥廢棄物樣品中銅濃度檢驗值未超過溶出試驗標準，但尚無法判定此廢棄物是否屬有害性？

【註K：若待測物濃度已超過溶出試驗標準，則可認定該廢棄物屬有害性；但反之，並不能認定其為無害。】

例7：大利松（Diazinon，$C_{12}H_{21}N_2O_3PS$）檢量線製備〔半揮發性成分〕

大利松（Diazinon，$C_{12}H_{21}N_2O_3PS$）為有機磷劑農藥之一種，為半揮發性之物質。〔外觀：澄清無色油狀（工業級95%：黃色油狀）、沸點：83-84℃（0.0002 mmHg）；125℃（1 mmHg）、蒸氣壓：0.12 mPa（25℃）、密度：1.11（20℃）、溶解度：在20℃水中溶解度為60 mg/L，易溶於大多數有機溶劑中，例如：乙醚，乙醇，丙酮，苯，甲苯，正己烷，環己烷，二氯甲烷及石油。〕經氣相層析儀-火焰離子化偵測器（GC-FID）測得之大利松標準溶液濃度（mg/L）與面積（area）關係如下表

大利松濃度（mg/L）	0.7825	1.5625	3.125	6.25	12.5	25.0	50.0
面積（area）	2613	5178	11114	22987	44116	96973	202209

以大利松標準溶液濃度（mg/L）為X軸，面積（area）為Y軸，繪製大利松檢量線圖，求迴歸線方程式：y＝ax＋b及R^2？

解：利用Microsoft Excel求得，檢量線方程式：y＝4056x－2464，（R^2＝0.999）。如下圖：

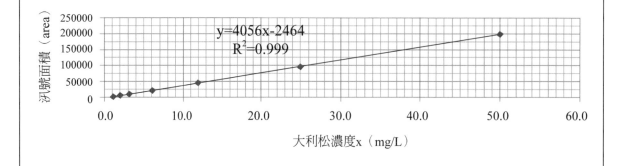

例8：廢棄物樣品為「液體」或「不含顯著量固體〔（乾）固體含量百分比＜0.5%〕」－半揮發性成分之萃取例－大利松（有機磷劑農藥）

【註L：有機磷劑農藥溶出試驗標準：2.5 mg/L。】

某廢液樣品經TCLP初步評估之固體含量測定為：0.36%〔（乾）固體含量百分比＜0.5%，為液體或不含顯著量固體〕。秤取100.00 g之樣品，將固液相分離，棄置固相，其濾液即定義為TCLP萃出液。秤量濾液（液相）之重為99.64 g，測其pH為6.85；若此濾液經分析「大利松」濃度，得面積為7385，試判別此廢液之有害性？【註M：假設廢液中含有機磷劑農藥僅有大利松。】

解：代入檢量線方程式：$y = 4056x - 2464$

$7385 = 4056x - 2464$

$x = 2.43$（mg/L）〔即濾液（液相）中大利松濃度〕＜〔有機磷劑農藥溶出試驗標準：2.5 mg/L〕

濾液（液相）中大利松濃度未超過溶出試驗標準，但尚無法判定此廢棄物是否屬有害性？

【註N：若待測物（大利松）濃度已超過溶出試驗標準，則可認定該廢棄物屬有害性；但反之，並不能認定其為無害。】

例9：廢棄物樣品為「固液相共存〔多層固液相，（乾）固體含量＞0.5%〕」－半揮發性成分之萃取例－大利松（有機磷劑農藥）

【註O：有機磷劑農藥溶出試驗標準：2.5 mg/L。】

某含水溶液及固體共存之污泥廢棄物樣品，經TCLP初步評估之固體含量測定得：固體含量＝60.68%。秤取100.00 g之樣品（並經減小固體顆粒），依固體含量測定步驟，將固液相分離，得滯留濾紙上之物質（固相）為60.68 g，濾液為39.32 g（體積為39.10 cc）；濾液另經分析「大利松」濃度，得面積為5286。

【註P：假設廢液中含有機磷劑農藥僅有大利松。】

(1) 將樣品之固相（固體顆粒）與濾紙一併置入萃取容器中，計算萃取液之用量為？（g）

解：萃取液之用量＝〔20×固體含量百分比（%）×樣品重量〕（g）

萃取液之用量＝〔20×60.68%×100.00〕＝1213.6（g）

【註Q：假設萃取液之比重為1.00，則體積為1213.6 cc。】

(2) 濾液之「大利松」濃度為？（mg/L）是否超過「有機磷劑農藥溶出試驗標準：2.5 mg/L」？

解：濾液經分析「大利松」濃度，得面積為5286；

代入檢量線方程式：$y = 4056x_1 - 2464$

$5286 = 4056x_1 - 2464$

$x_1 = 1.91$（mg/L）$= C_1$〔即濾液中大利松濃度〕＜〔有機磷劑農藥溶出試驗標準：2.5 mg/L〕

即：濾液之「大利松」濃度未超過「有機磷劑農藥溶出試驗標準：2.5 mg/L」。

（3）將固體顆粒、萃取液置入萃取容器中，於旋轉裝置進行萃取（30 rpm、18小時、室溫23℃），萃取完成後，使用新的玻璃纖維濾紙過濾，分離固相及液相，並收集濾液（液相），即為萃出液，萃出液經分析「大利松」濃度，得面積為782，

萃出液之「大利松」濃度為？（mg/L）是否超過「有機磷劑農藥溶出試驗標準：2.5 mg/L」？

解：（固相）萃出液經分析「大利松」濃度，面積為782；

代入檢量線方程式：$y = 4056x_2 - 2464$

$782 = 4056x_2 - 2464$

$x_2 = 0.80$（mg/L）$= C_2$〔即（固相）萃出液中大利松濃度〕＜〔有機磷劑農藥溶出試驗標準：2.5 mg/L〕

即：（固相）萃出液之大利松濃度未超過「有機磷劑農藥溶出試驗標準：2.5 mg/L」。

（4）此污泥廢棄物樣品溶出試驗之大利松濃度檢驗值為？（mg/L）

解：最終待測物（大利松）濃度＝〔$(C_1 \times V_1) + (C_2 \times V_2)$〕/$(V_1 + V_2)$（mg/L）

污泥廢棄物樣品溶出試驗之大利松濃度檢驗值＝〔（1.91×39.10/1000）＋（0.80×1213.6/1000）〕/〔（39.10＋1213.6）/1000〕≒0.83（mg/L）

即：污泥廢棄物樣品溶出試驗之大利松濃度檢驗值＝0.83（mg/L）＜〔有機磷劑農藥溶出試驗標準：2.5 mg/L〕

此污泥廢棄物樣品中大利松濃度檢驗值未超過溶出試驗標準，但尚無法判定此廢棄物是否屬有害性？

【註R：若待測物濃度已超過溶出試驗標準，則可認定該廢棄物屬有害性；但反之，並不能認定其為無害。】

【註 S】有機磷劑農藥種類繁多，表 A. 為有機磷劑農藥種類之一例

表 A：有機磷劑農藥種類之一例

有機磷劑農藥	殺蟲劑	一品松（EPN）、二氯松（DDVP）（Dichlorvos）、二硫松（Disulfoton）（Thiodemeton）、三氯松（Dipterex）（Clorofos）（Trichlorfon）、大利松（大利農）（Diazinon）、大滅松（Dimethoate）、大福松（Fonofos）、三落松（Triazophos）、乃力松（Naled）、巴拉松（Parathion）、巴賽松（Phoxim）、巴馬松（PM）（25% parathion, 5% Malathion）、甲基巴拉松（Methylparathion）、甲基滅賜松（Demephion）、必芬松（Pyridaphenthion）、必士松（IPSP）、必滅松（Primiphosethyl）、加福松（Isoxathion）、加芬松（Carbophenothion）、加護松（Propaphos）、托福松（Terbufos）、吉福松（Fosthietan）、谷速松（固殺松）（Azinphos-methyl）（Metiltriazotion）、克硫松（Chlorthiophos）、佈飛松（Profenofos）、芬化利（Fenvalerate）、芬殺松（Fenthion）、阿發松（Iodofenphos）、馬拉松（Malathion）、美納松（Menazon）、美文松（富賜靈）（Mevinphos）、美福松（Mephosfolan）、亞素靈（Monocrotophos）、亞培松（Temephos）、拜裕松（Quinalphos）、施力松（Cyanofenphos）、亞特松（Primiphos methyl）、飛達松（Heptenophos）、益滅松（PMP）、殺力松（Salithion）、繁米松（Vamidothion）、繁福松（Fensulfothion）、獲賜松（Isothioate）、雙特松（Dicrotophos）
	殺蟎劑	大克松（Dioxathion）、得脫滿（鐵地旺）Tedion（四達峰）Tetradifon、安滅松（DAEP）、飛克松（Prothoate）、氯滿靈（Yanohos）、愛殺松（Ethion）
	殺菌劑	可力松（Conen）、丙基喜樂松（IBP）、白粉松（Pyrazophs）、喜樂松（EBP）、普得松（Ditalimfos）、福賽松（Aliette）、護粒松（Edifenphos）
	混合劑	甲品松（EPN-MP）（25% 一品松, 5% 甲基巴拉松）、益芬松（Imitrion）（25% 益滅松, 5% 加芬松）、撲滅松（5% 芬化松, 25% 撲芬松）、雙特氯松（25% 雙特松, 25% 三氯松）

資料來源：http://www.acls.tw/%E6%9C%89%E6%A9%9F%E7%A3%B7%E5%8A%91%E9%A1%9E

二、適用範圍

　　本溶出試驗方法係用於測試固相、液相或多層相之廢棄物中有機、無機待測物之移動性（Mobility）。

三、干擾

　　略。

四、設備

(一) 旋轉裝置：如圖 1，此裝置必須能以每分鐘 30±2 次之旋轉頻率上下翻轉萃取容器。

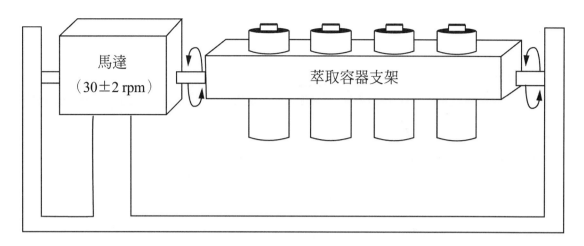

圖1：旋轉裝置

(二) 萃取容器

　　瓶式萃取容器（Bottle Extraction Vessel）：欲測試廢棄物中非揮發性成分時，需使用足以容納樣品及萃取液之瓶罐。依待測物與廢棄物性質選用萃取瓶材質。玻璃或鐵氟龍（PTFE）等之製品皆可用於無機成分之溶出試驗。高密度聚乙烯、聚丙烯或聚氯乙烯之製品僅可用於金屬成分之溶出試驗；若使用玻璃製品，則建議使用硼矽玻璃。

(三) 過濾裝置（過濾宜在煙櫥中進行）

1. 過濾器：測試非揮發性成分時，不論簡單真空單元或複雜的系統，需使用能支撐玻璃纖維濾紙且能承受過濾所需壓力（達 50psi 或以上）之過濾器。過濾器的型式依待過濾物性質而定。過濾器之內容積至少為 300 mL，最小能放置直徑 47 mm 之濾紙（使用內容積為 1.5 L 以上者，建議使用直徑 142 mm 之濾紙）。真空過濾單元只能用於固體含量少於 10% 之顆粒狀廢棄物，否則應使用正壓過濾單元。適合使用之過濾器如表 1。

表1：適合使用之過濾器

公 司	型 號（尺寸）
Nucleopore Corporation	425910（142mm）、410400（47mm）
Micro Filtration Systems	302400（142mm）、311400（47mm）
Millipore Corp.	YT30142HW（142mm）、XX1004700（47mm）

註1：任何符合本方法中對過濾器規範的規格者，只要其與廢棄物及待分析的成分之化學性可相容者皆可適用。若只分析無機待測物，可使用塑膠裝置（未列在表中）。建議使用 142 mm 過濾器。

2. 過濾裝置之材質應為惰性且不溶出或吸附待測物。玻璃、鐵氟龍（PTFE）或 #316 不銹鋼等之製品皆可用於無機成分之溶出試驗。高密度聚乙烯、聚丙烯或聚氯乙烯之製品僅可用於金屬成分之溶出試驗；若使用玻璃製品，則以硼矽玻璃較佳。

(四) 濾紙

　　應使用硼矽玻璃纖維製且不含粘合劑之濾紙，其有效孔徑在 0.6～0.8 μm 之間。不可使用前置濾紙（Prefilter）。當進行金屬成分之溶出試驗時，應先用 1N 硝酸淋洗，再以試劑水淋洗三次（每次淋洗至少應使用 1 L 之試劑水）。玻璃纖維濾紙易碎，應小心使用。適合使

用之濾紙如表 2。

表 2：適合使用之濾紙

公　司	型　號	孔徑（μm）
Millipore Corporation	AP40	0.7
Nucleopore Corporation	211625	0.7
Whatman Laboratory Products, Inc.	GFF	0.7
Micro Filtration Systems	GF75	0.7
Gelman Science	66256（90 mm）、66257（142 mm）	0.7

（五）pH 計：具有自動溫度或手動溫度補償功能，可讀至 0.01。

（六）天平：可精秤至 0.01 g 者。

（七）烘箱：能控制溫度在 100±20℃者。

（八）燒杯或錐形瓶：玻璃製，500 mL。

（九）錶玻璃：具適當直徑可蓋住燒杯或錐形瓶。

（十）磁攪拌器。

（十一）粉碎機：使用適當之粉碎機，可將樣品減積至本方法之需求者。

五、試劑

(一) 試劑水

1. 一般試劑水：適用於重金屬及一般檢測分析。通常將自來水先經過初濾及去離子樹脂處理，再經全套玻璃蒸餾器處理或逆滲透膜處理，以避免蒸餾器或滲透膜污染。一般試劑水規格如表 3。

表 3：一般試劑水規格

一般試劑水規格（資料來源 ASTM D1193 Type II）	
導電度：最大值1.0 μS/cm at 25℃	比電阻：最小值1.0 MΩ.cm at 25℃
pH值：未規範	TOC：最大值50 μg/L
鈉（Na）：最大值5 μg/L	氯離子：最大值5 μg/L
總矽鹽：最大值3 μg/L	

(二) 所有測試中所用的藥品純度必須至少為分析級試藥。

1. 硝酸（HNO_3）溶液，1 N：將 64 mL 濃硝酸緩慢加入約 800 mL 試劑水中，定容至 1 L。

2. 氫氧化鈉（NaOH）溶液，1 N：溶解 40g 氫氧化鈉於適量試劑水中，再定容至 1 L。

3. 鹽酸（HCl）溶液，1.0 N：將 83 mL 濃鹽酸緩慢加入約 800 mL 試劑水中，定容至 1 L。

4. 冰醋酸（CH$_3$COOH）：分析級試藥。

5. 濃硝酸：分析級試藥。

(三) 萃取液

1. 萃取液 A：在 1 L 量瓶中，將 5.7 mL 冰醋酸加入 500 mL 試劑水中，再加入 64.3 mL 1 N 氫氧化鈉溶液，稀釋至刻度。此溶液之 pH 為 4.93±0.05，使用前檢查 pH 值。

2. 萃取液 B：在 1 L 量瓶中，將 5.7 mL 冰醋酸加入試劑水中，稀釋至刻度。此溶液之 pH 為 2.88±0.05，使用前檢查 pH 值。

3. 應經常檢查萃取液是否有不純物造成干擾，若發現有不純物或 pH 不符上述規範，則應重新配製。

六、採樣與保存

（一）廢棄物之採集應依據「事業廢棄物採樣方法 NIEA R118」，採集之樣品重量應足以進行初步評估、萃取或品質管制所需的重複測試、添加測試。

（二）勿添加保存劑於樣品。

（三）若冷藏不致引起樣品不可逆的物理變化，樣品應冷藏之。若產生沈澱，則整個樣品（包括沈澱）須一併萃取。

（四）欲測定樣品中之重金屬時，需先以少量萃出液加硝酸測試是否沈澱，除非會產生沈澱（若產生沈澱，則其餘萃出液不應酸化，應儘速分析。），否則進行重金屬分析之萃出液須以硝酸酸化至 pH<2；其他待測物的保存詳其分析方法之規定。

（五）操作 TCLP 的樣品須遵循表 4 之保存時間：

表 4：操作 TCLP 的樣品之保存時間

項　目	樣品最長保存時間（天）			
	自採樣到 TCLP萃取	自TCLP萃取 到製備萃取	自製備萃取 到上機分析	總保存時間
半揮發性成分	14	7	40	61
汞	28	（不適用）	28	56
其他重金屬	180	（不適用）	180	360
註 2：製備萃取係指檢測半揮發性成分時，萃出液之有機溶劑萃取時程。				

七、步驟、結果記錄及計算處理

操作流程如圖 2。

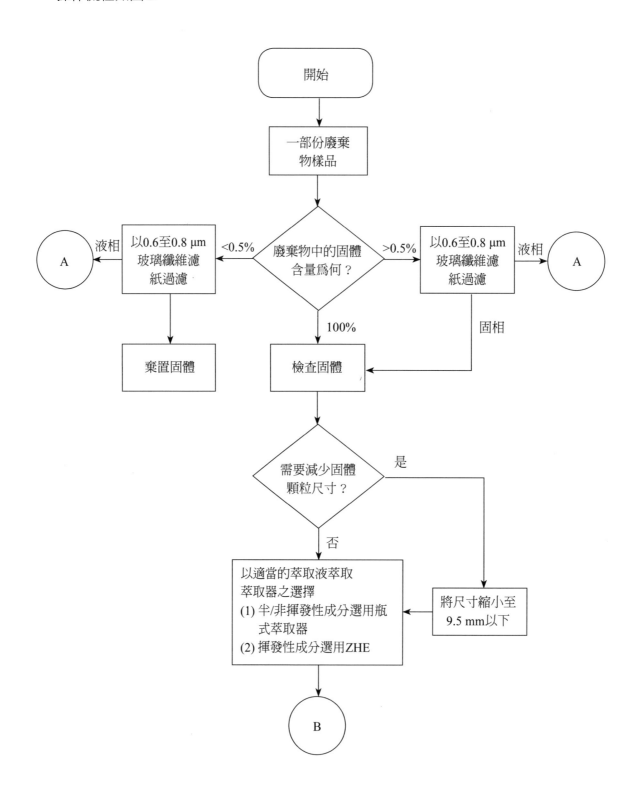

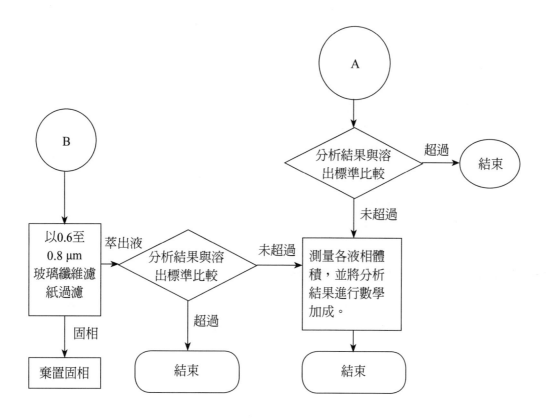

註3：若未能於萃取完儘速分析，則需於4±2℃下貯存。

圖2：TCLP 流程圖

(一) 初步評估

1. 固體含量測定：固體含量之定義爲施加壓力亦無法滴出液體之固體，其佔總廢棄物量之百分比。

(1) 若廢棄物爲固體或加壓力過濾，顯然無法產生液體時，逕行依 (一)3. 決定廢棄物是否需要減小顆粒大小。

(2) 若樣品爲液體或多層固液相，則需使用過濾裝置〔四、設備 (三) 過濾器〕，依下述將固液相分離。

(3) 秤取濾紙及濾液收集容器之重量，記錄之。

(4) 依照過濾器製造商之說明，組裝過濾器及濾紙。

(5) 秤取至少 100 g 之樣品，並記錄重量。

(6) 靜置使泥狀物的固相沈降（亦可使用離心泵浦協助固液分離，傾倒離心液，固體部分則置入過濾裝置，進行過濾）。

(7) 若廢棄物於過濾中，在 4℃下之液體濾出量少於室溫時，則須回復至室溫後才過濾。將廢棄物樣品平鋪於過濾器濾紙表面（若廢棄物殘留在原稱重容器內之量大於1%，則應秤取殘留物之重量，並於樣品記錄重量中扣除之）。緩慢施以眞空或輕微

加壓（1～10 psi），直至空氣或加壓氣體通過濾紙。若在 10 psi 下仍未達上述情況，或在連續二分鐘內無濾液通過，則以每 10psi 之間隔緩慢加壓（每增加壓力 10psi 時，若加壓氣體無法通過濾紙或在連續二分鐘內無濾液通過，則繼續增加壓力直至 50psi），繼續過濾直至加壓氣體通過濾紙或壓力達 50psi，而在連續二分鐘內無濾液流出，即停止過濾。【註 4：瞬間施以高壓，可能導致玻璃纖維濾紙破裂及提早阻塞。】

(8) 殘留在濾紙上之物質即定義爲廢棄物之固相，濾液則定義爲廢棄物之液相【註 5：某些油類或漆類物質之廢棄物，明顯含有似液體的物質，但即使施以壓力，亦無法過濾，此類物質亦定義爲固相，並進行固體的 TCLP 萃取。】。液相重爲濾瓶總重減去容器重，固相重爲樣品重減去液相重，記錄液相重及固相重。

固體含量百分比依下式計算：

固體含量百分比＝（固相重量／廢棄物總重量）×100%

固體含量（百分比）測定	結果記錄與計算
① 廢棄物樣品名稱（種類）	
② （乾）濾紙重量（g）	
③ 濾液收集容器（濾瓶）之重量（g）	
④ 玻璃燒杯重量（g）【盛裝廢棄物樣品用】	
⑤ （玻璃燒杯＋廢棄物樣品）總重（g）【秤取至少100 g之廢棄物樣品】	
⑥ 廢棄物樣品重量（g）【秤取至少100 g之廢棄物樣品】	
⑦ （濾液＋濾瓶）總重（g）	
⑧ 液相重＝〔（濾液＋濾瓶）總重－濾瓶重〕（g）	
⑨ 固相重＝（廢棄物樣品重－液相重）（g）【註6：殘留在濾紙上之物質即定義爲廢棄物之固相】	
⑩ 固體含量百分比（%）＝（固相重／廢棄物樣品重）×100%	

2. 決定廢棄物是否爲液體或不含顯著量固體

若固體含量大於或等於 0.5%，則逕行依（一）3.決定廢棄物是否需要減小顆粒步驟處理。若固體含量小於 0.5%，則逕行將濾液視同爲萃出液作處理。

決定廢棄物是否為液體或不含顯著量固體【固體含量百分比＝　　　%】	
① 固體含量百分比≧0.5%	□逕行依(一)3.決定廢棄物是否需要減小顆粒步驟處理
② 固體含量百分比＜0.5%	□逕行將濾液視同爲萃出液作處理

若預知濾液因受濾紙吸收而足以影響固體含量判斷，則依下述步驟進行。

(1) 將固體含量測定之濾紙及其上之固相置於 100±20℃之烘箱至恆重【註 7：須注意加熱過程若有閃火危險，建議烘箱排氣應引導至煙櫥或適當裝置中。】（連續二次秤重之差異小於 1%），記錄之。依下式計算乾固體含量：

$$乾固體含量百分比 = \left[\frac{經乾燥後之固體及濾紙重量 － 濾紙重量}{廢棄物總重量} \right] \times 100\%$$

(2) 若乾固體含量小於 0.5%，經過濾後得之濾液視爲萃出液逕行移作待測成分之測試。若乾固體含量大於或等於 0.5%，並欲測試非揮發性成分，則另取一份具代表性樣品，依（一）1. 過濾得到固相再決定是否需減小固體顆粒，並執行萃取液之選擇以供進行萃取。

（預知濾液因受濾紙吸收而足以影響固體含量判斷）			
決定廢棄物是否為液體或不含顯著量固體【乾固體含量百分比＝　　　%】			
①	（乾）濾紙重量（g）【與固體含量（百分比）測定相同】		
②	廢棄物樣品重量（g）【與固體含量（百分比）測定相同】		
③	（濾紙＋固相）於100℃烘箱（乾燥）至恆重（g）【連續二次秤重之差異小於1%】	第1次秤重（g）	：
		第2次秤重（g）	：
		第3次秤重（g）	：
		第4次秤重（g）	：
④	經乾燥後之（固體＋濾紙）重量（g）		
⑤	乾固體含量百分比＝〔（經乾燥後之固體及濾紙重量－濾紙重量）／廢棄物樣品重〕×100%		
⑥	若：乾固體含量百分比<0.5%	□經過濾後得之濾液視爲萃出液，逕行移作待測成分之測試。	
⑦	若：乾固體含量百分比≧0.5%	□另取一份具代表性樣品，依(一)1.過濾得到固相再決定是否需減小固體顆粒。□並執行萃取液之選擇以供進行萃取。	

3. 決定廢棄物是否需要減小顆粒大小

若固體每克之表面積大於或等於 3.1 cm^2 或可通過 9.5 mm 之標準篩網，則不需要減小顆粒，逕行至萃取液選擇步驟；否則應先壓碎、切割或磨細（必要時可使用粉碎機），使其能通過 9.5 mm 之標準篩網。【註 8：表面積之定義係適用於纖維性物質（如紙張、衣物等），此處不建議作表面積之測定。】

4. 決定適當之萃取液

(1) 若乾固體含量大於或等於 0.5%，且欲測試非揮發性成分，則依下述步驟決定萃取液。

(2) 將樣品顆粒減小至直徑小於 1 mm（必要時可使用粉碎機），秤取固體 5.0 g，置於 500 mL 燒杯或錐形瓶中，加入 96.5 mL 之試劑水，蓋以錶玻璃，以磁攪拌器劇烈攪拌五分鐘，測量溶液之 pH 值並記錄之。若 pH<5.0，則使用萃取液 A；若 pH>5.0，則加入 3.5 mL 1.0 N 鹽酸溶液，攪拌成均勻狀，蓋以錶玻璃，加熱至 50℃並維持 10 分鐘，冷卻至室溫後，測量溶液之 pH 並記錄之，若 pH<5.0，使用萃取液 A，若 pH>5.0，使用萃取液 B。

若 pH 值在 4.8~5.2 間，則須另行取二份樣品測試之，以平均值（平均值係採第一次樣品及第二次兩份樣品，總計三次之檢測值平均）決定使用之萃取液。

（乾固體含量≧0.5%）決定適當之萃取液			
①	測量溶液之pH值 【將樣品顆粒減小至直徑小於1 mm，秤取固體5.0 g，置於500 mL燒杯或錐形瓶中，加入96.5 mL之試劑水，蓋以錶玻璃，以磁攪拌器劇烈攪拌五分鐘。】		
②	若pH<5.0，則使用萃取液A		□使用萃取液A
③	若pH>5.0，則加入3.5 mL 1.0 N鹽酸溶液，攪拌成均勻狀，蓋以錶玻璃，加熱至50℃並維持10分鐘，冷卻至室溫後，測量溶液之pH值		□若pH<5.0，使用萃取液A □若pH>5.0，使用萃取液B
④	若pH值在4.8~5.2間 【則須另行取2份樣品測試之，以平均值（平均值係採第1次樣品及第2次兩份樣品，總計3次之檢測值平均）決定使用之萃取液。】	第1次pH：_____ 第2次pH：_____ 第3次pH：_____　｜　3次之pH檢測值平均：_____	□若pH<5.0，使用萃取液A □若pH>5.0，使用萃取液B

(二) 半/非揮發性成分之萃取

【註9：廢棄物狀態有三，於下：狀態1、狀態2、狀態3，擇一操作。】

【狀態1：廢棄物樣品為液體或不含顯著量固體〔（乾）固體含量百分比＜0.5%〕—半/非揮發性成分之萃取】

1. 秤取至少100 g之樣品，記錄其重量。【註10：若樣品為液體或多層相，其乾固體含量＜0.5%，則需秤取足夠之樣品，使其於固液相分離後所得之濾液，足敷分析用量。】

樣品為液體或不含顯著量固體（乾固體含量＜0.5%）		結果記錄與計算
①	玻璃燒杯重量（g）【盛裝廢棄物樣品用】	
②	（玻璃燒杯＋廢棄物樣品）總重（g）【秤取至少100 g之廢棄物樣品】	
③	廢棄物樣品重量（g）【秤取至少100 g之廢棄物樣品】	

2. 若樣品為液體或為多層相，依 (一)1. 固體含量測定步驟，將固液相分離，滯留在濾紙上之物質為固相（若樣品之乾固體含量＜0.5%，則棄置此固相，其濾液即定義為TCLP萃出液。），濾液為液相。【註11：某些油類或漆類物質之廢棄物，明顯含有似液體的物質，但即使施以壓力，亦無法過濾，此類物質亦定義為固相，並進行固體的TCLP萃取。】

　秤量液相之重，此濾液即可分析或儲存於4±2℃待分析，記錄其pH值。

樣品為液體或不含顯著量固體（乾固體含量＜0.5%）		結果記錄與計算
①	依(一)1.固體含量測定步驟，將固液相分離，棄置此固相，其濾液即定義為TCLP萃出液	□將固液相分離，棄置此固相，其濾液即定義為TCLP萃出液
②	秤量液相之重，此濾液即可分析或儲存於4±2℃待分析，記錄其pH值	（1）液相之重：_____（g） （2）液相之pH值：

3. 若此部分液體經過分析〔詳見七、步驟、(二)狀態1、4.萃出液之保存分析〕，顯示任一待測物的濃度超過溶出標準，則此廢棄物即屬有害性。

4. 萃出液之保存分析

   （1）萃出液在檢測金屬時須以硝酸酸化，使其pH<2，惟需先以少量萃出液加硝酸測試，如發現沈澱，則其餘萃出液不應酸化，應儘速分析。

   （2）除非消化會導致金屬待測物的損失，否則進行金屬分析前須以酸消化；但若以未消化的萃出液分析，其待測物濃度已超過溶出標準，則可認定該廢棄物屬有害性，但反之，並不能認定其為無害。

   （3）其他萃出液未能立即分析時，皆須於4±2℃下保存。

樣品為液體或不含顯著量固體（乾固體含量＜0.5%）		結果記錄與計算	
①	若此部分液體（濾液）經過分析〔詳見七、步驟(二)4.萃出液之保存分析〕，顯示任一待測物（檢測金屬）的濃度已超過溶出標準，則可認定該廢棄物即屬有害性，不須繼續進行其他步驟。	（1）檢測金屬（　）之溶出標準值：	（mg/L）
		（2）分析檢測金屬（　）之濃度：	（mg/L）
		（3）廢棄物有害性： □ 有害性【當（2）≧（1）】 □ 尚無法判定【當（2）＜（1）】 【註12：待測物濃度已超過溶出標準，則可認定該廢棄物屬有害性；但反之，並不能認定其為無害。】	

【狀態2：廢棄物樣品為固體（無液相）—半/非揮發性成分之萃取】

1. 秤取100 g之樣品，記錄其重量。

樣品為固體（無液相）	結果記錄與計算
① 玻璃燒杯重量（g）【盛裝廢棄物樣品用】	
② （玻璃燒杯＋固體廢棄物樣品）總重（g）【秤取100 g之廢棄物樣品】	
③ 固體廢棄物樣品重量（g）【秤取100 g之廢棄物樣品】	

2. 若樣品為固體（即在壓力過濾下，明顯無濾液流出），則視需要減小固體顆粒後，逐行依下述步驟操作。

3. 依下式計算萃取液之用量：

   萃取液重量 =20× 固體含量百分比 × 樣品重量

樣品為固體（無液相），計算萃取液之用量	結果記錄與計算
① 固體樣品重量（g）	
② 固體含量百分比（%）【樣品僅含固體（無液相）】	100
③ 使用萃取液種類	□萃取液A、□萃取液B
④ 萃取液之用量＝〔20×固體含量百分比（%）×樣品重量〕（g）	

3. 萃取

   於萃取容器中，緩慢加入已決定之萃取液，旋緊容器瓶蓋，置於旋轉裝置，以每分鐘

30±2 之轉速旋轉 18±2 小時，室溫維持在 23±2℃（在萃取過程中，有些樣品會產生氣體，必須連續每隔 15 分、30 分或一小時，打開瓶蓋釋放氣體）。

4. 萃取完成後，使用新的玻璃纖維濾紙過濾（依固體含量測定步驟），分離固相及液相，並收集濾液。

5. 萃出液之處理

（1）若最初之樣品不含液相，則萃取後之濾液，即為萃出液，記錄其 pH 值，並進行後續分析或適當之保存。

萃出液之處理	結果記錄與計算
① 若最初之樣品不含液相，則萃取後之濾液，即為萃出液，記錄其pH值，並進行後續分析或適當之保存。	□最初之樣品不含液相，則萃取後之濾液，即為萃出液
	萃出液之pH值：

（2）萃出液經過分析〔詳見七、步驟、(二) 狀態 2、 6. 萃出液之保存分析〕，顯示任一待測物的濃度超過溶出標準，則此廢棄物即屬有害性。

6. 萃出液之保存分析

（1）萃出液在檢測金屬時須以硝酸酸化，使其 pH<2，惟需先以少量萃出液加硝酸測試，如發現沈澱，則其餘萃出液不應酸化，應儘速分析。

（2）除非消化會導致金屬待測物的損失，否則進行金屬分析前須以酸消化；但若以未消化的萃出液分析，其待測物濃度已超過溶出標準，則可認定該廢棄物屬有害性，但反之，並不能認定其為無害。

（3）其他萃出液未能立即分析時，皆須於 4±2℃下保存。

萃出液之處理	結果記錄與計算
② 萃出液經過分析〔詳見七、步驟(三)6. 萃出液之保存分析〕，顯示任一待測物（檢測金屬）的濃度已超過溶出標準，則可認定該廢棄物即屬有害性。	（1）檢測金屬（　）之溶出標準值：　　　　（mg/L） （2）萃出液檢測金屬（　）之濃度：　　　　（mg/L） （3）廢棄物有害性： □有害性【當（2）≧（1）】 □尚無法判定【當（2）＜（1）】 【註13：待測物濃度已超過溶出標準，則可認定該廢棄物屬有害性；但反之，並不能認定其為無害。】

【狀態 3：廢棄物樣品為固液相共存（多層固液相，(乾) 固體含量 ≧ 0.5%）－ 半 / 非揮發性成分之萃取】

1. 秤取至少 100 g 之樣品，記錄其重量。若單次 TCLP 萃出液的量不敷分析用，則需秤取較大樣品量進行萃取，或合併多次萃取之萃出液待分析。

【註 14：不論初始液相是否會與固相的萃出液相容，皆需依樣品之固體含量秤取樣品量。若樣品其乾固體含量 >0.5%，由七、步驟 (一)1. 測得之固體含量，決定需要之樣品量，樣品量應能產生足夠之萃出液供分析用。】

樣品為固液相共存，（乾）固體含量≧0.5%	結果記錄與計算
① 玻璃燒杯重量（g）【盛裝廢棄物樣品用】	
② （玻璃燒杯＋廢棄物樣品）總重（g）【秤取至少100 g之廢棄物樣品】	
③ 廢棄物樣品重量（g）【秤取至少100 g之廢棄物樣品】	

2. 若樣品為多層相，依(一)1.固體含量測定步驟，將固液相分離，滯留在濾紙上之物質為
固相，濾液為液相（若樣品屬「註15」之情形，則只能使用同一張濾紙，不能更換濾紙）。
【註15：某些油類或漆類物質之廢棄物，明顯含有似液體的物質，但即使施以壓力，亦無
法過濾，此類物質亦定義為固相，並進行固體的 TCLP 萃取。】
　　秤量液相之重，此濾液即可分析或儲存於 4±2℃待分析，記錄其 pH 值。若此部分液體
經過分析〔詳見七、步驟、(二) 狀態3、8. 萃出液之保存分析〕，顯示任一待測物的濃度超
過溶出標準，則此廢棄物即屬有害性，不須繼續進行其他步驟。

樣品為固液相共存，（乾）固體含量≧0.5%	結果記錄與計算
① [固液相分離後] 秤量液相之重，此濾液即可分析或儲存於4±2℃待分析，記錄其pH值	（1）液相（濾液）之重：　　　　　　　（g） （2）液相（濾液）之pH值：
② 若此部分液體（濾液）經過分析 [詳見七、步驟、(二)狀態3、8.萃出液之保存分析]，顯示任一待測物（檢測金屬）的濃度超過溶出標準，則此廢棄物即屬有害性，不須繼續進行其他步驟。	（1）檢測金屬（　　）之溶出標準值：　　　　（mg/L） （2）分析檢測金屬（　　）之濃度：　　　　（mg/L） （3）廢棄物有害性： □有害性【當（2）≧（1）】 □尚無法判定【當（2）＜（1）】 【註16：待測物濃度已超過溶出標準，則可認定該廢棄物屬有害性；但反之，並不能認定其為無害。】

3. 若樣品為多層相而其乾固體含量＞0.5%，依(一)1.固體含量測定步驟後，視需要減少固
體顆粒，將樣品之固相與濾紙一併置於萃取容器中。

樣品為固液相共存，（乾）固體含量≧0.5%	結果記錄與計算
① 若樣品為多層相而其乾固體含量＞0.5%	依(一)1.固體含量測定步驟，樣品（乾）固體含量百分比：＿＿＿＿＿（%）

4. 依下式計算萃取液之用量：
　　萃取液重量 =20× 固體含量百分比 × 樣品重量

樣品為固液相共存，（乾）固體含量≧0.5%，計算萃取液之用量	結果記錄與計算
① 樣品重量（g）	
② 固體含量百分比（%）	
③ 使用萃取液種類	□萃取液A、□萃取液B
④ 萃取液之用量＝〔20×固體含量百分比（%）×樣品重量〕（g）	

5. 萃取
　　於萃取容器中，緩慢加入已決定之萃取液，旋緊容器瓶蓋，置於旋轉裝置，以每分鐘

30±2 之轉速旋轉 18±2 小時，室溫維持在 23±2℃（在萃取過程中，有些樣品會產生氣體，必須連續每隔 15 分、30 分或一小時，打開瓶蓋釋放氣體）。

6. 萃取完成後，使用新的玻璃纖維濾紙過濾（依固體含量測定步驟），分離固相及液相，並收集濾液。

7. 萃出液之處理

   (1)　若最初之樣品含有液相，分別記錄液相與萃出液之 pH 值，萃出液經過分析〔詳見七、步驟、(二) 狀態 3、8. 萃出液之保存分析〕，顯示任一待測物的濃度超過溶出標準，則此廢棄物即屬有害性，否則依下述繼續操作。

   (2)　最初之樣品含有液相，分別記錄液相與萃取後濾液之 pH。

萃出液之處理		結果記錄與計算
①	若最初之樣品含有液相，分別記錄液相與萃出液之pH值，萃出液經過分析〔詳見七、步驟、(二)狀態3、8.萃出液之保存分析〕，顯示任一待測物的濃度已超過溶出標準，則可認定該廢棄物即屬有害性，否則依下述繼續操作。	（1）液相之pH值： （2）萃出液（萃取後濾液）之pH值： （3）檢測金屬（　　）之溶出標準值：　　　　　　（mg/L） （4）萃出液檢測金屬（　　）之濃度：　　　　　　（mg/L） （5）廢棄物有害性： □有害性【當（2）≧（1）】 □尚無法判定【當（2）＜（1）】 【註17：待測物濃度已超過溶出標準，則可認定該廢棄物屬有害性；但反之，並不能認定其為無害。】

8. 萃出液之保存分析

   （1）萃出液在檢測金屬時須以硝酸酸化，使其 pH<2，惟需先以少量萃出液加硝酸測試，如發現沈澱，則其餘萃出液不應酸化，應儘速分析。

   （2）除非消化會導致金屬待測物的損失，否則進行金屬分析前須以酸消化；但若以未消化的萃出液分析，其待測物濃度已超過溶出標準，則可認定該廢棄物屬有害性，但反之，並不能認定其為無害。

   （3）其他萃出液未能立即分析時，皆須於 4±2℃下保存。

9. 若液相及萃出液個別進行分析，且無任一部分液體中之待測物濃度超過溶出標準時，則依下式體積權重的平均值作為檢驗值。【註 18：液相樣品（視為萃出液）測定其內之半揮發性有機物時，其樣品檢測方法請參考 NIEA M711、M731 或其他合適方法。】

$$最終待測物濃度 = (V_1C_1+V_2C_2)/(V_1+V_2)$$

V_1：液相之體積（L）

C_1：液相所測得之濃度（mg/L）

V_2：固相萃出液之體積（L）

C_2：固相萃出液所測得之濃度（mg/L）

樣品為固液相共存，（乾）固體含量≧0.5%；若液相及萃出液個別進行分析待測物之濃度	結果記錄與計算
① 液相之體積V₁（L）	
② 固相萃出液之體積V₂（L）	
③ 檢測金屬種類	
④ 檢測金屬之溶出標準值（mg/L）	
⑤ 液相所測得待測物之濃度C₁（mg/L）	
⑥ 固相萃出液所測得待測物之濃度C₂（mg/L）	
⑦ 若C₁、C₂皆小於揮發性成分（待測物）之溶出標準值，則依體積權重之平均值作為檢驗值，如下式： （體積權重的平均值）最終待測物濃度（檢驗值） ＝〔（V₁×C₁）＋（V₂×C₂）〕／（V₁＋V₂）（mg/L）	

八、品質管制

（一）同一萃取容器每使用十次，必須以與樣品相同的萃取液至少作一次萃取程序，以檢查容器是否受到汙染。

（二）除非分析結果已超過溶出標準且只用於表示其已超過標準，否則不同型態的廢棄物（如廢水處理污泥與受污染土壤等）應分別進行基質添加。每一分析批次（不多於10個樣品）至少需執行一個基質添加分析。基質添加時機為 TCLP 萃出液過濾後，不應在樣品萃取前添加。

（三）量測萃出液中重金屬含量在下述情況時，應使用標準添加法測定待測物。

1. 萃出液中金屬待測物之基質添加回收率小於實驗室品質管制下限值且其濃度未超過溶出標準，且待測物之測定濃度為溶出標準之 80% 以上。

2. 標準添加方式為：

（1）標準添加係針對每一金屬汙染物進行內部校正定量。

（2）標準添加方法係將標準品添加於樣品基質中，而非添於試劑水或空白溶液中。準備四份相同的溶液分樣，保留一份不作添加，並對其中三個分樣添加已知量的標準品，此三者較理想的添加量分別為預期樣品濃度的 50%、100%、及 150%。加入試劑水或空白溶液使四個分樣的最終體積維持相同，及視需要加以稀釋，使其訊號能落入分析儀器的線性範圍內。

（3）濃度計算：由以下方法擇一進行。

　　a. 以儀器訊號或外部校正計算濃度（y- 軸）對標準添加的濃度（x- 軸）作圖或線性迴歸，x- 軸的截距即為未添加溶液的濃度。

　　b. 將標準添加的儀器訊號或外部校正計算濃度扣除未添加溶液的結果，依前方法作圖或迴歸，以此內部校正曲線當作外部校正曲線，計算未添加溶液的濃度。

九、參考資料：中華民國98年8月10日環署檢字第0980070269號公告：
NIEA R201.14C

十、心得與討論

第25章：事業廢棄物毒性特性溶出程序—(2)揮發性（有機）成分之萃取

一、相關知識

(一) 溶出毒性事業廢棄物與毒性特性溶出程序溶出標準：略（參見第24章、一、相關知識）

(二) 毒性特性溶出程序溶出標準中之揮發性（有機）成分

「毒性特性溶出程序溶出標準（附表四）」於「毒性特性溶出程序（TCLP）」操作時有所謂「揮發性（有機）成分（Volatile Organic Compounds，VOCs）」，係指附表四「有機性污染物」中之：氯乙烯（Vinyl chloride）、苯（Benzene）、四氯化碳（Carbon tetrachloride）、1,2-二氯乙烷（1,2-Dichloroethane）、六氯-1,3-丁二烯（Hexachlorobutadiene）、三氯乙烯（Trichloroethylene）、1,1-二氯乙烯（1,1-Dichloroethylene）、四氯乙烯（Tetrachloroethylene）、六氯乙烷（Hexachloroethane）、氯仿（Chloroform）、1,4-二氯苯（1,4-Dichlorobenzene）、氯苯（Chlorobenzene）、丁酮（甲基乙基酮，Methyl ethyl ketone）。

於「毒性特性溶出程序（TCLP）」欲進行廢棄物中「揮發性（有機）成分」之溶出試驗時，應使用「零空間萃取容器（Zero-Headspace Extraction Vessel，ZHE）（如圖1）」進行過濾及萃取（過濾），於零空間萃取容器中可使固、液相有效分離並排除剩餘空間，不需打開此裝置即可進行廢棄物的初步固、液相分離及萃取後之萃取液過濾。

VOCs對人體的危害：大多數的VOCs具有揮發、滲透及脂溶等特性，極易經由呼吸系統及皮膚接觸（吸收）而對人體造成危害，如引起呼吸系統之疾病、刺激眼睛、皮膚，傷害肺臟、肝臟、腎臟、大腦和神經系統與造血系統；近來某些這類有機化合物更被懷疑（或確認）對人體具有致癌性、致突變性、與致畸胎性危害。對環境的影響：多數VOCs均具化學活性，於強烈日照及氮氧化物存在下，將進行一連鎖光化學反應，產生臭氧及過氧硝酸乙醯酯（PAN）等二次污染物；又大部分之VOCs其臭味閾值較低，少量存在之VOCs即會產生臭味，造成臭味之問題。

【註A：「揮發性有機物（VOCs）」於學理上並無明確之定義。惟基於管制需要，美國環保署有關揮發性有機物的定義為：20℃、1 atm時，蒸氣壓大於0.1 mm Hg以上或沸點低於150℃的有機物，但不包括甲烷、一氧化碳、二氧化碳、碳酸、碳化物、碳酸鹽、碳酸銨等化合物。歐盟環保指令（Council Directive 2004/42/EC）的定義為：於101.325 kPa標準氣壓時，具有低於或等於250℃之初始沸點之有機化合物。依我國環保署「揮發性有機物空氣污染管制及排放標準」定義「揮發性有機物」為：指在1大氣壓下，測量所得初始沸點在250℃以下有機化合物之空氣污染物總稱。但不包括甲烷、一氧化碳、二氧化碳、二硫化碳、碳酸、碳酸鹽、碳酸銨、氰化物或硫氰化物等化合物。】

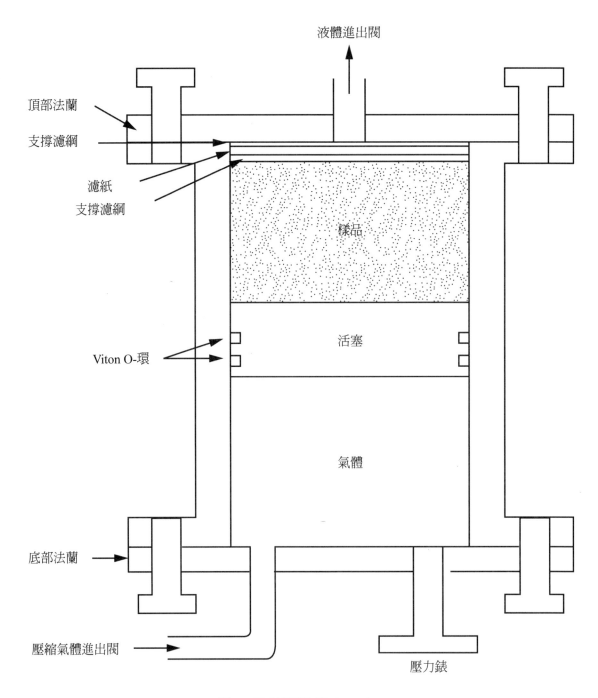

圖1：零空間萃取器（ZHE）

(三) 毒性特性溶出程序－方法概要：略（參見第24章、一、相關知識）

二、適用範圍

本溶出試驗方法係用於測試固相、液相或多層相之廢棄物中「有機待測物」之移動性

（Mobility）。

三、干擾

略。

四、設備

(一) 旋轉裝置：如圖 2，此裝置必須能以每分鐘 30±2 次之旋轉頻率上下翻轉萃取容器。

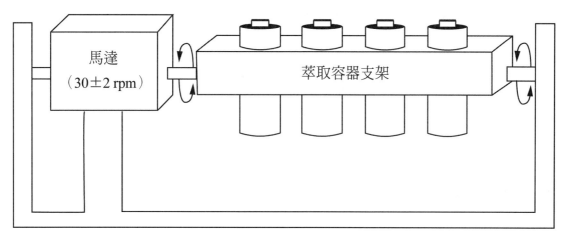

圖 2：旋轉裝置

(二) 萃取容器

零空間萃取容器（Zero-Headspace Extraction Vessel，ZHE）：如圖 1，欲進行廢棄物中揮發性成分之溶出試驗時，應使用此種萃取容器。在此萃取容器中可使固、液相有效分離並排除剩餘空間，不需打開此裝置即可進行廢棄物的初步固、液相分離及萃取後之萃取液過濾。此裝置應具有內容積 500～600 mL 及能裝置直徑 90～110 mm 濾紙，裝置中的 O- 環須常更換；內含之活塞必須在壓力 15 psi 或以下即可推動，否則需更換 O- 環或經修復後再行使用。

每次萃取後，須檢查萃取容器之密閉情形。若容器本身裝有壓力錶，則加壓至 50 psi，靜置一小時後檢查壓力；若未裝有壓力錶，則加壓至 50 psi 後放入水中，觀察有無氣泡產生。若發現漏氣現象則檢查萃取容器並更換 O- 環，直至測試無漏氣現象，方可使用。

(三) 過濾裝置（過濾宜在煙櫥中進行）

零空間萃取器（ZHE）：欲測試廢棄物中揮發性成分時，使用此種容器過濾，其必須能使用玻璃纖維濾紙，並能承受過濾所需的壓力（50 psi）。

(四) 濾紙

應使用硼矽玻璃纖維製且不含粘合劑之濾紙，其有效孔徑在 0.6～0.8 mm 之間。不可使用前置濾紙（Prefilter）。玻璃纖維濾紙易碎，應小心使用。適合使用之濾紙如表 1。

表 1：適合使用之濾紙

公　司	型　號	孔徑（μm）
Millipore Corporation	AP40	0.7
Nucleopore Corporation	211625	0.7
Whatman Laboratory Products, Inc.	GFF	0.7
Micro Filtration Systems	GF75	0.7
Gelman Science	66256（90 mm）、66257（142 mm）	0.7

（五）pH 計：具有自動溫度或手動溫度補償功能，可讀至 0.01。

（六）ZHE 萃出液收集裝置：使用泰勒（TEDLAR）袋或以玻璃、不銹鋼、鐵氟龍製之氣密式注射器（Syringe），以收集濾液或萃出液，或用以混和濾液及萃出液。不同情形的使用方式建議如下：

1. 若廢棄物含有水溶液相，或廢棄物之非水溶液液相含量不顯著（即少於總量之 1%），則應使用泰勒袋或 600 mL 注射器，收集或混合濾液及萃出液。

2. 若廢棄物含有顯著的非水溶液之液相（即含量大於總量之 1%），則可任選泰勒袋或注射器來收集濾液及最終萃出液，但只能二者擇一，不可同時使用。

3. 若廢棄物不含最初的液相（即 100% 固體）或固相的量不顯著（即 100% 液體），則泰勒袋或注射器皆可使用。但若使用注射器，應棄置最初收集之 5 mL 液體，其餘方可作為分析用。

（七）ZHE 萃取液傳送裝置：任何可以傳送萃取液而不改變其性質之裝置皆可（如正推量或蠕動泵浦、氣密式注射器、加壓過濾器或其他零空間萃取的裝置）。

（八）天平：可精秤至 0.01 g 者。

（九）烘箱：能控制溫度在 100±20℃者。

（十）燒杯或錐形瓶：玻璃製，500 mL。

（十一）錶玻璃：具適當直徑可蓋住燒杯或錐形瓶。

（十二）磁攪拌器。

（十三）粉碎機：使用適當之粉碎機，可將樣品減積至本方法之需求者。

五、試劑

(一) 試劑水

1. 一般試劑水：適用於重金屬及一般檢測分析。通常將自來水先經過初濾及去離子樹脂處理，再經全套玻璃蒸餾器處理或逆滲透膜處理，以避免蒸餾器或滲透膜污染。一般試劑水規格如表 2。

表 2：一般試劑水規格

一般試劑水規格（資料來源ASTM D1193 Type II）	
導電度：最大值1.0 μS/cm at 25℃	比電阻：最小值1.0 MΩ.cm at 25℃

（續下表）

一般試劑水規格（資料來源ASTM D1193 Type II）	
pH值：未規範	TOC：最大值50 μg/L
鈉（Na）：最大值5 μg/L	氯離子：最大值5 μg/L
總矽鹽：最大值3 μg/L	

2. 不含有機物試劑水：適用於有機物分析檢測用。一般指試劑水中干擾物之濃度低於有機物分析檢測方法中待測物之偵測極限。可將自來水經由活性碳吸附床過濾，或可由純水製造系統製造。

3. 不含揮發性有機物試劑水：適用於揮發性物質分析用之不含有機物試劑水。可將上述之試劑水煮沸 15 分鐘後，將水溫保持在 90±5℃，同時通入惰性氣體於水中 1 小時，趁熱裝入密閉容器內放冷備用。

(二) 所有測試中所用的藥品純度必須至少爲分析級試藥。

1. 氫氧化鈉（NaOH）溶液，1N：溶解 40 g 氫氧化鈉於適量試劑水中，再定容至 1 L。
2. 冰醋酸（CH₃COOH）：分析級試藥。

(三) 萃取液

1. 萃取液 A：在 1 L 量瓶中，將 5.7 mL 冰醋酸加入 500 mL 試劑水中，再加入 64.3 mL 1 N 氫氧化鈉溶液，稀釋至刻度。此溶液之 pH 爲 4.93±0.05，使用前檢查 pH 值。
2. 應經常檢查萃取液是否有不純物造成干擾，若發現有不純物或 pH 不符上述規範，則應重新配製。

六、採樣與保存

(一) 廢棄物之採集應依據「事業廢棄物採樣方法 NIEA R118」，採集之樣品重量應足以進行初步評估、萃取或品質管制所需的重複測試、添加測試；若進行揮發性成分萃取，則須另取一份原樣品。

(二) 勿添加保存劑於樣品。

(三) 若冷藏不致引起樣品不可逆的物理變化，樣品應冷藏之。若產生沈澱，則整個樣品（包括沈澱）須一併萃取。

(四) 欲測定樣品中之揮發性成分時，須特別注意樣品保存以減少其揮發漏失（如樣品應以瓶蓋內襯鐵氟龍墊片的樣品瓶收集、減少瓶頂空間，並保存於 4±2℃，在萃取前方能打開。）；若可能，在樣品取得時就應進行減小固體顆粒之工作。

(五) 操作 TCLP 的樣品（揮發性成分）須遵循表 3 之保存時間：

表 3：操作 TCLP 的樣品（揮發性成分）之保存時間

樣品最長保存時間（天）			
項　目	自採樣到 TCLP萃取	自TCLP萃取 到製備萃取	自製備萃取 到上機分析	總保存時間
揮發性成分	14	（不適用）	14	28

七、步驟、結果記錄及計算處理

操作流程如圖 3。

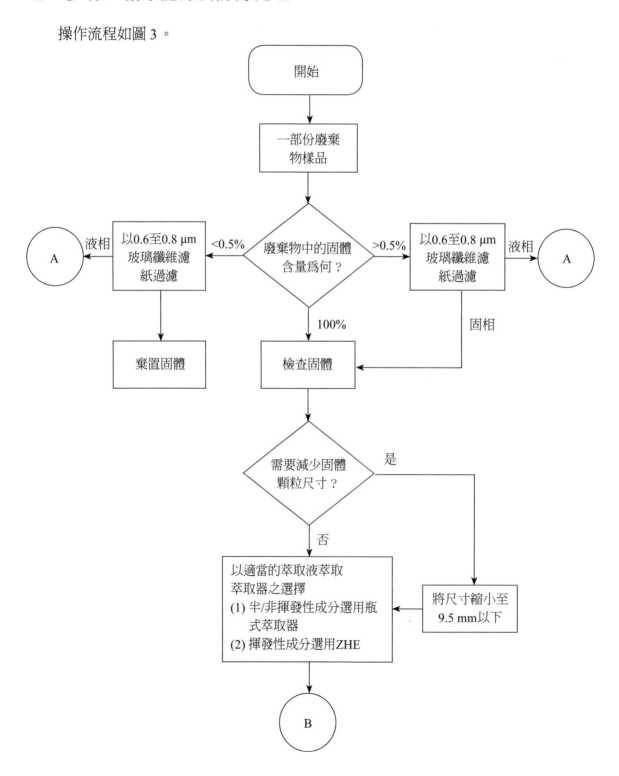

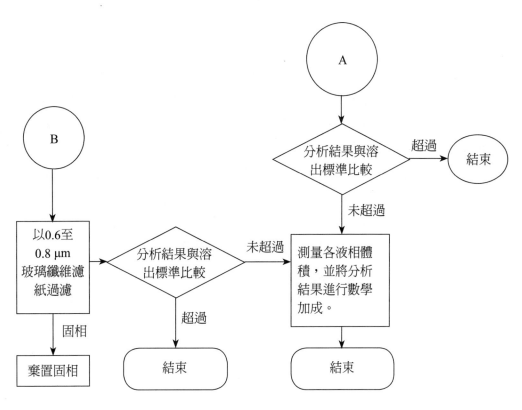

註1：若未能於萃取完儘速分析，則需於4±2℃下貯存。

圖3：TCLP流程圖

(一) 初步評估

1. 固體含量測定：固體含量之定義爲施加壓力亦無法滴出液體之固體，其佔總廢棄物量之百分比。

(1) 若廢棄物爲固體或加壓力過濾，顯然無法產生液體時，逕行依（一）3.決定廢棄物是否需要減小顆粒大小。

(2) 若樣品爲液體或多層固液相，則需使用過濾裝置 [四、設備（三）過濾裝置：零空間萃取器（ZHE）]，依下述將固液相分離。

(3) 秤取濾紙及濾液收集容器之重量。

(4) 依照過濾器製造商之說明，組裝過濾器及濾紙。

(5) 秤取至少100g之樣品，並記錄重量。

(6) 靜置使泥狀物的固相沈降（亦可使用離心泵浦協助固液分離，傾倒離心液，固體部分則置入過濾裝置，進行過濾）。

(7) 若廢棄物於過濾中，在4℃下之液體濾出量少於室溫時，則須回復至室溫後才過濾。將廢棄物樣品平鋪於過濾器濾紙表面（若廢棄物殘留在原稱重容器內之量大於1%，則應秤取殘留物之重量，並於樣品記錄重量中扣除之）。緩慢施以眞空或輕微加壓（1～10 psi），直至空氣或加壓氣體通過濾紙。若在 10 psi 下仍未達上述情況，

或在連續二分鐘內無濾液通過，則以每 10 psi 之間隔緩慢加壓（每增加壓力 10 psi 時，若加壓氣體無法通過濾紙或在連續二分鐘內無濾液通過，則繼續增加壓力直至 50 psi），繼續過濾直至加壓氣體通過濾紙或壓力達 50 psi，而在連續 2 分鐘內無濾液流出，即停止過濾。【註 2：瞬間施以高壓，可能導致玻璃纖維濾紙破裂及提早阻塞。】

(8) 殘留在濾紙上之物質即定義為廢棄物之固相，濾液則定義為廢棄物之液相【註 3：某些油類或漆類物質之廢棄物，明顯含有似液體的物質，但即使施以壓力，亦無法過濾，此類物質亦定義為固相，並進行固體的 TCLP 萃取。】。液相重為濾瓶總重減去容器重，固相重為樣品重減去液相重，記錄液相重及固相重。

固體含量百分比依下式計算：

$$固體含量百分比 =（固相重量 / 廢棄物總重量）\times 100\%$$

固體含量百分比測定		結果記錄與計算
①	廢棄物樣品名稱（種類）	
②	濾紙重量（g）	
③	濾液收集容器（濾瓶）之重量（g）	
④	玻璃燒杯重量（g）【盛裝廢棄物樣品用】	
⑤	（玻璃燒杯＋廢棄物樣品）總重（g）【秤取至少100 g之廢棄物樣品】	
⑥	廢棄物樣品重量（g）【秤取至少100 g之廢棄物樣品】	
⑦	（濾液＋濾瓶）總重（g）	
⑧	液相重＝〔（濾液＋濾瓶）總重－濾瓶重〕（g）	
⑨	固相重＝（廢棄物樣品重－液相重）（g） 【註4：殘留在濾紙上之物質即定義為廢棄物之固相】	
⑩	固體含量百分比（%）＝（固相重 / 廢棄物樣品重）\times 100\%	

2. 決定廢棄物是否為液體或不含顯著量固體

若固體含量大於或等於 0.5%，則逐行依（一）3. 決定廢棄物是否需要減小顆粒步驟處理。

若固體含量小於 0.5%，則逐行將濾液視同為萃出液作處理。如需測定揮發性有機待測物時，應使用 ZHE 進行過濾。

決定廢棄物是否為液體或不含顯著量固體【固體含量百分比＝　　　　%】		
①	固體含量百分比≧0.5%	□逐行依(一)3.決定廢棄物是否需要減小顆粒步驟處理
②	固體含量百分比<0.5%	□逐行將濾液視同為萃出液作處理

若預知濾液因受濾紙吸收而足以影響固體含量判斷，則依下述步驟進行。

(1) 將固體含量測定之濾紙及其上之固相置於 100±20℃之烘箱至恆重（連續二次秤重之差異小於 1%），記錄之。【註 5：須注意加熱過程若有閃火危險，建議烘箱排氣應引導至煙櫥或適當裝置中。】

依下式計算乾固體含量：

$$乾固體含量百分比 = \left[\frac{經乾燥後之固體及濾紙重量 - 濾紙重量}{廢棄物總重量}\right] \times 100\%$$

(2) 若乾固體含量小於 0.5%，經過濾後得之濾液視爲萃出液逕行移作待測成分之測試。若乾固體含量大於或等於 0.5%，則另取一份具代表性樣品，依（一）1. 過濾得到固相再決定是否需減小固體顆粒。【註 6：測試揮發性成分，不需執行萃取液的選擇步驟。】

（預知濾液因受濾紙吸收而足以影響固體含量判斷） 決定廢棄物是否為液體或不含顯著量固體【乾固體含量百分比＝　　　　%】			
①	（乾）濾紙重量（g）		
②	廢棄物樣品重量（g）		
③	（濾紙＋固相）於100℃烘箱（乾燥）至恆重（g）【連續二次秤重之差異小於1%】	第1次秤重（g）	：
		第2次秤重（g）	：
		第3次秤重（g）	：
		第4次秤重（g）	：
④	乾固體含量百分比＝〔（經乾燥後之固體及濾紙重量－濾紙重量）／廢棄物樣品重〕×100%		
⑤	乾固體含量百分比＜0.5%	□經過濾後得之濾液視爲萃出液，逕行移作待測成分之測試。	
⑥	乾固體含量百分比≧0.5%	□另取一份具代表性樣品，依(一)1.過濾得到固相再決定是否需減小固體顆粒。	

3. 決定廢棄物是否需要減小顆粒大小

　　若固體每克之表面積大於或等於 3.1 cm^2 或可通過 9.5 mm 之標準篩網，則不需要減小顆粒，逕行至萃取液選擇步驟；否則應先壓碎、切割或磨細（必要時可使用粉碎機），使其能通過 9.5 mm 之標準篩網。【註 7：表面積之定義係適用於纖維性物質（如紙張、衣物等），此處不建議作表面積之測定。】

(二) 揮發性成分之萃取

【註 8：廢棄物狀態有三，於下：狀態 1、狀態 2、狀態 3，擇一操作。】

　　萃取樣品中之揮發性成分才使用 ZHE，此萃出液不能作爲非發揮性待測物移動性之評估。

【註 9：若以瓶式萃取器所得萃出液的分析結果，顯示任一管制揮發性待測物濃度已超過溶出標準，則此廢棄物即屬有害性，不須繼續進行零空間萃取；但是，此結果若低於溶出標準，不能證明此廢棄物非屬有害性。】

　　ZHE 之內容積雖爲 500 mL，但由於需添加 20 倍固體量之萃取液進行萃取，故最多只能容納 25 g 之固體。將樣品一次裝入萃取容器中，不能重複填裝，直至萃取完成後，方可開啓萃取容器。在操作過程中，儘可能減少樣品所含之液體以及萃取液與大氣接觸之時間，且應趁樣品爲冰冷狀態（4±2℃）下操作，以減少揮發之損失。

【狀態 1：若廢棄物樣品僅含固體（無液相）－揮發性成分之萃取】

1. 選擇適當之萃出液收集裝置〔參見四、(六)〕。預秤濾液收集裝置，置於一旁，記錄之。

2. 將活塞置入 ZHE 中（可用萃取液潤濕活塞之 O- 環，以方便活塞之使用），調整活塞之高度，以縮短活塞因萃取容器承裝樣品後所需移動之距離，旋緊氣體進出法蘭（flange）（底部之法蘭），在篩網架上裝置濾紙，置於一旁。

3. 若樣品僅含固體，秤取約 25 g 之固體，記錄重量。

	樣品僅含固體（無液相）	結果記錄與計算
①	選擇適當之萃出液收集裝置【參見四、(六)】	□泰勒（TEDLAR）袋 □氣密式注射器（Syringe）
②	預秤濾液收集裝置重量（g）	□泰勒袋，重量：＿＿＿＿＿＿＿（g） □氣密式注射器，重量：＿＿＿＿＿（g）
③	玻璃燒杯重量（g）【盛裝廢棄物樣品用】	
④	（玻璃燒杯＋固體廢棄物樣品）總重（g） 【秤取約25 g之固體廢棄物樣品】	
⑤	固體廢棄物樣品重量（g） 【秤取約25 g之固體廢棄物樣品】	

4. 若需要減小固體顆粒，則儘可能先將固體及切割用之工具冷藏至 4℃，再進行壓碎、切割或磨細的工作。過程中應儘可能減少與大氣接觸之時間，並不得產生熱量，固體顆粒不必過篩以免揮發物質損失，可使用刻度尺（Graduated ruler）替代篩網。

5. 快速將全量之樣品置入 ZHE 中【註 10：泥狀樣品不需靜置使固相沈降，過濾前亦不得使用離心。】，將濾紙及過濾架置於 ZHE 之頂部法蘭，於容器上旋緊頂部法蘭。將各部分轉緊，以垂直方式放置（氣體進出閥之法蘭在底部）。若樣品殘留在原盛裝容器內之量大於 1%，則應秤其重量並於 [狀態 1] 之樣品量扣除之。

6. 開啟頂部之液體進出閥，將 ZHE 底部法蘭之氣體進出閥與氣體管線連接，輕緩施以壓力 1～10 psi（視需要增加壓力），將萃取容器中之氣體緩慢推出並排入煙櫥中。若樣品僅為固體，緩慢加壓直至 50 psi 以推出頂空間，關閉閥門，繼續依下操作。

7. 使用萃取液 A 進行萃取，萃取液之使用量依下式計算：

$$萃取液重量 = 20 \times 固體含量百分比 \times 樣品重量$$

	樣品僅含固體（無液相），計算萃取液之用量	結果記錄與計算
①	固體廢棄物樣品重量（g）	
②	固體含量百分比（%）【樣品僅含固體（無液相）】	100
③	使用萃取液種類	萃取液A
④	萃取液之用量＝〔20×固體含量百分比（%）×樣品重量〕（g）	

8. 固體之萃取

(1) 垂直擺放 ZHE，以管線連接萃取液貯存器至液體進出閥，管線需以萃取溶液預洗並以萃取溶液充滿。開啟氣體進出閥釋放活塞上之壓力，關閉閥門；開啟液體進出閥，

導入適量之萃取液，然後關閉閥門。拆除溶液導入管線，檢查萃取容器之閥門均爲關閉狀態。

(2) 手動上下翻轉萃取容器二、三次，再將萃取容器垂直擺正，視需要於活塞上施以 5～10 psi 之壓力，緩慢開啓液體進出閥，以釋放萃取容器中因加入萃取液時殘留之氣體，並排入煙樹。俟液體開始流出，立刻關閉閥門，並停止加壓。對萃取容器再加壓（5～10 psi）一次，以檢查萃取 250 容器之各部分是否均爲密閉。

(3) 將萃取容器置於旋轉裝置上，以每分鐘 30±2 次之頻率，旋轉 18±2 小時，室溫維持在 23±2℃。

9. 完成萃取後，迅速開啓並關閉氣體進出閥門，觀察是否有壓力損失或氣體逸出，若壓力降低或無氣體逸出，表示有漏氣的現象，需另取一份樣品，重行萃取之；否則即將萃取容器中之固、液相直接分離【註 11：若懷疑玻璃纖維濾紙已破裂，可利用管線上的玻璃纖維濾紙過濾 ZHE 中的物質。】。此液相經過分析，顯示任一待測物的濃度超過溶出標準，則此廢棄物即屬有害性，否則繼續操作。

10. 收集之液體可立即分析【註 12：液相樣品（視爲萃出液）測定其內之揮發性有機物時，其樣品檢測方法請參考 NIEA M711 或其他合適方法。】或貯存於 4±2℃（容器儘量裝滿，減少上部空間）待分析。

樣品僅含固體（無液相）之萃取液		結果記錄與計算
①	固相（體）萃取液之體積V（L）	
②	檢測揮發性成分（待測物）種類	
③	檢測揮發性成分（待測物）之溶出標準值（mg/L）	
④	固相（體）萃取液所測得待測物之濃度C（mg/L）	
⑤	此萃取液經過分析，顯示任一待測物的濃度已超過溶出標準，則此廢棄物即屬有害性	廢棄物有害性： □有害性【當（4）≧（3）】 □尚無法判定【當（4）＜（3）】 【註13：待測物濃度已超過溶出標準，則可認定該廢棄物屬有害性；但反之，並不能認定其爲無害。】

【狀態 2：若廢棄物樣品為液體或不含顯著量固體〔（乾）固體含量百分比＜ 0.5%〕－揮發性成分之萃取】

1. 選擇適當之萃出液收集裝置〔參見四、(六)〕。預秤濾液收集裝置，置於一旁。

2. 將活塞置入 ZHE 中（可用萃取液潤濕活塞之 O- 環，以方便活塞之使用），調整活塞之高度，以縮短活塞因萃取容器承裝樣品後所需移動之距離，旋緊氣體進出法蘭（flange）（底部之法蘭），在篩網架上裝置濾紙，置於一旁。

3. 若樣品之乾固體含量＜ 0.5%，取足量之樣品過濾，棄置固相，使濾液足夠作所有揮發成分之分析。【建議：秤取至少 100 g 之廢棄物樣品】

4. 快速將全量之樣品置入 ZHE 中【註 14：泥狀樣品不需靜置使固相沈降，過濾前亦不得使用離心。】，將濾紙及過濾架置於 ZHE 之頂部法蘭，於容器上旋緊頂部法蘭。將各部分轉

緊，以垂直方式放置（氣體進出閥之法蘭在底部）。若樣品殘留在原盛裝容器內之量大於1%，則應秤其重量並於 [狀態 2] 之樣品量扣除之。

5. 開啟頂部之液體進出閥，將 ZHE 底部法蘭之氣體進出閥與氣體管線連接，輕緩施以壓力1～10 psi（視需要增加壓力），將萃取容器中之氣體緩慢推出並排入煙樹中。當液體開始從液體進出閥流出時，迅速關閉閥門，並中斷壓力。

6. 將預秤且已排空氣體之濾液收集裝置與液體進出閥連接，打開閥門，緩慢施以 1～10 psi之壓力以推動液相進入收集裝置。若連續二分鐘無液體流出，則每次增加 10 psi 之壓力，如此加壓直至 50 psi，經過二分鐘而無液體流出時，即停止過濾。關閉閥門，停止加壓，並將濾液收集裝置移開。【註 15：瞬間施以高壓，可能導致玻璃纖維濾紙破裂及提早阻塞。】

7. 殘留在 ZHE 中之物質，定義為固體【註 16：某些油類或漆類物質之廢棄物，明顯含有似液體的物質，但即使施以壓力，亦無法過濾，此類物質亦定義為固相，並進行固體的TCLP 萃取。】，濾液定義為液相。若樣品之乾固體含量 < 0.5%，棄置固體，濾液即為萃出液。濾液立即分析或貯存於 4±2℃（容器儘量裝滿，減少上部空間）待分析。若此部分液體經過分析，顯示任一待測物的濃度超過溶出標準，則此廢棄物即屬有害性，不須繼續進行其他步驟。

8. 收集之液體可立即分析【註 17：液相樣品（視為萃出液）測定其內之揮發性有機物時，其樣品檢測方法請參考 NIEA M711 或其他合適方法。】或貯存於 4±2℃（容器儘量裝滿，減少上部空間）待分析。

樣品為液體或不含顯著量固體〔（乾）固體含量百分比＜0.5%〕		結果記錄與計算
①	選擇適當之萃出（濾）液收集裝置【參見四、(六)】	□泰勒（TEDLAR）袋 □氣密式注射器（Syringe）
②	預秤濾液收集裝置重量（g）	□泰勒袋，重量：＿＿＿＿＿＿＿＿（g） □氣密式注射器，重量：＿＿＿＿＿＿＿＿（g）
③	（濾液收集裝置＋廢棄物樣品之濾液）總重（g） 【秤取至少100 g之廢棄物樣品】	
④	廢棄物樣品之濾液重量（g）	
⑤	廢棄物樣品之濾液體積（L）	
⑥	檢測揮發性成分（待測物）種類	
⑦	檢測揮發性成分（待測物）之溶出標準值（mg/L）	
⑧	廢棄物樣品之濾液所測得待測物之濃度C（mg/L）	
⑨	此濾液經過分析，顯示任一待測物的濃度超過溶出標準，則此廢棄物即屬有害性	廢棄物有害性： □有害性【當（8）≧（7）】 □尚無法判定【當（8）＜（7）】 【註15：待測物濃度已超過溶出標準，則可認定該廢棄物屬有害性；但反之，並不能認定其為無害。】

【狀態 3：若廢棄物樣品為固液相共存（多層固液相，（乾）固體含量 ≧ 0.5%）─揮發性成分之萃取】

1. 選擇適當之萃出液收集裝置〔參見四、(六)〕。預秤濾液收集裝置，置於一旁。

2. 將活塞置入 ZHE 中（可用萃取液潤濕活塞之 O- 環，以方便活塞之使用），調整活塞之高度，以縮短活塞因萃取容器承裝樣品後所需移動之距離，旋緊氣體進出法蘭（flange）（底部之法蘭），在篩網架上裝置濾紙，置於一旁。

3. 若樣品之乾固體含量 ≥ 0.5%，由固體含量測定計算得到之固體含量百分比，推算最適當之樣品量。

   (1) 通常若樣品之固體含量 <5%，秤取約 500 g 之樣品並記錄重量。

   (2) 若樣品之固體含量 ≥ 5%，依下式計算待取之樣品量，然後秤取樣品並記錄重量。

      樣品量 =25/ 固體含量百分比

樣品為固液相共存（多層固液相，（乾）固體含量 ≧ 0.5%）		結果記錄與計算
①	選擇適當之萃出（濾）液收集裝置【參見四、(六)】	□泰勒（TEDLAR）袋 □氣密式注射器（Syringe）
②	預秤濾液收集裝置重量（g）	□泰勒袋，重量：_____（g） □氣密式注射器，重量：_____（g）
③	固體含量百分比（%）【依(一)初步評估1.固體含量測定】	
④	推算最適當之樣品量（g）	（1）若樣品之固體含量 <5%，秤取約500g 之樣品	
		（2）若樣品之固體含量 ≧5%，則： 樣品量＝25／固體含量百分比	
⑤	玻璃燒杯重量（g）【盛裝廢棄物樣品用】	
⑥	（玻璃燒杯＋廢棄物樣品）總重（g）	
⑦	（實際）廢棄物樣品重量（g）	

4. 若需要減小固體顆粒，則儘可能先將固體及切割用之工具冷藏至 4℃，再進行壓碎、切割或磨細的工作。過程中應儘可能減少與大氣接觸之時間，並不得產生熱量，固體顆粒不必過篩以免揮發物質損失，可使用刻度尺（Graduated ruler）替代篩網。

5. 快速將全量之樣品置入 ZHE 中【註 16：泥狀樣品不需靜置使固相沈降，過濾前亦不得使用離心。】，將濾紙及過濾架置於 ZHE 之頂部法蘭，於容器上旋緊頂部法蘭。將各部分轉緊，以垂直方式放置（氣體進出閥之法蘭在底部）。若樣品殘留在原盛裝容器內之量大於 1%，則應秤其重量並於〔狀態 3〕之樣品量扣除之。

6. 開啓頂部之液體進出閥，將 ZHE 底部法蘭之氣體進出閥與氣體管線連接，輕緩施以壓力 1～10 psi（視需要增加壓力），將萃取容器中之氣體緩慢推出並排入煙櫥中。當液體開始從液體進出閥流出時，迅速關閉閥門，並中斷壓力。

7. 將預秤且已排空氣體之濾液收集裝置與液體進出閥連接，打開閥門，緩慢施以 1～10 psi 之壓力以推動液相進入收集裝置。若連續二分鐘無液體流出，則每次增加 10 psi 之壓力，如此加壓直至 50 psi，經過二分鐘而無液體流出時，即停止過濾。關閉閥門，停止加壓，並將濾液收集裝置移開。【註17：瞬間施以高壓，可能導致玻璃纖維濾紙破裂及提早阻塞。】

8. 殘留在 ZHE 中之物質，定義爲固體【註 18：某些油類或漆類物質之廢棄物，明顯含有

似液體的物質，但即使施以壓力，亦無法過濾，此類物質亦定義為固相，並進行固體的 TCLP 萃取。】，濾液定義為液相。將固體部分依 10 進行萃取。濾液立即分析或貯存於 4±2℃（容器儘量裝滿，減少上部空間）待分析。若此部分液體經過分析，顯示任一待測物的濃度超過溶出標準，則此廢棄物即屬有害性，不須繼續進行其他步驟。

測定濾液中含待測物之濃度	結果記錄與計算
① 廢棄物樣品之濾液（液相）重量（g）	
② 廢棄物樣品之濾液（液相）體積（L）	
③ 檢測揮發性成分（待測物）種類	
④ 檢測揮發性成分（待測物）之溶出標準值（mg/L）	
⑤ 廢棄物樣品之濾液所測得待測物之濃度C（mg/L）	
⑥ 此濾液經過分析，顯示任一待測物的濃度超過溶出標準，則此廢棄物即屬有害性	廢棄物有害性： □有害性【當（5）≧（4）】 □尚無法判定【當（5）＜（4）】 【註16：待測物濃度已超過溶出標準，則可認定該廢棄物屬有害性；但反之，並不能認定其為無害。】

9. 使用萃取液 A 進行萃取，萃取液之使用量依下式計算：

　　萃取液重量 =20× 固體含量百分比 × 樣品重量

萃取液A之使用量	結果記錄與計算
① 固體含量百分比（%）【依(一)初步評估1.固體含量測定】	
② 樣品重量（g）	
③ 萃取液之使用量計算：萃取液重量（g）＝20×固體含量百分比×樣品重量	

10. 固體之萃取

(1) 垂直擺放 ZHE，以管線連接萃取液貯存器至液體進出閥，管線需以萃取液溶預洗並以萃取溶液充滿。開啟氣體進出閥釋放活塞上之壓力，關閉閥門；開啟液體進出閥，導入適量之萃取液，然後關閉閥門。拆除溶液導入管線，檢查萃取容器之閥門均為關閉狀態。

(2) 手動上下翻轉萃取容器二、三次，再將萃取容器垂直擺正，視需要於活塞上施以 5〜10 psi 之壓力，緩慢開啟液體進出閥，以釋放萃取容器中因加入萃取液時殘留之氣體，並排入煙櫥。俟液體開始流出，立刻關閉閥門，並停止加壓。對萃取容器再加壓（5〜10 psi）一次，以檢查萃取容器之各部分是否均為密閉。

(3) 將萃取容器置於旋轉裝置上，以每分鐘 30±2 次之頻率，旋轉 18±2 小時，室溫維持在 23±2℃。

11. 完成萃取後，迅速開啟並關閉氣體進出閥門，觀察是否有壓力損失或氣體逸出，若壓力降低或無氣體逸出，表示有漏氣的現象，需另取一份樣品，重行萃取之；否則即將萃取容器中之固、液相直接分離【註 17：若懷疑玻璃纖維濾紙已破裂，可利用管線上的玻璃

纖維濾紙過濾 ZHE 中的物質。】。此液相經過分析，顯示任一待測物的濃度超過溶出標準，則此廢棄物即屬有害性，否則繼續操作。液相若與〔狀態 3〕之濾液相容，則合併收集之；若不相容或收集初始液相的容器其容積已不足，則分別收集之。若使用泰勒袋、萃出液為多層相、或廢棄物含有初始液相，則所有萃出液皆須過濾及收集。

12. 收集之液體可立即分析【註 18：液相樣品（視為萃出液）測定其內之揮發性有機物時，其樣品檢測方法請參考 NIEA M711 或其他合適方法。】或貯存於 4±2℃（容器儘量裝滿，減少上部空間）待分析。若樣品液相及萃取後之液相中，無任一部分液體之任一待測物濃度超過溶出標準時，則量測個別體積（精確至 ±0.5%），依下式體積權重的平均值作為檢驗值。

最終待測物濃度 $=(V_1C_1+V_2C_2)/(V_1+V_2)$

V_1：液相之體積（L）

C_1：液相所測得之濃度（mg/L）

V_2：固相萃出液之體積（L）

C_2：固相萃出液所測得之濃度（mg/L）

樣品為固液相共存，（乾）固體含量≧0.5%；若液相及萃出液個別進行分析待測物之濃度	結果記錄與計算
① （廢棄物樣品之濾液）液相之體積V_1（L）	
② （廢棄物樣品之）固相萃出液之體積V_2（L）	
③ 檢測揮發性成分（待測物）種類	
④ 檢測揮發性成分（待測物）之溶出標準值（mg/L）	
⑤ 廢棄物樣品之濾液（液相）所測得待測物之濃度C_1（mg/L）	
⑥ （廢棄物樣品之）固相萃出液所測得待測物之濃度C_2（mg/L）	
⑦ 若C_1、C_2皆小於揮發性成分（待測物）之溶出標準值，則依體積權重之平均值作為檢驗值，如下式： （體積權重的平均值）最終待測物濃度（檢驗值） $=[(V_1×C_1)+(V_2×C_2)]/(V_1+V_2)$	

九、品質管制

（一）同一萃取容器每使用十次，必須以與樣品相同的萃取液至少作一次萃取程序，以檢查容器是否受到污染。

（二）除非分析結果已超過溶出標準且只用於表示其已超過標準，否則不同型態的廢棄物（如廢水處理污泥與受污染土壤等）應分別進行基質添加。每一分析批次（不多於 10 個樣品）至少需執行一個基質添加分析。基質添加時機為 TCLP 萃出液過濾後，不應在樣品萃取前添加。

（三）量測萃出液中重金屬含量在下述情況時，應使用標準添加法測定待測物。

1. 萃出液中金屬待測物之基質添加回收率小於實驗室品質管制下限值且其濃度未超過溶出

標準，且待測物之測定濃度為溶出標準之 80% 以上。

2. 標準添加方式為：

(1) 標準添加係針對每一金屬污染物進行內部校正定量。

(2) 標準添加方法係將標準品添加於樣品基質中，而非添於試劑水或空白溶液中。準備四份相同的溶液分樣，保留一份不作添加，並對其中三個分樣添加已知量的標準品，此三者較理想的添加量分別為預期樣品濃度的 50%、100%、及 150%。加入試劑水或空白溶液使四個分樣的最終體積維持相同，及視需要加以稀釋，使其訊號能落入分析儀器的線性範圍內。

(3) 濃度計算：由以下方法擇一進行。

    a. 以儀器訊號或外部校正計算濃度（y-軸）對標準添加的濃度（x-軸）作圖或線性迴歸，x-軸的截距即為未添加溶液的濃度。

    b. 將標準添加的儀器訊號或外部校正計算濃度扣除未添加溶液的結果，依前方法作圖或迴歸，以此內部校正曲線當作外部校正曲線，計算未添加溶液的濃度。

十、參考資料：中華民國98年8月10日環署檢字第0980070269號公告：NIEA R201.14C

十一、心得與討論

_____

_____

_____

_____

_____

_____

_____

_____

_____

_____

_____

_____

_____

_____

_____

參考文獻

1. 行政院環境保護署 (環境檢驗所) 網站：http://ivy5.epa.gov.tw/epalaw/index.aspx(檢測方法彙編：廢棄物檢測方法彙編、廢棄物土壤共通檢測方法彙編)

2. 百度百科網站：http://baike.baidu.com

3. 維基百科網站：http://zh.wikipedia.org/zh-tw

4. 林紘原，以質量平衡法推估揮發性有機物逸散量，萬能科技大學環境工程系 http://setsg.ev.ncu.edu.tw/newsletter/epnews4-2-3.html

5. 楊萬發，台北市垃圾焚化廠工程計畫第十年垃圾取樣分析 (期末報告)，民國 82 年 7 月

6. 章裕民編著，環境工程化學，文京圖書有限公司，民國 87 年 10 月

7. 章裕民編著，廢棄物處理與資源化 (第 4 版)，新文京開發出版股份有限公司，民國 100 年 1 月

國家圖書館出版品預行編目資料

廢棄物採樣與分析／石鳳城著. －－初版.
－－臺北市：五南，2015.03
　面；　公分
ISBN 978-957-11-8047-2（平裝）
1.廢棄物處理
445.97　　　　　　　　　　　104002839

5I33
廢棄物採樣與分析

作　　者 — 石鳳城 (28.3)

發 行 人 — 楊榮川

總 編 輯 — 王翠華

主　　編 — 王正華

責任編輯 — 金明芬

封面設計 — 簡愷立

出 版 者 — 五南圖書出版股份有限公司

地　　址：106台北市大安區和平東路二段339號4樓

電　　話：(02) 2705-5066　　傳　　真：(02) 2706-6100

網　　址：http://www.wunan.com.tw

電子郵件：wunan@wunan.com.tw

劃撥帳號：01068953

戶　　名：五南圖書出版股份有限公司

台中市駐區辦公室/台中市中區中山路6號

電　　話：(04) 2223-0891　　傳　　真：(04) 2223-3549

高雄市駐區辦公室/高雄市新興區中山一路290號

電　　話：(07) 2358-702　　傳　　真：(07) 2350-236

法律顧問　林勝安律師事務所　林勝安律師

出版日期　2015年3月初版一刷

定　　價　新臺幣350元